SOUVENIRS ENTOMOLOGIQUES

S O U V E N I R S   E N T O M O L O G I Q U E S

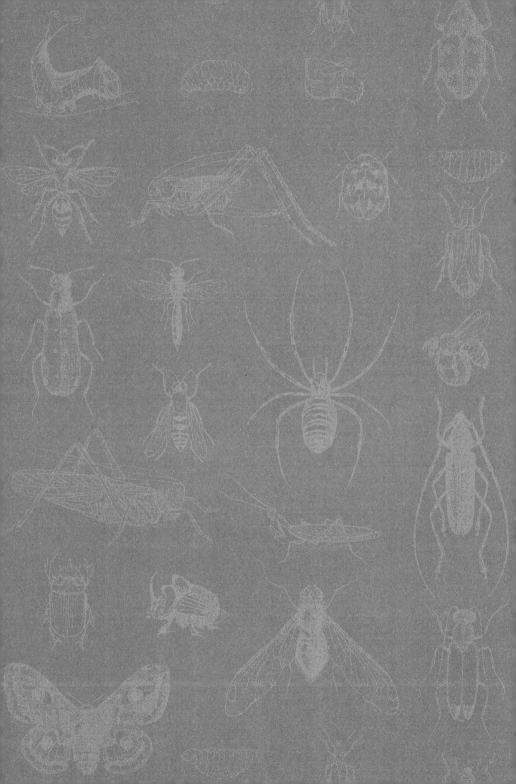

JEAN-HENRI FABRE

法布爾昆蟲記全集 8

昆蟲的幾何學

法布爾 著

吳模信 等/譯　楊平世/審訂

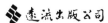

遠流出版公司

審訂者介紹

楊平世

　　現任國立台灣大學昆蟲學系教授。主要研究範圍是昆蟲與自然保育、水棲昆蟲生態學、台灣蝶類資源與保育、民族昆蟲等；在各期刊、研討會上發表的相關論文達200多篇，曾獲國科會優等獎及甲等獎十餘次。

　　除了致力於學術領域的昆蟲研究外，也相當重視科學普及化與自然保育的推廣。著作有《台灣的常見昆蟲》、《常見野生動物的價值和角色》、《野生動物保育》、《自然追蹤》、《台灣昆蟲歲時記》及《我愛大自然信箱》等，曾獲多次金鼎獎。另與他人合著《臺北植物園自然教育解說手冊》、《墾丁國家公園的昆蟲》、《溪頭觀蟲手冊》等書。

　　1993年擔任東方出版社翻譯日人奧本大三郎改寫版《昆蟲記》的審訂者，與法布爾結下不解之緣；2002年擔任遠流出版公司法文原著全譯版《法布爾昆蟲記全集》十冊審訂者。

主要譯者介紹

吳模信

　　畢業於北京大學西語系。南京大學教授退休。主要著作及譯作有《黑非洲政治問題》、《傅立葉選集》、《路易十世時代》、《風俗論(中)》、《菲利普二世時代的地中海和地中海世界(第二卷)》、《凱撒》、《猶太教史》、《19世紀法國名家名作選》、《雨果評論匯編》等。

圖例說明：《法布爾昆蟲記全集》十冊，各冊中昆蟲線圖的比例標示法，乃依法文原著的方式，共有以下三種：(1)以圖文說明（例如：放大 1 1/2 倍）；(2)在圖旁以數字標示（例如：2/3）；(3)在圖旁以黑線標示出原蟲尺寸。

目錄

序

相見恨晚的昆蟲詩人

劉克襄

　　我和法布爾的邂逅，來自於三次茫然而感傷的經驗，但一直到現在，我仍還沒清楚地認識他。

第一次邂逅

　　第一次是離婚的時候。前妻帶走了一堆文學的書，像什麼《深淵》、《鄭愁予詩選集》之類的現代文學，以及《莊子》、《古今文選》等古典書籍。只留下一套她買的，日本昆蟲學者奧本大三郎摘譯編寫的《昆蟲記》(東方出版社出版，1993)。

　　儘管是面對空蕩而淒清的書房，看到一套和自然科學相關的書籍完整倖存，難免還有些慰藉。原本以為，她希望我在昆蟲研究的造詣上更上層樓。殊不知，後來才明白，那是留給孩子閱讀的。只可惜，孩子們成長至今的歲月裡，這套後來擺在《射鵰英雄傳》旁邊的自然經典，從不曾被他們青睞過。他們琅琅上口的，始終是郭靖、黃藥師這些虛擬的人物。

　　偏偏我不愛看金庸。那時，白天都在住家旁邊的小綠山觀察。二十來種鳥看透了，上百種植物的相思林也認完了，林子裡龐雜的昆蟲開始成為不得不面對的事實。這套空擺著的《昆蟲記》遂成為參考的重要書籍，翻閱的次數竟如在英文辭典裡尋找單字般的習以為常，進而產生莫名地熱愛。

　　還記得離婚時，辦手續的律師順便看我的面相，送了一句過來人的忠告，「女人常因離婚而活得更自在；男人卻自此意志消沈，一蹶不振，你可要保重了。」

　　或許，我本該自此頹廢生活的。所幸，遇到了昆蟲。如果說《昆蟲記》提昇了我的中年生活，應該也不為過罷！

　　可惜，我的個性見異思遷。翻讀熟了，難免懷疑，日本版摘譯編寫的《昆蟲記》有多少分真實，編寫者又添加了多少分己見？再者，我又無法學到法布爾般，持續著堅定而簡單的觀察。當我疲憊地結束小綠山觀察後，這套編書就束諸高閣，連一些親手製作的昆蟲標本，一起堆置在屋角，淪為個人生活史裡的古蹟了。

第二次邂逅

　　第二次遭遇，在四、五年前，到建中校園演講時。記得那一次，是建中和北一女保育社合辦的自然研習營。講題為何我忘了，只記得講完後，一個建中高三的學生跑來找我，請教了一個讓我差點從講台跌跤的問題。

　　他開門見山就問，「我今年可以考上台大動物系，但我想先去考台大外文系，或者歷史系，讀一陣後，再轉到動物系，你覺得如何？」

　　哇靠，這是什麼樣的學生！我又如何回答呢？原來，他喜愛自然科學。可是，卻不想按部就班，循著過去的學習模式。他覺得，應該先到文學院洗禮，培養自己的人文思考能力。然後，再轉到生物科系就讀，思考科學事物時，比較不會僵硬。

　　一名高中生竟有如此見地，不禁教人讚嘆。近年來，台灣科普書籍的豐富引進，我始終預期，台灣的自然科學很快就能展現人文的成熟度。不意，在這位十七歲少年的身上，竟先感受到了這個科學藍圖的清晰一角。

　　但一個高中生如何窺透生態作家強納森・溫納《雀喙之謎》的繁複分析和歸納？又如何領悟威爾森《大自然的獵人》所展現的道德和知識的強度？進而去懷疑，自己即將就讀科系有著體制的偏限，無法如預期的理想。

　　當我以這些被學界折服的當代經典探詢時，這才恍然知道，少年並未看過。我想也是，那麼深奧而豐厚的書，若理解了，恐怕都可以跳昇去攻讀博士班了。他只給了我「法布爾」的名字。原來，在日本版摘譯

編寫的《昆蟲記》裡，他看到了一種細膩而充滿濃厚文學味的詩意描寫。同樣近似種類的昆蟲觀察，他翻讀台灣本土相關動物生態書籍時，卻不曾經驗相似的敘述。一邊欣賞著法布爾，那獨特而細膩，彷彿享受美食的昆蟲觀察，他也轉而深思，疑惑自己未來求學過程的秩序和節奏。

十七歲的少年很驚異，為什麼台灣的動物行為論述，無法以這種議夾敘述的方式，將科學知識圓熟地以文學手法呈現？再者，能夠蘊釀這種昆蟲美學的人文條件是什麼樣的環境？假如，他直接進入生物科系裡，是否也跟過去的學生一樣，陷入既有的制式教育，無法開啓活潑的思考？幾經思慮，他才決定，必須繞個道，先到人文學院裡吸收文史哲的知識，打開更寬廣的視野。其實，他來找我之前，就已經決定了自己的求學走向。

第三次邂逅

第三次的經驗，來自一個叫「昆蟲王」的九歲小孩。那也是四、五年前的事，我在耕莘文教院，帶領小學生上自然觀察課。有一堂課，孩子們用黏土做自己最喜愛的動物，多數的孩子做的都是捏出狗、貓和大象之類的寵物。只有他做了一隻獨角仙。原來，他早已在飼養獨角仙的幼蟲，但始終孵育失敗。

我印象更深刻的，是隔天的戶外觀察。那天寒流來襲，我出了一道題目，尋找鍬形蟲、有毛的蝸牛以及小一號的熱狗（即馬陸，綽號火車蟲）。抵達現場後，寒風細雨，沒多久，六十多個小朋友全都畏縮在廟前避寒、躲雨。只有他，持著雨傘，一路翻撥。一小時過去，結果，三種動物都被他發現了。

那次以後，我們變成了野外登山和自然觀察的夥伴。初始，為了爭取昆蟲王的尊敬，我的注意力集中在昆蟲的發現和現場討論。這也是我第一次在野外聽到，有一個小朋友唸出「法布爾」的名字。

每次找到昆蟲時，在某些情況的討論時，他常會不自覺地搬出法布爾的經驗和法則。我知道，很多小孩在十歲前就看完金庸的武俠小說。沒想到《昆蟲記》竟有人也能讀得滾瓜爛熟了。這樣在野外旅行，我常

感受到，自己面對的常不只是一位十歲小孩的討教。他的後面彷彿還有位百年前的法國老頭子，無所不在，且斤斤計較地對我質疑，常讓我的教學倍感壓力。

有一陣子，我把這種昆蟲王的自信，稱之為「法布爾併發症」。當我辯不過他時，心裡難免有些犬儒地想，觀察昆蟲需要如此細嚼慢嚥，像吃一盤盤正式的日本料理嗎？透過日本版的二手經驗，也不知真實性有多少？如此追根究底的討論，是否失去了最初的價值意義？但放諸現今的環境，還有其他方式可取代嗎？我充滿無奈，卻不知如何解決。

完整版的《法布爾昆蟲記全集》

那時，我亦深深感嘆，日本版摘譯編寫的《昆蟲記》居然就如此魅力十足，影響了我周遭喜愛自然觀察的大、小朋友。如果有一天，真正的法布爾法文原著全譯本出版了，會不會帶來更為劇烈的轉變呢？沒想到，我這個疑惑才浮昇，譯自法文原著、完整版的《法布爾昆蟲記全集》中文版就要在台灣上市了。

說實在的，過去我們所接觸的其它版本的《昆蟲記》都只是一個片段，不曾完整過。你好像進入一家精品小鋪，驚喜地看到它所擺設的物品，讓你愛不釋手，但是，那時還不知，你只是逗留在一個小小樓層的空間。當你走出店家，仰頭一看，才赫然發現，這是一間大型精緻的百貨店。

當完整版的《法布爾昆蟲記全集》出現時，我相信，像我提到的狂熱的「昆蟲王」，以及早熟的十七歲少年，恐怕會增加更多吧！甚至，也會產生像日本博物學者鹿野忠雄、漫畫家手塚治虫那樣，從十一、二歲就矢志，要奉獻一生，成為昆蟲研究者的人。至於，像我這樣自忖不如，半途而廢的昆蟲中年人，若是稍早時遇到的是完整版的《法布爾昆蟲記全集》，說不定那時就不會急著走出小綠山，成為到處遊蕩台灣的旅者了。

2002.6月於台北

（本文作者為自然觀察家暨自然旅行家）

導讀

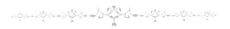

兒時記趣與昆蟲記

楊平世

「余憶童稚時，能張目對日，明察秋毫。見藐小微物必細察其紋理，故時有物外之趣。」

——清　沈復《浮生六記》之「兒時記趣」

「在對某個事物說『是』以前，我要觀察、觸摸，而且不是一次，是兩三次，甚至沒完沒了，直到我的疑心在如山鐵證下歸順聽從為止。」

——法國　法布爾《法布爾昆蟲記全集7》

　　《浮生六記》是清朝的作家沈復在四十六歲時回顧一生所寫的一本簡短回憶錄。其中的「兒時記趣」一文是大家耳熟能詳的小品，文內記載著他童稚的心靈如何運用細心的觀察與想像，為童年製造許多樂趣。在《浮生六記》付梓之後約一百年(1909年)，八十五歲的詩人與昆蟲學家法布爾，完成了他的《昆蟲記》最後一冊，並印刷問世。

　　這套耗時卅餘年寫作、多達四百多萬字、以文學手法、日記體裁寫成的鉅作，是法布爾一生觀察昆蟲所寫成的回憶錄，除了記錄他對昆蟲所進行的觀察與實驗結果外，同時也記載了研究過程中的心路歷程，對學問的辨證，和對人類生活與社會的反省。在《昆蟲記》中，無論是六隻腳的昆蟲或是八隻腳的蜘蛛，每個對象都耗費法布爾數年到數十年的時間去觀察並實驗，而從中法布爾也獲得無限的理趣，無悔地沉浸其中。

遠流版《法布爾昆蟲記全集》

昆蟲記的原法文書名《SOUVENIRS ENTOMOLOGIQUES》，直譯為「昆蟲學的回憶錄」，在國內大家較熟悉《昆蟲記》這個譯名。早在 1933 年，上海商務出版社便出版了本書的首部中文節譯本，書名當時即譯為《昆蟲記》。之後於 1968 年，台灣商務書店復刻此一版本，在接續的廿多年中，成為在臺灣發行的唯一中文節譯版本，目前已絕版多年。1993 年國內的東方出版社引進由日本集英社出版，奧本大三郎所摘譯改寫的《昆蟲記》一套八冊，首度為國人有系統地介紹法布爾這套鉅著。這套書在奧本大三郎的改寫下，採對小朋友說故事體的敘述方法，輔以插圖、背景知識和照片說明，十分生動活潑。但是，這一套書卻不是法布爾的原著，而僅是摘譯內容中科學的部分改寫而成。最近寂天出版社則出了大陸作家出版社的摘譯版《昆蟲記》，讓讀者多了一種選擇。

今天，遠流出版公司的這一套《法布爾昆蟲記全集》十冊，則是引進 2001 年由大陸花城出版社所出版的最新中文全譯本，再加以逐一修潤、校訂、加注、修繪而成的。這一個版本是目前唯一的中文版全譯本，而且直接譯自法文版原著，不是摘譯，也不是轉譯自日文或英文；書中並有三百餘張法文原著的昆蟲線圖，十分難得。《法布爾昆蟲記全集》十冊第一次讓國人有機會「全覽」法布爾這套鉅作的諸多面相，體驗書中實事求是的科學態度，欣賞優美的用詞遣字，省思深刻的人生態度，並從中更加認識法布爾這位科學家與作者。

法布爾小傳

法布爾(Jean Henri Fabre, 1823-1915)出生在法國南部，靠近地中海的一個小鎮的貧窮人家。童年時代的法布爾便已經展現出對自然的熱愛與天賦的觀察力，在他的「遺傳論」一文中可一窺梗概。(見《法布爾昆蟲記全集 6》) 靠著自修，法布爾考取亞維農(Avignon)師範學院的公費生；十八歲畢業後擔任小學教師，繼續努力自修，在隨後的幾年內陸續獲得文學、數學、物理學和其他自然科學的學士學位與執照(近似於今日的碩士學位)，並在 1855 年拿到科學博士學位。

年輕的法布爾曾經為數學與化學深深著迷，但是後來發現動物世界

更加地吸引他，在取得博士學位後，即決定終生致力於昆蟲學的研究。但是經濟拮据的窘境一直困擾著這位滿懷理想的年輕昆蟲學家，他必須兼任許多家教與大眾教育課程來貼補家用。儘管如此，法布爾還是對研究昆蟲和蜘蛛樂此不疲，利用空暇進行觀察和實驗。

這段期間法布爾也以他豐富的知識和文學造詣，寫作各種科普書籍，介紹科學新知與各類自然科學知識給大眾。他的大眾自然科學教育課程也深獲好評，但是保守派與教會人士卻抨擊他在公開場合向婦女講述花的生殖功能，而中止了他的課程。也由於老師的待遇實在太低，加上受到流言中傷，法布爾在心灰意冷下辭去學校的教職；隔年甚至被虔誠的天主教房東趕出住處，使得他的處境更是雪上加霜，也迫使他不得不放棄到大學任教的願望。法布爾求助於英國的富商朋友，靠著朋友的慷慨借款，在1870年舉家遷到歐宏桔(Orange)由當地仕紳所出借的房子居住。

在歐宏桔定居的九年中，法布爾開始殷勤寫作，完成了六十一本科普書籍，有許多相當暢銷，甚至被指定為教科書或輔助教材。而版稅的收入使得法布爾的經濟狀況逐漸獲得改善，並能逐步償還當初的借款。這些科普書籍的成功使《昆蟲記》一書的寫作構想逐漸在法布爾腦中浮現，他開始整理集結過去卅多年來觀察所累積的資料，並著手撰寫。但是也在這段期間裡，法布爾遭遇喪子之痛，因此在《昆蟲記》第一冊書末留下懷念愛子的文句。

1879年法布爾搬到歐宏桔附近的塞西尼翁，在那裡買下一棟義大利風格的房子和一公頃的荒地定居。雖然這片荒地滿是石礫與野草，但是法布爾的夢想「擁有一片自己的小天地觀察昆蟲」的心願終於達成。他用故鄉的普羅旺斯語將園子命名為荒石園(L'Harmas)。在這裡法布爾可以不受干擾地專心觀察昆蟲，並專心寫作。(見《法布爾昆蟲記全集2》)這一年《昆蟲記》的首冊出版，接著並以約三年一冊的進度，完成全部十冊及第十一冊兩篇的寫作；法布爾也在這裡度過他晚年的卅載歲月。

除了《昆蟲記》外，法布爾在1862–1891這卅年間共出版了九十五本十分暢銷的書，像1865年出版的《LE CIEL》(天空)一書便賣了十一

刷,有些書的銷售量甚至超過《昆蟲記》。除了寫書與觀察昆蟲之外,法布爾也是一位優秀的真菌學家和畫家,曾繪製採集到的七百種蕈菇,張張都是一流之作;他也留下了許多詩作,並為之譜曲。但是後來模仿《昆蟲記》一書體裁的書籍越來越多,且書籍不再被指定為教科書而使版稅減少,法布爾一家的生活再度陷入困境。一直到人生最後十年,法布爾的科學成就才逐漸受到法國與國際的肯定,獲得政府補助和民間的捐款才再脫離清寒的家境。1915年法布爾以九十二歲的高齡於荒石園辭世。

這位多才多藝的文人與科學家,前半生為貧困所苦,但是卻未曾稍減對人生志趣的追求;雖曾經歷許多攀附權貴的機會,依舊未改其志。開始寫作《昆蟲記》時,法布爾已經超過五十歲,到八十五歲完成這部鉅作,這樣的毅力與精神與近代分類學大師麥爾(Ernst Mayr)高齡近百還在寫書同樣讓人敬佩。在《昆蟲記》中,讀者不妨仔細注意法布爾在字裡行間透露出來的人生體驗與感慨。

科學的《昆蟲記》

在法布爾的時代,以分類學為基礎的博物學是主流的生物科學,歐洲的探險家與博物學家在世界各地採集珍禽異獸、奇花異草,將標本帶回博物館進行研究;但是有時這樣的工作會流於相當公式化且表面的研究。新種的描述可能只有兩三行拉丁文的簡單敘述便結束,不會特別在意特殊的構造和其功能。

法布爾對這樣的研究相當不以為然:「你們(博物學家)把昆蟲肢解,而我是研究活生生的昆蟲;你們把昆蟲變成一堆可怕又可憐的東西,而我則使人們喜歡他們……你們研究的是死亡,我研究的是生命。」在今日見分子不見生物的時代,這一段話對於研究生命科學的人來說仍是諍諍建言。法布爾在當時是少數投入冷僻的行為與生態觀察的非主流學者,科學家雖然十分了解觀察的重要性,但是對於「實驗」的概念還未成熟,甚至認為博物學是不必實驗的科學。法布爾稱得上是將實驗導入田野生物學的先驅者,英國的科學家路柏格(John Lubbock)也是這方面的先驅,但是他的主要影響在於實驗室內的實驗設計。法布爾說:

「僅僅靠觀察常常會引人誤入歧途，因為我們遵循自己的思維模式來詮釋觀察所得的數據。為使真相從中現身，就必須進行實驗，只有實驗才能幫助我們探索昆蟲智力這一深奧的問題……通過觀察可以提出問題，通過實驗則可以解決問題，當然問題本身得是可以解決的；即使實驗不能讓我們茅塞頓開，至少可以從一片混沌的雲霧中投射些許光明。」（見《法布爾昆蟲記全集 4》）

這樣的正確認知使得《昆蟲記》中的行為描述變得深刻而有趣，法布爾也不厭其煩地在書中交代他的思路和實驗，讓讀者可以融入情景去體驗實驗與觀察結果所呈現的意義。而法布爾也不會輕易下任何結論，除非在三番兩次的實驗或觀察都呈現確切的結果，而且有合理的解釋時他才會說「是」或「不是」。比如他在村裡用大炮發出巨大的爆炸聲響，但是發現樹上的鳴蟬依然故我鳴個不停，他沒有據此做出蟬是聾子的結論，只保留地說他們的聽覺很鈍（見《法布爾昆蟲記全集 5》）。類似的例子在整套《昆蟲記》中比比皆是，可以看到法布爾對科學所抱持的嚴謹態度。

在整套《昆蟲記》中，法布爾著力最深的是有關昆蟲的本能部分，這一部份的觀察包含了許多寄生蜂類、蠅類和甲蟲的觀察與實驗。這些深入的研究推翻了過去權威所言「這是既得習慣」的錯誤觀念，了解昆蟲的本能是無意識地為了某個目的和意圖而行動，並開創「結構先於功能」這樣一個新的觀念（見《法布爾昆蟲記全集 4》）。法布爾也首度發現了昆蟲對於某些的環境次機會有特別的反應，稱為趨性(taxis)，比如某些昆蟲夜裡飛向光源的趨光性、喜歡沿著角落行走活動的趨觸性等等。而在研究芫菁的過程中，他也發現了有別於過去知道的各種變態型式，在幼蟲期間多了一個特殊的擬蛹階段，法布爾將這樣的變態型式稱為「過變態」(hypermetamorphosis)，這是不喜歡使用學術象牙塔裡那種艱深用語的法布爾，唯一發明的一個昆蟲學專有名詞。（見《法布爾昆蟲記全集 2》）

雖然法布爾的觀察與實驗相當仔細而有趣，但是《昆蟲記》的文學寫作手法有時的確帶來一些問題，尤其是一些擬人化的想法與寫法，可能會造成一些誤導。還有許多部分已經在後人的研究下呈現出較清楚的

面貌，甚至與法布爾的觀點不相符合。比如法布爾認為蟬的聽覺很鈍，甚至可能沒有聽覺，因此蟬鳴或其他動物鳴叫只是表現享受生活樂趣的手段罷了。這樣的陳述以科學角度來說是完全不恰當的。因此希望讀者沉浸在本書之餘，也記得「盡信書不如無書」的名言，時時抱持懷疑的態度，旁徵博引其他書籍或科學報告的內容相互佐證比較，甚至以本地的昆蟲來重複進行法布爾的實驗，看看是否同樣適用或發現新的「事實」，這樣法布爾的《昆蟲記》才真正達到了啓發與教育的目的，而不只是一堆現成的知識而已。

人文與文學的《昆蟲記》

《昆蟲記》並不是單純的科學紀錄，它在文學與科普同樣佔有重要的一席之地。在整套書中，法布爾不時引用希臘神話、寓言故事，或是家鄉普羅旺斯地區的鄉間故事與民俗，不使內容成為曲高和寡的科學紀錄，而是和「人」密切相關的整體。這樣的特質在這些年來越來越希罕，學習人文或是科學的學子往往只沉浸在自己的領域，未能跨出學門去豐富自己的知識，或是實地去了解這塊孕育我們的土地的點滴。這是很可惜的一件事。如果《昆蟲記》能獲得您的共鳴，或許能激發您想去了解這片土地自然與人文風采的慾望。

法國著名的劇作家羅斯丹說法布爾「像哲學家一般地思，像美術家一般地看，像文學家一般地寫」；大文學家雨果則稱他是「昆蟲學的荷馬」；演化論之父達爾文讚美他是「無與倫比的觀察家」。但是在十八世紀末的當時，法布爾這樣的寫作手法並不受到一般法國科學家們的認同，認為太過通俗輕鬆，不像當時科學文章艱深精確的寫作結構。然而法布爾堅持自己的理念，並在書中寫道：「高牆不能使人熱愛科學。將來會有越來越多人致力打破這堵高牆，而他們所用的工具，就是我今天用的、而為你們（科學家）所鄙夷不屑的文學。」

以今日科學的角度來看，這樣的陳述或許有些情緒化的因素摻雜其中，但是他的理念已成為科普的典範，而《昆蟲記》的文學地位也已為普世所公認，甚至進入諾貝爾文學獎入圍的候補名單。《昆蟲記》裡面的用字遣詞是值得細細欣賞品味的，雖然中譯本或許沒能那樣真實反應

出法文原版的文學性，但是讀者必定能發現他絕非鋪陳直敘的新聞式文章。尤其在文章中對人生的體悟、對科學的感想、對委屈的抒懷，常常流露出法布爾作為一位詩人的本性。

《昆蟲記》與演化論

　　雖然昆蟲記在科學、科普與文學上都佔有重要的一席之地，但是有關《昆蟲記》中對演化論的質疑是必須提出來說的，這也是目前的科學家們對法布爾的主要批評。達爾文在1859年出版了《物種原始》一書，演化的概念逐漸在歐洲傳佈開來。廿年後，《昆蟲記》第一冊有關寄生蜂的部分出版，不久便被翻譯為英文版，達爾文在閱讀了《昆蟲記》之後，深深佩服法布爾那樣鉅細靡遺且求證再三的記錄，並援以支持演化論。相反地，雖然法布爾非常敬重達爾文，兩人並相互通信分享研究成果，但是在《昆蟲記》中，法布爾不只一次地公開質疑演化論，如果細讀《昆蟲記》，可以看出來法布爾對於天擇的觀念相當懷疑，但是卻沒有一口否決過，如同他對昆蟲行為觀察的一貫態度。我們無從得知法布爾是否真正仔細完整讀過達爾文的《物種原始》一書，但是《昆蟲記》裡面展現的質疑，絕非無的放矢。

　　十九世紀末甚至二十世紀初的演化論知識只能說有了個原則，連基礎的孟德爾遺傳說都還是未能與演化論相結合，遑論其他許多的演化概念和機制，都只是從物競天擇去延伸解釋，甚至淪為說故事，這種信心高於事實的說法，對法布爾來說當然算不上是嚴謹的科學理論。同一時代的科學家有許多接受了演化論，但是無法認同天擇是演化機制的說法，而法布爾在這點上並未區分二者。但是嚴格說來，法布爾並未質疑物種分化或是地球有長遠歷史這些概念，而是認為選汰無法造就他所見到的昆蟲本能，並且以明確的標題「給演化論戳一針」表示自己的懷疑。(見《法布爾昆蟲記全集 3》)

　　而法布爾從自己研究得到的信念，有時也成為一種偏見，妨礙了實際的觀察與實驗的想法。昆蟲學家巴斯德(George Pasteur)便曾在《SCIENTIFIC AMERICAN》(台灣譯為《科學人》雜誌，遠流發行)上為文，指出法布爾在觀察某種蟹蛛(Thomisus onustus)在花上的捕食行為，以

及昆蟲假死行為的實驗的錯誤。法布爾認為很多發生在昆蟲的典型行為就如同一個原型，但是他也觀察到這些行為在族群中是或多或少有所差異的，只是他把這些差異歸為「出差錯」，而未從演化的角度思考。

法布爾同時也受限於一個迷思，這樣的迷思即使到今天也還普遍存在於大眾，就是既然物競天擇，那為何還有這些變異？為什麼糞金龜中沒有通通變成身強體壯的個體，甚至反而大個兒是少數？現代演化生態學家主要是由「策略」的觀點去看這樣的問題，比較不同策略間的損益比，進一步去計算或模擬發生的可能性，看結果與預期是否相符。有興趣想多深入了解的讀者可以閱讀更多的相關資料書籍再自己做評價。

今日《昆蟲記》

《昆蟲記》迄今已被翻譯成五十多種文字與數十種版本，並橫跨兩個世紀，繼續在世界各地擔負起對昆蟲行為學的啟蒙角色。希望能藉由遠流這套完整的《法布爾昆蟲記全集》的出版，引發大家更多的想法，不管是對昆蟲、對人生、對社會、對科普、對文學，或是對鄉土的。曾經聽到過有小讀者對《昆蟲記》一書抱著高度的興趣，連下課十分鐘都把握閱讀，也聽過一些小讀者看了十分鐘就不想再讀了，想去打球。我想，都好，我們不期望每位讀者都成為法布爾，法布爾自己也承認這些需要天份。社會需要多元的價值與各式技藝的人。同樣是觀察入裡，如果有人能因此走上沈復的路，發揮想像沉醉於情趣，成為文字工作者；那和學習實事求是態度，浸淫理趣，立志成為科學家或科普作者的人，這個社會都應該給予相同的掌聲與鼓勵。

楊平世　　2002.6.18 於台灣大學農學院

（本文作者現任台灣大學昆蟲學系教授）

第一章
花金龜

　　我的住宅外有一條種著丁香花的通道，既深又寬。五月來臨，當兩行丁香樹被一串串鮮花壓垂下來，彎成尖拱形時，這條通道便成了一座小教堂；在和煦的朝陽下，這裡正在慶祝一年中最美好的節日；這是個平靜的節日，沒有旗幟在窗口嘩嘩作響，沒有禮炮轟鳴，沒有酒後的爭吵毆鬥；這是普通人的節日，沒有舞會刺耳的銅管樂，也沒有人群的叫喊聲來煩擾。

　　我是丁香花小教堂的一個忠實信徒。我的禱告是微微顫動的內心激情，無法用詞語表達出來。我虔誠地在一棵棵樹下停留，就像撥轉禱告的念珠一樣，我走一步觀察一下。我的祈禱是一聲聲讚嘆不已的「啊」！

　　在這美妙的節日裡，朝聖者跑來了，牠們想得到春天的恩

寵，飲一口佳釀。條蜂和對牠兇惡殘暴的毛斑蜂，輪番在同一
朵花的聖水杯裡浸泡牠們的舌頭。昆蟲中的攔路搶劫者和被搶
劫者友好地相鄰就座，小口小口地啜飲。牠們之間沒有表現出
絲毫的積怨。

壁蜂穿著半邊黑半邊紅的天鵝絨服，毛絨絨的肚子上撲著
花粉，連牠身旁的蘆竹也因此沾上了許多花粉。鼠尾蛆嗡嗡
叫，羽翼像雲母片一般在陽光下閃閃發亮。牠們被瓊漿玉液醉
倒了，離開了聯歡會，到一片片樹影下醒醒酒去了。胡蜂、長
腳蜂，一群易怒的好鬥者。看到這些排斥異己者過來，性情溫
和的與會者便退避三舍，到別的地方去了。甚至數量上占大多
數的蜜蜂，那容易劍拔弩張的蜜蜂，儘管正忙著採蜜，見到牠
們也都讓開了。

這些又粗又短、色彩斑斕的蛾是透翅蛾，牠們忘了用帶點
鱗片的翅膀把全身蓋住。那裸露部分是透明的薄紗，和穿著衣
服的部分形成了對照，更增添了牠們的美麗，樸實之中透出了
豪華。

一大群渾身潔白、黑色單眼的紋白蝶在翩躚起舞。牠們飛
去飛來，飛上飛下，跳著鱗翅目昆蟲的芭蕾舞，在空中相互挑
逗，相互追逐，相互戲弄。一個跳華爾茲的舞者玩厭了，便到

丁香樹上歇歇腳，在花甕中飲水。當口吻伸進狹窄的甕頸吸飲時，翅膀軟弱無力地擺動著，豎立在背上；一會兒攤平開來，一會兒又豎起來。

漂亮的黃鳳蝶，佩著橘色飾帶，長著藍色新月形斑，也成群地在花中起舞，但由於身材較大，飛得不那麼快。

孩子們也來了。他們被這優美的舞蹈家迷住了。每次伸手去抓時，黃鳳蝶就躲開，飛到遠一點的地方去探測花朵裡的製糖廠，還像紋白蝶似地不斷舞動著翅膀。如果牠們的抽水幫浦在陽光下平靜地運行著，如果糖漿通暢無阻地被吸上來，那麼這翅膀就會軟弱無力地擺動，表示牠心滿意足了。

抓住了！最小的孩子安娜不去抓黃鳳蝶了，她的手雖然敏捷，可是黃鳳蝶卻從來不會等著她來抓的，她發現了她更喜歡的小昆蟲，那就是花金龜。這種渾身金黃色的美麗昆蟲，還留戀著早晨的清涼，甜甜地睡在丁香花上，沒有意識到危險，所以無法逃脫她的小魔掌。花金龜數量很多，很快就可以抓到五、六隻。我出面干預，不讓他們再抓了。戰利品被放進了一個盒子裡，盒底下鋪了一層花的床褥。晚一點，等到暖和的時候，在花金龜腳上繫一根線，牠就會在小孩子頭上轉著飛了。

這種年齡的小孩是無情的，他們還不懂事，再沒有任何事像無知那麼殘忍的了。那些冒冒失失的孩子們，沒有一個關心這個拖著小肉球的苦役犯，關心這個小傢伙的苦難。這些天眞爛漫的小孩把施加酷刑當作樂趣。我承認，儘管自己由於經驗而已經成熟，已經懂得一些事情了，但我也是有罪的，我並不總是勇於制止這樣的事發生。這些小孩折磨昆蟲是爲了好玩，而我折磨昆蟲是爲了調查了解情況，但從實質上來說，兩者還不是一樣！爲了求知而進行實驗和由於年幼而做出孩子氣的事，這兩者之間有沒有十分明確的分水嶺呢？至少我是看不出來的。

爲了讓被告招供，野蠻的人類從前使用拷問的刑罰。當我察看我的昆蟲，拷問牠們，以便從牠們身上掏出某些秘密時，我不是和施刑者一樣野蠻嗎？讓安娜隨意去玩弄她的囚徒吧，因爲我正思考著某個更壞的計畫。花金龜會告訴我們一些意想不到的事情，而且是些有趣的事情，我對此毫不懷疑。要設法讓牠把這些事透露給我們。當然，若不讓牠狠狠吃點苦頭，牠是不會說出來的。就這麼辦，開始吧！爲了博物學，把溫和的考慮丟到一邊吧！

在參加丁香花節日的客人中，花金龜十分值得一提。牠身材肥大，便於觀察。牠雖然外形臃腫，上下一樣粗，一點也不

標緻，色彩卻十分絢麗。牠如黃銅般耀眼、金子般閃光、青鉛般凝重，就像鑄造者用拋光機加工出來似的。牠是我的鄰居，院子裡的常客，我不用花力氣四處尋找，這種奔波已經開始使我不勝其擾了。最後，對於我希望所有人都能了解我所描述的事情，牠還有一個優越的條件：人人都認得花金龜，即使不知道牠的名稱，至少看到牠都會覺得這並不是一隻陌生的昆蟲。

　　誰沒有見過牠像一顆綠寶石躺在一朵玫瑰花的懷中呢？牠的珠光寶氣更襯托出玫瑰的嬌豔。牠動也不動地賴在這個由花瓣和花芯做成的舒服床上，沁人心脾的香氣使牠陶然欲醉，玉液瓊漿使牠醺醺然。只有一束熾熱的陽光像針似地刺牠一下，牠才捨得離開這極樂世界，嗡嗡地叫著飛起來。

　　要是對牠一無所知，看到牠在奢侈逸樂的床上懶洋洋的模樣，人們大概不太會料想到牠是那麼貪食成性。在一朵玫瑰花上，在一朵山楂花裡，牠能找到什麼食物呢？頂多一小滴滲出來的甜汁而已。牠不吃花瓣，更不吃葉子，而牠那粗大的身子就吃這些，這些微不足道的食物居然就夠了！我不敢相信。

　　在八月的第一個星期，我把十五隻花金龜放在籠裡，牠們剛在我的飼養瓶裡破蛹而

金匠花金龜

出。牠們身體上部呈青銅色，下部呈紫色。牠們是金匠花金龜。我根據時令供應牠們蔬果，用梨、李子、西瓜、葡萄來餵養牠們。

　　看著牠們大吃大喝真是一件樂事。牠們把頭鑽進果醬裡，甚至全身都埋在裡面。用餐者不再動了，一點動靜也沒了，甚至連腳尖都沒有移動一下。牠們吃著，品嚐著；白天吃，晚上吃；在暗處吃，在陽光下吃，一直吃。牠們吃甜汁吃得又醉又飽，可這些貪食者仍不撒手。牠們倒在飯桌上，也就是倒在黏稠的水果下睡著了，嘴裡還一直舔著。那樣子就像半睡半醒的小孩，嘴上含著塗了果醬的麵包片，心滿意足地睡著了。

　　在這歡樂的宴席上沒有任何嬉戲玩樂，即使陽光把籠子曬得熱乎乎的。一切活動都暫停了，所有時間都用在酒足飯飽的歡樂上了。天氣是那麼炎熱，躺在李子下面吸著糖漿多麼愜意啊！這裡的日子是如此的愜意，又有誰會想到一切都被曬焦了的田野裡去呢？誰也不會！沒有一隻爬到籠子的金屬網紗上，也沒有一隻突然張開翅膀，試圖逃走。

　　這種大吃大喝的生活已經延續了半個月，但是並沒有讓花金龜感到厭煩。這麼長時間的宴席是不常見的，甚至連食糞性甲蟲這些饕餮之徒也沒這麼貪食。聖甲蟲用腸裡的排泄物編織

了長長的細繩後，花上一天時間飽食一頓美味，這也就是這個貪吃者最大的能耐了。可是我的花金龜吃起李子和梨的果醬來，一吃就是半個月，而且絲毫沒有膩煩的表示。美宴什麼時候結束呢？什麼時候舉行婚禮，考慮未來的事呢？

婚禮和成家的事，今年度還不會考慮，要延遲到來年。這樣的延遲是奇怪的，不符合一般的習俗。在這些重大事情上，花金龜顯得非常隨便。現在是水果豐收的季節，花金龜這位熱情的美食家，為了享受美味的食物，牠不願意因為生殖這些麻煩事而放棄美食。花園裡有多汁的梨，乾縮皺起的無花果，看到這些水果的糖汁，花金龜的口水都流出來了。饞嘴的花金龜吃著這些水果，什麼都拋到腦後了。

可是炎熱的天氣越來越炙人，就像這裡的農民說的，太陽火盆裡每天都加了一綑柴。天氣過熱就像太冷一樣，會讓生命暫時停止了。為了打發時間，所有的昆蟲，不管是凍僵的、烤熟的都蟄伏起來了。我籠子裡的花金龜也一樣，牠躲在沙下面兩法寸深的地方。最甘美的水果都引誘不了牠們，天氣實在太熱了。

要到九月天氣轉為溫和的時候，牠們才會擺脫昏昏沈沈的狀態。到那時，牠們才重出地面，圍著品嚐西瓜皮，喝著葡萄

汁；不過吃喝不多，時間也不長，最初那種餓死鬼的模樣和沒完沒了地飽食不止的情況不復可見。

冬天來了，我的籠中物又消失到地下去了。牠們在地下過冬，由幾指粗的沙層保護著。在這薄薄的屋頂下，在這四面通風的隱蔽所裡，牠們並沒有受到嚴寒之苦。我原以為牠們會怕冷，可是我卻發現牠們非常耐寒。牠們保留著幼蟲時期壯實的體質，這些幼蟲能被凍得硬梆梆地待在結冰的雪塊裡，而到稍微解凍時又恢復了生命。我對此真是讚嘆不已。

三月還沒結束，生命又開始復甦了。這些埋入土中的小傢伙又露臉了。如果太陽暖和，牠們就爬上金屬網紗，散散步；如果天涼，便又鑽到沙子底下。餵牠們什麼呢？這時，已經沒有水果了。我把蜜放在紙杯裡餵養牠們時，牠們靠過來吃，可是並不很熱情。讓我們找找更符合牠們口味的食物吧！我給牠們海棗。這種異域的水果，皮薄肉美，儘管從沒吃過，牠們卻吃的很高興，牠們不再非要梨和無花果不可了。海棗一直吃到四月底，這時第一批櫻桃已經結果了。

現在我又拿著時令食物、當地水果餵養牠們了。花金龜卻吃得很少，大胃王時期已經過去了。過了不久，我的這些囚徒們變得對食物無所謂了。我發現花金龜開始交尾，這說明牠即

將產卵。我在籠子裡放了一個罈子，罈子裡裝滿了半腐爛的乾樹葉，以備不時之需。接近夏至時，雌花金龜先後鑽進去，待了一段時間；事情辦完後，牠們又鑽了出來；閒逛了一、二個星期後，牠們蜷縮在不深的沙裡，死掉了。

牠們的後代就在這爛樹葉堆裡。六月還沒結束，我在溫暖的樹葉堆裡發現了大量新產下的卵和非常年幼的幼蟲。我在剛開始研究時，有個怪現象使我感到有些惶惑，現在我得到解答了。我每年在花園裡一個有樹蔭的角落中挖掘一大堆爛樹葉時，都會發現大量的花金龜。七、八月時，我用鏟子可以挖到一些毫無破損的蛹，過不久，在關在裡面的昆蟲推動下，蛹室就會裂開。我還發現發育完全的花金龜，就在當天蛻皮而出。可是就在這些成蟲的旁邊，還能看到非常年輕的、剛孵化的幼蟲。在我眼前出現了這種荒謬的、不合常情的事情：兒子比父母先出生。

對籠子裡的囚徒所進行的觀察揭示了這些難解之謎。花金龜的成蟲，可以活整整一年的時間，從當年的夏天到來年的夏天。在炎熱的夏季，七、八月時，蛹室裂開了。按常規，在快樂的婚禮之後，必須立即為生兒育女而奔忙，而這個季節也有助於處理這種家庭事務。其他昆蟲一般都是這麼循規蹈矩；對牠們來說，當前的繁榮興旺是非常短暫的，牠們必須盡快利用

這短暫的興旺時期，安排好未來子孫的事情。

雌花金龜卻並不這麼匆匆忙忙。當牠是胖嘟嘟的幼蟲時，牠吃個不停；當牠是披著色彩斑斕的盔甲的成蟲時，牠仍將大好光陰用來吃喝。只要天氣不是熱得受不了，牠要做的所有事情，就是吃杏子、梨子、桃子、無花果、李子等水果做成的果醬。牠被美食耽誤了，一切都被拋到了腦後，只好把產卵延遲到來年。

隨便藏在什麼地方冬眠之後，春天一到，牠又出現了。可是這時節沒有什麼水果，去年夏天的貪吃者，如今變得飲食很有節制。這或者是由於不得不如此，或者是由於體質就是這樣。牠沒有別的生活資源，只能在花朵的小酒吧間裡，可憐巴巴地喝著那一丁點的東西。六月來臨了，牠把卵撒在爛樹葉堆裡，撒在過不久成蟲就要出來的蛹旁邊。這麼一來，如果我們不知道事情的經過，我們就會看到這種先有卵後才有產婦的荒唐現象。

因此在同年出現的雌花金龜實際上是兩代昆蟲。春天的花金龜，牠們是玫瑰花的客人，這些花金龜已經度過了冬天，牠們要在六月產卵，然後死去。秋天的花金龜，非常愛吃水果，牠們剛剛離開了蛹室，牠們將要過冬，要在第二年夏天接近夏

至時才產卵。

　　夏至時分是一年中白天最長的時候，這也正是花金龜產卵的季節。在松樹樹蔭下，靠著圍牆處，有一堆去年落葉時堆起來的枯葉。這堆半腐爛的枯葉是花金龜幼蟲的伊甸園。大腹便便的幼蟲在枯葉堆裡亂鑽亂動，在發酵的植物中尋找美味的食物，甚至在隆冬時節，這裡的溫度都十分適宜。有四種花金龜在枯葉堆裡產卵：儘管我出於好奇多次打擾牠們，牠們仍然繁衍興旺。最常見的是金匠花金龜，我的大部分資料是由牠們提供的。其他還有普通的金色花金龜、灰黑色花金龜和裹屍布花金龜。[1]

　　將近上午九、十點，我們就得開始密切注視著枯葉堆，這需要堅持不懈地耐心等待，因為產婦往往隨心所欲，好多次都讓人白等了一場。機會終於來了，一隻雌金匠花金龜從附近來到了這裡。牠在枯葉堆上空兜著大圈子，一邊飛一邊從高處仔細觀察，選擇容易進入的地點。弗魯一聲，牠衝了下來，用頭和腳挖著，一下子就鑽了進去。牠要到哪裡去呢？

---

[1] 金匠花金龜又名艷色花潛金龜；金色花金龜又名金色花潛金龜；灰黑色花金龜又名胸艷黑花潛金龜；裹屍布花金龜又名刺花潛金龜。在《法布爾昆蟲記全集3──變換菜單》第三章中，作者亦曾介紹花金龜的種類。──編注

開始時能聽到牠鑽的方向。當牠在乾燥的外層鑽時，可以聽到枯葉嗦嗦作響。接著什麼也聽不見了，一片寂靜，花金龜到了潮濕的深處。在那裡，只有在那裡，牠才能產卵，以便幼蟲從卵裡出來後，無需覓食，就有細嫩的食物。現在讓產婦去忙牠的事吧，我們過兩個小時再來觀察。

現在，且讓我們回想剛剛發生的事吧！一種養尊處優的昆蟲，前不久還在一朵玫瑰花的懷抱中，在如錦緞般的花瓣上和甘美的芳香中睡眠。如今這個穿著帝王般金色華服的豪奢者，這個玉液瓊漿的暢飲者，突然離開了鮮花，而將自己埋身於腐葉之中。牠放棄了花香襲人的豪華床褥，下到了臭氣薰天的垃圾中。牠為什麼這樣作踐自己呢？

牠知道牠的幼蟲喜歡吃牠自己厭惡的東西，所以牠克制了自己的厭惡情緒，甚至想都沒想，便鑽了進去。是不是幼蟲時期的回憶促使牠這樣做呢？在間隔了一年之後，特別是在自己的身體徹底改變了之後，對牠來說，對食物的回憶，究竟會是什麼呢？為了吸引雌花金龜，讓牠從玫瑰花來到腐爛的樹葉堆裡，一定有比腸胃的記憶更重要的東西，那是一種不可抗拒的、盲目的動力，這種動力從表面看來簡直是失去理智，實際上卻是極其符合邏輯的。

現在讓我們再回到爛葉堆。乾樹葉的嗦嗦聲為我們大致指示了牠的產卵地點；我們知道要到哪個地方搜索，這個搜索行動必須依循著產婦的行蹤，所以必須小心翼翼細心地進行。循著昆蟲爬行時沿途扒出來的東西，我們終於達到了目的地。找到蟲卵了，一個個孤零零的、亂七八糟的隱藏著。產婦事先沒有任何精心的安排，只要把蟲卵產在已經發酵的腐爛植物附近就行了。

花金龜的卵是一個個象牙色的小泡，近似球形，約三公釐大。十二天後卵孵化了。白色的幼蟲身上長著稀疏的短毛。幼蟲出殼後，一旦離開肥沃的腐殖土，便靠背部爬行，這種行走方式在昆蟲中是很奇怪的：牠一開始便四腳朝天，用背走路。

飼育花金龜最容易不過。用一個防止蒸發、保持食物新鮮的馬口鐵匣子，盛裝著優選的、發酵的、從腐爛的樹葉堆裡採摘來的樹葉，來接納花金龜的幼蟲，這就足夠了。只要注意不時更新食物，之後一年，這些飼育的幼蟲就會保持繁衍興旺，進行身體變態。沒有哪種昆蟲的飼育工作比飼養花金龜更省力的了。這種昆蟲食慾旺盛、身體強壯。

幼蟲長得很快。孵化出來後四個星期，到八月初，幼蟲就有成蟲一半粗了。我想估計一下牠究竟吃了多少東西，便把製

造糞肥的秕穀堆在盒子裡，從幼蟲吃第一口開始計算。我發現
牠在這段時間內共吃了一萬一千九百三十八立方公釐的秕穀，
也就是說，在一個月內牠所吃的東西的體積比自己最初的體積
多幾千倍。

花金龜幼蟲是一個持續運轉的磨麵廠，牠將已經枯死的植
物磨成麵粉。同時，牠也是一部高性能的碾磨機，在這一年
中，牠日夜工作，將因發酵而腐爛的東西碾碎成粉。樹葉的纖
維、葉脈可能一直頑強地存在於腐爛物中。幼蟲攫取這些頑固
不化的渣滓，用牠那銳利的大剪刀把這些沒有腐爛的東西剪得
細碎，並在腸子裡將它們溶解為漿，使之變成有用的東西肥沃
土壤。

花金龜幼蟲是腐殖土最積極的製造者。當幼蟲蛻變過程來
臨，我最後一次檢閱我的飼育對象時，我看到這些貪食者用一
生的時間來磨粉，牠們吃掉的東西可以用一大碗一大碗地去算
出來。

此外，花金龜幼蟲的形態也很值得注意。牠是一種肥胖的
蠐螬，長一法寸，背凸腹扁。背上有褶痕，在褶痕處，分布著
刷子似的稀疏細毛；牠的腹部光滑，皮膚細緻，皮下有些棕色
斑點，那是個大垃圾袋。腳很好看，但短小衰弱，和胖嘟嘟的

身子不成比例。

　　花金龜幼蟲可以自己做半弧形滾動。與其說那是休息的姿勢，不如說是不安和防衛的姿勢。牠滾動時，用盡最大的力氣將身子縮成蝸牛狀，好像要把自己折斷了似的。要是硬要把牠掰開，牠的五臟六腑肯定都要流出來。如果不去碰牠，過一會幼蟲便會舒展開來，伸直身子，急急忙忙地逃走。

　　有件意想不到的事在等待著您。您若將幼蟲放在桌上，牠便會用背走路，腳朝天不動。這種反常的行走方式十分怪誕，初看起來似乎是昆蟲受驚時的偶然之舉，其實根本不是那麼回事。這確實是牠正常的行走方式，花金龜幼蟲不會用別的方式行走。您把牠翻轉過來，肚子朝下，希望牠按照一般的方式行進，這是徒勞之舉：牠頑固地又反轉過來，肚子朝天，頑固地用顛倒的姿勢爬行著。您根本沒辦法讓牠用腳走路。弓起身子一直不動，行進的方式與別的昆蟲相反，這些正是牠與眾不同之處。

　　我們且讓牠在桌子上不去打擾牠吧！這時，牠走動起來了，牠想鑽到爛葉堆裡，躲開騷擾牠的人。背上的肌肉墊受到一層強而有力的肌肉的驅動，牠的行進速度很快。靠著背上的毛刷，即使在光滑的平面上，也能支援牠前進。這個履帶由於

附有毛刷，所以能夠產生強大的牽引力。

花金龜的幼蟲

在這種移動過程中，偶爾會出現一些橫向的擺動。由於脊背呈圓形，幼蟲有時會翻倒。不過，這並沒有什麼關係，只要挺一下腰，牠便恢復平衡，微微左右搖晃一下，又可以用背走路了。牠行走時也會前後顛簸。小舟的船首——幼蟲的頭因為有節奏地起伏而仰起俯下，升高降低。由於雙顎缺乏東西支撐，幼蟲便張口咀嚼著；可能是想咬住什麼支撐物吧！

我給了這雙顎一個「支撐物」，不過不是在爛葉堆裡，因為那裡面黑漆漆的，我觀察不到想看的情況；而是在一個半透明的地方。那支撐物是一根長度適當的玻璃管，兩頭開口，內徑逐步縮小。幼蟲可以容易地從粗的那頭進去，而另一頭太窄，出不來。

只要管子比牠身子寬，牠就用背前進。幼蟲進到管內和身子同大的部分。從這裡開始，行動就可以隨心所欲了。不管是什麼姿勢，肚子仰著，俯著，還是側著，幼蟲都能爬行前進。我看到牠那拱在背上的肌肉墊像波浪似地有節奏地一起一伏，就像平靜的水面上石頭掉落後產生的漣漪那樣擴展開來，向前

推進。我看到牠背上的毛彎下、豎起，就像風吹麥浪似的。

　　牠的頭規律地俯仰著。牠用兩顎的尖端做為拐杖，撐在管壁上向前走路和保持身子平穩。我手指轉動著玻璃管，隨意改變幼蟲的姿勢，牠的那些腳即使碰到了做為支撐的管壁，也一直沒有活動，它們對於行進幾乎是不起一點作用的。那麼這些腳有什麼用呢？我們很快就會看到的。

　　藉由這根半透明管子，我們清楚看見在爛葉堆裡所發生的事。由於幼蟲身子穿進了爛葉堆，四周都有支撐物，幼蟲既能用顛倒的姿勢，也能用正常的姿勢行走，而且更常用的是正常的姿勢。靠著背部一起一伏的動作，牠在任何方向都能有接觸面支撐，所以行走時肚子朝下還是朝上都無所謂了。這時不再有荒誕的例外，一切都恢復了平常的秩序；如果我們有可能看到幼蟲在爛葉堆裡行走的樣子，我們就不會覺得牠有絲毫奇特的地方了。

　　可是我們把牠裸露放在桌上，我們目睹到的是一種極其奇怪的現象，可是我們只要再進一步想想，就不會覺得奇怪了。因為在桌子上，除了桌面以外，身體其他部分沒有能夠支撐牠的東西，脊背的肌肉墊——這個主要的履帶需要和這唯一的接觸面接觸，所以幼蟲只好翻過來走路了。我們對牠那奇怪的行

走方式感到驚奇，純粹是因為我們跳脫了牠的生存環境來觀察牠。其他大腹便便的短腳幼蟲，如鰓金龜、犀角金龜和細毛鰓金龜的幼蟲，如果牠們有可能完全打開和伸出牠們大肚子上強而有力的鉤子，牠們也會這樣行走的。

六月是產卵的時節。度過了寒冬的老幼蟲做著變態的準備工作。蛹室和新一代要從中破殼而出的卵同時存在著。雖然結構粗陋，花金龜的蛹室也蠻標緻的。牠們呈卵球狀，約有鴿子蛋那麼大。在我的爛葉堆裡安居的四種花金龜中，裹屍布花金龜體型最小的，牠的蛹室也最小，只有一顆櫻桃那麼大。

所有花金龜蛹室的形狀，甚至外表都是一樣的，以至於除了裹屍布花金龜的蛹室之外，其他的我都無法區分。我不知道它們屬於誰的作品，必須等待成蟲出蛹後，才能用精確的名稱來指稱我所發現的東西。不過，一般說來（這裡會有許多例外），金色花金龜的蛹室外殼上裹有自己的糞便，這些糞便是隨意黏上去的。而金匠花金龜和灰黑色花金龜的蛹室上則黏滿了爛樹葉的殘屑。

這種相異之處只能視為化蛹的材料不同，而非某種專門的建造技術所致。在我看來，金色花金龜樂意在自己的排泄物中化蛹，而別的花金龜則偏愛較乾淨的地方。外層的不同，其原

因可能就在於此。

　　那三種大花金龜的蛹室很不穩固，也就是說它們沒有黏在固定的物體上，牠們化蛹時沒有專門的地基。這點裹屍布花金龜則稍有例外，如果牠在爛葉堆裡找到一塊哪怕比手指還小的小石頭，牠也寧願在這石頭上建造牠的小屋。如果找不到的話，牠也可以不要石頭，像其他花金龜那樣，不靠在穩定牢固的支撐物上化蛹。

　　由於幼蟲和蛹的表皮嬌嫩，所以蛹室的內面一定要很光滑。蛹室的四壁相當結實，能經得住指頭的按壓。它是用一種棕色的材料做的，很難確定究竟是什麼樣的材料。它可能是種柔韌的漿，是由花金龜隨意加工出來的，就像捏陶的人擺弄黏土一樣。

金色花金龜

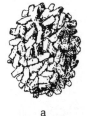

a　　　　　　　　b　　　　　　　　c

花金龜的蛹室：a.金色花金龜　b.金匠花金龜　c.裹屍布花金龜

花金龜的製陶術是否也使用了某種沃土呢？按照書本的說法，人們可能認為如此。書本上一致認為鰓金龜、犀角金龜、花金龜和其他一些昆蟲的蛹室是土質結構。一般說來，書本大都是盲目地互相抄襲，根本不是直接觀察到的事實彙編，所以我不太相信書本上的話。在這個問題上，我相當懷疑，因為花金龜幼蟲生活在狹窄的範圍內，處身於爛樹葉中，牠是找不到必要的黏土的。

我自己在這爛葉堆裡四處尋找，也很難找到哪怕是一小酒杯的黏土，更何況當花金龜幼蟲化蛹的時刻來臨時，便不再移動了，牠又能找到什麼呢？牠只能在身體四周採集。牠找到了什麼？只是些樹葉的碎屑和腐殖土，這些品質低劣的材料是黏不住的。幼蟲只能再想想別的辦法。

說出這些辦法，可能會讓我受到令我窘困的指責，有人指責我是不知羞恥的唯實主義者。某些想法可能會讓我們大吃一驚，其實這些想法很簡單，而且非常樸實。大自然沒有人類這些顧忌，它直截了當地實現自己的目的，而不管我們是贊同還是厭惡。讓我們將那些不合時宜的挑剔丟到一邊去吧！如果我們想了解昆蟲絕妙的技巧，那我們就要設身處地的像昆蟲那樣去思考問題。我們應該盡力向前進，而不要在事實面前退卻。

花金龜幼蟲將為自己製作一個箱子。牠將在這只箱子裡完成身體的變態。製作箱子可是個十分細緻的工作。此外，牠還將修建一座圍繞自己的堡壘，也就是要為自己化蛹。可是花金龜幼蟲無法利用外面的東西，看來牠似乎一無所有。錯了，一無所有只是一種表面現象。為了建造蛹室，毛毛蟲身帶絲管和噴絲頭。花金龜也和毛毛蟲那樣，體內儲藏著建築材料，牠甚至也有噴絲頭，不過是在相反的一端。而膠狀物就儲存在牠的腸子裡。

在牠積極工作的這些日子裡，幼蟲拼命屙屎。在牠走過的地方留下了大量的棕色糞粒，就是證明。到了快要變態時，牠屙得少了，牠把糞便節約下來，蓄積成高品質的漿做為黏著劑和填料。牠的大肚子末端有個大黑點，這是一只隱約可見的黏著劑袋子。這個供應充分的倉庫非常清楚地透露出這個工匠的專長：花金龜幼蟲是專門用糞便砌造建築物的。

如果要證據的話，請看：我把已經完全成熟、準備化蛹的幼蟲，一個個分別放在小短頸廣口瓶裡。由於要建築就需要有支撐物，我在每個瓶裡放了重量很輕、移動方便的建材。第一個瓶裡放了剪碎的棉絮，第二個瓶裡放了小扁豆寬的紙屑，第三個瓶裡放了香芹籽，第四個瓶裡放了蘿蔔籽。我手邊有什麼便用什麼，並不特別挑選。

幼蟲毫不猶豫地鑽進了牠們的同類從未進入過的環境中。這裡沒有書本裡提及的用來建造蛹室的土質物，也沒有黏土。這一切清楚地表明，如果幼蟲真要砌牆，只能使用牠自己工廠裡的水泥。但是牠砌牆嗎？

是的，完全沒錯。在沒幾天內，我就得到了漂亮而結實的蛹室，跟我從爛葉堆裡取出來的一樣，只不過這些蛹室外表更加好看。如果是用棉絮做材料，蛹室便裹著一層絮團狀的羊毛；如果幼蟲是在紙屑的床上，蛹室就蓋著白色的瓦，彷彿雪花落在上面似的；如果是在香芹籽或者蘿蔔籽中，蛹室的外表就像肉豆蔻，邊緣還有細粒的軋花滾邊。作品真是漂亮極了。人的詭計為這些造糞藝術家助了一臂之力，幫助牠做出了小巧玲瓏的手工藝品。

紙屑、種籽或者棉絮做成的覆蓋物黏結得非常好。覆蓋物下面是真正的蛹室，完全由棕色漿狀混合物所構成。有規則的表層令人以為這是幼蟲有意識這麼做的。當我們看到金色花金龜的蛹室上有時也裝飾著漂亮的糞粒時，我們也會萌生這樣的想法。我們會以為幼蟲從身邊採集到合意的石子，嵌到灰漿中，使牠的作品更加牢固。

但是事實完全不是這樣，根本不存在什麼標準的鑲嵌作

業。幼蟲用牠那圓圓的臀部把鬆動的物質推到身體四周。牠純粹靠身體的壓力來調整這些物質，把它弄平，然後用牠的灰漿將這些材料一塊塊固定，慢慢形成一個卵形的小窩。然後牠再從容不迫地塗上一層層的泥漿使之牢固，直至牠糞便用完為止。被黏著劑沾到的東西自然而然就成了混凝土，從此成為牆壁的一部分，並不需要建築者再動手砌造。

　　想完整觀察幼蟲化蛹的過程是不可能的，牠選擇在有遮掩的地方作業，避免被我們看見。但牠操作的基本情況還是可以觀察到的。我選擇了一個蛹，蛹室還很柔軟，這代表說明它還沒完全造好。我在蛹室上開了一個不大的洞。如果洞太大，這個缺口會使昆蟲灰心喪氣，進而放棄修葺坍塌的拱頂；這不是因為沒有黏著劑，而是由於沒有支撐物了。

　　我用刀尖小心謹慎地挖開一小洞。瞧吧！幼蟲將身子蜷成幾乎閉合的鉤狀。牠不安地把頭伸到我剛剛打開的天窗處：牠想打聽究竟發生了什麼事情。牠很快查明了事故。於是這彎弓完全閉合起來，頭尾相互接觸，然後一用力，這個建築者便有了一團填料，這是造糞工廠剛剛供應出來的。這麼迅速就造出糞便，腸子肯定要特別樂意配合才行。花金龜幼蟲的腸子就有這個本領，要它什麼時候屙屎，它就什麼時候屙屎。

　　現在輪到腳來露一手了。腳對於行走毫無用處，但在化蛹時卻是得力的助手。它們此時成了靈巧的小手。大顎咬住糞粒後，這些小手就幫忙扶住糞粒，把它轉來轉去，然後攤開來，精打細算地放到該放的位置上。大顎上的雙鉗就是抹灰漿的抹刀，它把糞粒一小點一小點取下，咀嚼，揉拌灰漿，再把灰漿抹到缺口的邊緣上。然後用頭慢慢將灰漿抹平。灰漿用完了，牠又把身子整個彎起，倉庫非常聽話地又排出了糞便。

　　整齊修好的缺口讓我們窺見了的一點情況，足夠告訴我們這裡發生了什麼事。我們不用親眼看見，也可以知道這隻蟒蟒正在不斷地拉屎，不斷地更新牠儲備的膠狀物。人們注意到牠用雙顎的頂端採集土塊，用腳緊緊抱住後，隨意鋸斷，用嘴和額頭將土塊鑲貼在牆面最薄弱的部位上，再轉動臀部，把牆弄得光滑。這個幼蟲建築工就在自己身上找到修建自己大廈的礫石，不需用任何外來的材料。

　　這種使用糞便的才能是這些肚皮大而有勁的幼蟲與天俱來的。牠們寬大的腹部繫著褐色腰帶，這根帶子是專業的標誌。這些幼蟲用腸子布袋盛裝的物體為自己修建身體變態時所需的小室。牠們全都向我們展示出一種高級的經營管理科學。這種科學善於精心、化卑俗為端雅，讓一般人眼中低俗的糞便盒子誕生了金黃色的花金龜——一個玫瑰花的主人和春天的光榮。

第二章

豌豆象產卵

　　人類對豌豆的評價很高。自古以來，人們透過越來越精巧的耕作、細心的管理，想方設法地讓它結出更碩大、更細嫩、更甜美的果實。這種植物性格柔順，受到和氣的懇求就任憑擺布。它終於給予懷著奢望的園丁企求的東西。我們今天離開瓦羅[1]和科呂麥拉等人的收穫物有多久遠啊！特別是我們離開原始的小硬豌豆和紫花豌豆，離開第一個用岩穴熊的半頜骨搔扒土地種植野生果實的人有多久遠啊！熊的犬齒過去曾被充作犁頭。在野生植物的世界上，這種植物——豌豆的始源，究竟在哪裡呢？我們居住的地區沒有與這相同的東西呀。在別處會找到嗎？植物學用它含糊的可能性來做為答覆。

① 瓦羅：西元前116～前27年，古羅馬學者、諷刺作家，著有涉及各學科著作六百二十冊，其中含《論農業》。——譯注

此外，關於大多數植物的始源，人們同樣一無所知。小麥——向我們提供麵包而備受讚頌的禾本科植物，是從哪裡來的呢？誰也不知道。我們除了盡心照管之外，就別再想在這裡或是異國尋找它的根源了。在農業誕生的東方，採集標本的人從未在沒被犁頭翻耕過的土地上，遇見過獨自繁殖成長的聖穗。

關於黑麥、大麥、燕麥、蘿蔔、小紅蘿蔔、甜菜、胡蘿蔔、筍瓜以及很多其他作物的始源，我們仍舊不大了解。它們的始源地不為人知，若干世紀難以識透的虛幻事物至多被人猜測而已。大自然把這些植物託付給我們時，它們充滿了未經馴化的激情，具有普通食物的價值，正如大自然現在向我們提供的桑椹和灌木叢的黑刺李樹一樣。大自然向我們提供這些植物時，它們處於不願施予的粗胚狀態。圍繞著這些粗胚，我們不得不經由艱苦工作和靈巧創造，耐心仔細地積攢營養性的果肉。這是投下的第一筆資本。這筆資本存放在翻耕土地者最殷實的銀行裡，利息不斷增加。

做為食品供應倉庫，穀物和豆類植物大部分是人工產物。我們把改造的作物（它們的初始狀態是卑微的）依照原樣從自然寶庫中取來。經過改良的品種是我們的技藝取得的成果，這些作物毫不吝惜地提供食物原料。

　　但是，如果說小麥、豌豆和其他作物對我們來說是必不可少，那麼我們用精心管理做為正當的回報，對這些作物來說就絕對必要了。我們的需求造就了這些植物。它們在生命的激烈搏鬥中不能反抗，如果被我們棄之不顧，不加以培植，儘管種子成千累萬，仍會很快消失淨盡；正如愚不可及的綿羊如果沒有羊圈，就會在短期之內不見蹤跡一樣。

　　這些植物是我們的產物，但並不始終是我們獨有的財產。任何積存食物的地點都會引來五湖四海的消耗者，牠們自動前來參加豐盛的聚餐。食物越豐足，牠們就來得越多。只有人類能夠大力促使農業發達興旺，因而成為賓客滿座的盛大宴會的承辦者。人類一方面製備更加美味、更加豐盛的食物，一方面又不由自主地把成千上萬個飢腸轆轆的蟲子召引到他們儲備的糧食中。他們的禁令徒勞無功地和這些蟲子的牙齒進行鬥爭。隨著產量的提高，更沈重的稅賦就強加在人類頭上。大規模的耕作、大量的作物、大量的儲存，凡此種種都有利於我們的對手——昆蟲。

　　這是事物固有的法則。大自然一視同仁，以同樣的熱情用它豐滿的乳房為所有的初生兒哺乳，像生產者，也同樣熱切地向別人財富的開發利用者餵奶。大自然為我們這些耕耘、播種、收穫把自己弄得筋疲力盡的人，也為小小的谷象鼻蟲，促

使小麥成熟。這種蟲子不用辛勞地在田間工作，卻仍來到我們的糧倉裡安家落戶，並且用牠銳利的大顎在那裡一粒一粒地咬碎堆積的糧食，直到把糧食咬成糠為止。

大自然為我們這些用鐵鍬翻地、鋤草、灌溉累得腰酸背痛，皮膚被太陽曬烤成褐色的人，也同樣為豌豆象，把豌豆莢鼓脹起來。豌豆象對田野裡的繁重工作一無所知，當大地回春的歡樂時刻到來時，在牠自己活躍的那段時日中，牠便從收穫物中抽走牠應得的那一份。

我密切跟蹤這位賣力的綠豌豆什一稅徵收官──豌豆象的活動。我是個積極的納稅人。我會聽任牠行事。正是為了牠，我在荒石園裡播下幾行牠喜愛的植物。除了這些苗床以外，我沒有別的對牠有吸引力的東西。這位收稅官在五月準時到來。牠知道在這塊難以種植蔬菜的卵石地裡，豌豆開花了。牠身為昆蟲學的稅務官員，匆匆忙忙跑來行使牠的職權。

牠從哪裡來？想把這一點講得準確無誤是不可能的。牠來自某個隱藏處。牠在那裡，在凍僵的狀態中度過氣候惡劣的季節。盛夏時自動剝皮的懸鈴木，在它那微微掀起的、剝落的木栓質皮片下，為無家可歸的落難蟲子提供極好的避難帳篷。在這樣的住所裡，我經常和我們的豌豆開發利用者──豌豆象相

遇。只要氣候惡劣的季節還在猖獗肆虐，牠就躲藏在懸鈴木的枯皮下，或者用別的辦法保護自己。溫暖的陽光才剛剛輕柔地撫摸牠幾下，牠就從昏沈的狀態中甦醒過來。本能的曆書向牠提供資訊。牠像園丁般對豌豆開花的時期瞭若指掌。一到這個時期，牠們從四面八方邁著細碎而輕捷的快步，來到喜愛的植物那裡。

小頭、細嘴、穿著布滿褐色斑點的灰色衣服、長著扁平的鞘翅、尾巴基部的皮上有兩個粗大的黑斑、身材矮壯，這就是這位來客的粗略速寫。五月上半個月過去了。早到的客人已經蒞臨了。

豌豆象在長著蝴蝶白色翅膀似的花上安營紮寨，神態傲然。一些定居在花的旗瓣下，一些躲在龍骨瓣的小盒子裡，另外一些為數更多，牠們搜索、占有花序。產卵時刻還沒到來。上午天氣溫和，陽光強烈，但不會使人感到厭煩。這是在燦爛的陽光照射下婚配喜慶、至福至樂的時刻。這時這些昆蟲享受著生之歡樂和幸福。牠們一對對配好對，時而分開，時而重聚。將近中午時分，烈日當空，氣溫太高，每隻雄蟲和雌蟲都退避到花朵的褶子裡。牠們是那麼熟悉這些隱蔽角落。明天牠們將再度聯歡玩樂。後天還將繼續，直到一天天膨脹起來的豌豆果實弄破龍骨瓣的小盒子。

　　幾隻產卵的豌豆象心急如焚地將卵託付給初生的豆莢。稚嫩的豆莢扁平、細小，才剛褪掉花蒂。這些倉促匆忙中產下的卵，或許是被不能等待的卵巢強制排出的。在我看來，它們的處境似乎岌岌可危。豌豆象幼蟲將在那裡安家落戶的種子，這時還只不過是個脆弱的細粒，不堅固，沒有粉質堆。豌豆象幼蟲除非耐著性子，等到豌豆果實成熟，否則在那裡牠們是找不到便餐的。

　　但是，豌豆象幼蟲一旦孵出後，可以長時間不進食嗎？這是無庸置疑的。我看到的一點情況向我肯定，豌豆象幼蟲要盡快入席用餐，不然就會夭折。因此，我認為在不成熟的豆莢上產下的卵是沒有希望的。但是，豌豆象種族的繁衍興旺不會因此受到損害，因為豌豆象的數量是如此之多。此外，我們等會就會看到牠產下卵時多麼毫不在意。大部分的卵注定會死亡。

　　當豌豆莢在籽粒的推動下變成一節一節時，就差不多成熟了，這時豌豆象母親的主要工作在五月末完成了。我很想看豌豆象如何以昆蟲分類學給予牠象鼻蟲科昆蟲這個身份幹活[2]。其他象鼻蟲是帶長喙的蟲，牠們有根尖頭椿，安放卵的窩巢就用這個工具構築。豌豆象卻只有一隻短喙。這個喙用來收集幾口甜食十分管用，但是做為鑽孔工具卻派不上用場。

因此，豌豆象安置家庭的方法和其他象鼻蟲迥然不同。這裡不再有像橡實象鼻蟲、菊花象鼻蟲、葡萄樹象鼻蟲之類的象鼻蟲，做著那種細緻靈巧的準備工作。豌豆象母親沒有鑽頭，牠將卵露天撒布，這些卵不必保護，不用避免灼人烈日和惡劣氣候的侵襲，沒有比這更簡單的產卵方式了；但是，對卵來說，也沒有比這更加危險的了，除非它們原本就具有一種適於抵抗炎熱、寒冷、乾燥、潮濕和苦難的特殊體質。

上午十點，在溫暖陽光的照射下，豌豆象母親邁著混亂不堪的步伐，從上到下，再從下到上，先在選定的豌豆莢的一面，接著又在另一面行走。牠不時展露出一根不很粗的產卵管。這根管子向左、向右擺來擺去，似乎想把豌豆莢表皮劃破。接著產下一枚卵。這枚卵一經安置就被棄置不顧。

豌豆象（放大4倍）

豌豆象的產卵管急忙在豌豆莢的綠皮上這裡點一下，那裡點一下。事情完結了，卵留在那裡，在光天化日之下，毫無遮掩。母親沒有選擇合適的地點來幫助未來的豌豆象幼蟲，讓牠

② 在法布爾的年代，豆象與象鼻蟲一樣，都是象鼻蟲科的昆蟲。現在，豆象被獨立出來，歸類於豆象科中。──編注

們在自行鑽進食櫥時減少搜尋的辛勞。一些卵安置在被豌豆種子鼓脹起來的豆莢上，一些則被安置在貧瘠小山谷似的豆莢隔膜內。前面的那些卵離糧食不遠，後面的那些則遠離糧食。總之，豌豆象幼蟲必須自己辨別方向，去尋找需要的糧食。簡而言之，豌豆象母親產卵雜亂無章，使人想到農夫在田裡播下的種子。

更加嚴重的是：託付給同一個豌豆莢的蟲卵數目與豌豆莢的籽粒數目不成正比。一條豌豆象幼蟲需要一粒豌豆，這是基本的配給量。一粒豌豆對單獨一條蠕蟲的福利來說，綽綽有餘、十分寬裕，但同時對好幾個消耗者，哪怕只有兩條，就不夠了。每條豌豆象幼蟲一粒豌豆，不多也不少。這是永恆不變的定律。

生殖的經濟合理性需要豌豆象母親對豌豆莢果內的情況有所了解，並限制產卵的數量。產卵數量必須與莢果內包藏的種子數量成比例。然而豌豆象母親卻不這麼考慮。狂熱的卵巢總是讓眾多的消耗者搶食單一的配給量。

我所有的統計結果在這一點上是一致的：安置在一個豆莢上的豌豆象幼蟲數量，總是超過，而且是令人吃驚地超過可供利用的豌豆籽粒的數量。不管盛裝糧食的布袋多麼乾癟，應邀

者總是過多。比較豆莢的籽粒數與豆莢上被辨認出的卵數，我發現一粒種子有五到八個覬覦者，而且還沒有什麼跡象顯示出，大量產卵的現象不再變本加厲。應徵者是如此之多，而被選中的卻又如此之少。所有這些多餘者來這裡做什麼呢？由於已無席位，牠們肯定會被趕出宴席的。

豌豆象的卵呈琥珀黃色，相當鮮豔，圓柱體，非常光滑，兩端呈圓形，長不過一公釐。每枚卵都用凝固生蛋白的細纖維網緊緊黏附固定在豆莢上，颱風下雨都沒有影響。

豌豆象往往產雙卵，一枚卵產在另一枚卵上面。一般來說，產在上面的那枚可以孵出，在下面的卻萎縮、死亡。對後者來說，要孵出一隻幼蟲，缺少什麼呢？可能缺少陽光的沐浴──溫暖的孵育。同伴的蔭蔽阻擋了這份溫暖。或者由於掩蓋它的、不合時宜的擋光板效應，或者由於其他原因，雙卵組中先產下的那枚很少遵循正常的成長發展過程。它在豆莢上凋零，沒有活多久就死去。

這種夭折現象也有例外。有時一對卵發育成長的情況同樣良好，但這種情況極為罕見。如果這樣的制度恆久不變，豌豆象的家庭成員就會減少一半。一項暫時的應付措施可以減緩這種毀滅：讓大部分的卵一枚枚產下，且孤孤單單的分布。這項

措施不利於我們的豆莢，但有利於象鼻蟲科昆蟲。

新近孵化出的幼蟲就像是一根彎曲、淺白色或帶白色的小帶子。這根帶子在卵殼附近翹起，損傷豆莢的表皮。這是幼蟲的作品，是表皮底下的通道。這隻小蟲在那裡行進，尋找鑽入部位。這個部位找到後，身長不到一公釐、渾身蒼白的小蟲，戴著黑色的防護帽在豆莢的殼上鑽洞，下到寬敞的豆莢裡。

小蟲到達豌豆籽粒那裡後，住在最近的一粒上。我用放大鏡觀察牠，探查牠的豌豆小球——牠的世界。牠在豌豆籽粒上挖掘一個垂直井坑。我看見一些小蟲身子一半下到井坑，在井坑外搖動身子後部，以便讓自己有股衝力。在很短一段時間內，這個豌豆象礦工消失了。牠鑽進了自己的家裡。

入口很小，但因為在豌豆淡綠色或金黃色的表皮上呈現褐色，因此任何時候都很容易辨認出來。入口沒有固定的位置，總的說來，豌豆象是隨意在豌豆籽粒下半部的表面上鑽洞。

豌豆籽粒的胚正好位於下半部，保護它在生長期間不受傷害，順利發育成胚芽。儘管豌豆象幼蟲在種子上鑽了個大洞，為何這個部位卻是完好無損呢？是什麼原因讓豌豆籽粒受到保護呢？

不用說，豌豆象對園丁並不關切。豌豆供牠食用，僅僅供牠食用而已，會讓種子滅絕的那幾口牠自己不吃，這樣做的目的並不是減輕豌豆的損害。牠的自我克制是有其他理由的。

原因之一是，豌豆互相接觸，一粒緊挨著一粒，這讓尋找攻擊部位的豌豆象幼蟲不能隨意地在豌豆上面通行。原因之二則爲，豌豆的下端因肚臍的瘰瘤而變厚，這個阻礙對豌豆象來說是從未碰過的；相對地，牠在豌豆籽粒受表皮保護的其他部位上鑽孔就顯得相當得心應手。此外，這個肚臍（屬於特殊構造）有些特別的、對豌豆象幼蟲來說相當嫌惡的汁液。

毫無疑問的，這就是雖然被豌豆象利用，但與此同時仍然保存著發芽能力的豌豆的全部秘密。它們破損不堪，但並沒有死亡，因爲受到入侵的一面是它空著的一半。這個部位既比較容易進入，又比較不容易受到損害。此外，由於整粒豌豆對單獨一隻幼蟲來說過於豐盛，物質的損耗於是減縮到消耗者所偏愛的那個部分，而這個部分並不是豌豆籽粒的主要部分。

如果有其他條件，如果有體積減縮得很小，或者體積過大的種子，我們就會看到結果將完全改變。在第一種情況下，糧食供應過分菲薄，在豌豆象幼蟲的牙齒下，豌豆胚芽就會滅亡，像其餘部分那樣被啃噬掉。在第二種情況下，豐盛的食物

則允許好幾個共食者一起用餐。有時由於缺乏豌豆這種受到好評的豆子，野豌豆和粗大的蠶豆也被豌豆象開發利用，它們讓我們進一步了解到一些情況：顆粒小的種子被吸乾耗盡到只剩一層外皮，成了廢墟，人們徒勞地等待著它發芽。相反的，顆粒大的豆類種子儘管上面有象鼻蟲的多間寢室，仍然保存著破土萌芽的能力。

豌豆莢這個工地上的豌豆象卵數總是多於豌豆裡的籽粒；另一方面，每粒被占有的豌豆則是一條豌豆象幼蟲獨有的財產。這個事實得到確認後，人們就會尋思，多餘的豌豆象幼蟲會如何呢？當最早熟的蟲子在豌豆莢食櫥裡占好位置後，那些多餘的幼蟲會死在外面嗎？牠們會在搶先占領者冷酷無情的牙齒下倒下嗎？然而，事實回答說，既不是前一種情況，也不是後一種情況。現在讓我們來描述一下事實吧！

就在這個時刻，在每粒豌豆象成蟲鑽出並留下一個大圓孔的老豌豆上，我們用放大鏡可以看到細小的橙黃色斑點，數量變化不定。這些斑點的中央穿了孔。它們是什麼？我數了數，在一粒豌豆上有五、六個斑點，甚至還更多。我不可能弄錯。有多少入口就有多少隻小蚯蚓似的蟲子。因此有好幾位開發利用者進入了這粒種子內部。整整一群蟲子中只能有一隻存活、長胖、長粗，最後成年。其餘的如何啦？讓我們來看看吧！

　　五月末到六月是產卵時期，讓我們檢查一下還十分嫩綠的豌豆。幾乎每粒受到侵害的種子都向我們展露出多個、我們在被豌豆象拋棄的乾豌豆上觀察到的那種斑點。這是群居動物相聚的標記嗎？是的。讓我們打開那粒種子，分開子葉。必要時，讓我們再細分。我們讓好幾隻藏在食物內部的一個小圓窩中的豌豆象幼蟲身上毫無遮蓋。牠們十分幼小，彎成弓形，胖嘟嘟的，動個不停。

　　在這個團體裡，似乎一片祥和安寧，沒有爭吵，沒有鄰里之間的嫉妒和競爭。進餐開始了。食物充足豐盛。用餐者被子葉還沒觸動的部分形成的隔膜分開。這樣隔室用餐，就不必擔心打架鬥毆的事情發生。在共同用餐者之間，不會因不小心或故意而用大顎碰觸彼此一下。對全體占有者來說，所有權相同，胃口相同，力量相同。共同開發利用會以什麼樣的結局收場呢？

　　我把一些有豌豆象居住的豌豆剖開後放在玻璃試管裡。我每天都剖開一些。這個辦法讓我了解到共棲昆蟲的成長變化最初並沒有什麼特別的情況。每隻豌豆象幼蟲被隔離在牠的小巢裡，啃食周圍的東西。牠精打細算地吃著，十分節省，寧靜安詳。牠還很小，一丁點東西就足以讓牠吃飽。然而一塊豌豆糕不夠這麼多蟲子一直吃到最後。飢荒將會發生。除了一隻外，

其餘的全都會死亡。

　　現在，事物的發展有了快速的變化。豌豆象幼蟲中的一隻，即在豌豆種子裡占據中心位置的那一隻，比其他的蟲子更快長粗。牠剛剛有了個比其他競爭對手大的塊頭，這些競爭對手就停止吃食，克制自己向前搜索。牠們動也不動，聽命順從。牠們死了。這種愜意的死亡帶走了不自覺的生命。牠們消失了，被溶解了，被滅絕了。這些犧牲了的可憐蟲子還這麼小啊！整粒豌豆從此就屬於獨一無二的倖存者。在讓四周鄰居減少的得天獨厚者那裡發生了什麼呢？我缺乏切題的答覆，只能提出一個假設。

　　在比其他部位更加溫和地由太陽神祕功能製備的豌豆中心，難道沒有嬰兒食物，沒有更加適合嬌弱的豌豆象幼蟲的柔軟肉質嗎？也許在那裡，胃受到一種細嫩的、味美的、更加甜美的食物刺激，健壯起來，有了活力，變得適於收納比較不容易消化的食物。嬰兒在吃稀糊之前，在吃身強力壯者食用的麵包之前，只吃乳製品。豌豆的中央部分難道不會是豌豆象幼蟲吃奶的乳房嗎？

　　所有的豌豆種子開採者意圖相同、權利相同，全都奔往味美的食物。行程十分艱辛，棲所重複出現。這是臨時窩巢，供

這些開採者休息。在等待更好的東西時，牠們有節制地咬碎周圍成熟的物質。牠們用牙齒啃咬，主要是爲自己打開一條通路，而不是進食恢復元氣。

最後，其中一個豌豆象幼蟲礦工在經常遵循的指導的幫促下，到達了種子中心的乳品廠。牠在那裡定居下來。事情完結了。其他的幼蟲只有死亡一條路。牠們怎樣被告知席位已被占據了呢？牠們聽見同類用大顎敲打小間的內壁嗎？牠們在一段距離之外感覺到啃齧時產生的震動嗎？某種類似的情況可能發生過，因爲從那時起，牠們就不再嘗試進一步的探測活動。遲到者不和幸運的暴發戶進行鬥爭，不試著去趕走牠，而是讓自己死亡。我喜歡這些豌豆象幼蟲遲到者這種單純、老實、聽天由命的精神。

第三章

豌豆象幼蟲

　　另一個生存條件即空間條件。在各種豆象中，豌豆象身體最粗大。當牠成年時，需要一個相當寬敞的住所，其他同年齡的種子開發者並不需要這樣寬敞的住所。一顆豌豆能提供一隻豌豆象一間足夠寬敞的居室。但是，兩隻蟲子想在那裡共居是不可能的，因為即使互相緊緊挨靠，空間也不夠。所以這就需要毫不留情地精簡蟲數。這種精簡動作讓受到侵襲的豌豆種子內所有的競爭者消失，只剩一隻存活。

　　相反的，蠶豆，幾乎與豌豆一樣深受豌豆象的鍾愛，卻能夠接納一個豌豆象團體住宿。剛才談到的獨居者在蠶豆那裡卻成了群居者。那裡有供五、六隻甚至更多的豌豆象幼蟲居住，而又不互相侵越界限的臥室。

　　此外，每隻豌豆象幼蟲都能在牠力所能及的範圍內找到初生時期所需的糕餅，也就是那層遠離豌豆表面，慢慢變硬，並且把美味保存得較好的部分。這個內層是麵包心。這塊麵包剩下的部分就是麵包皮了。

　　在豌豆這個普通的小球裡，這個內層占據著中心部位，是豌豆象幼蟲應該到達的有限部位。如果這隻小蟲不能到達那裡，就會死亡。然而，在蠶豆這塊寬大的圓麵包裡，這個內層包含著兩片扁平的蠶豆瓣，每隻幼蟲不管從哪裡蛀蝕肥大的蠶豆種子，只要一直向前鑽洞，不久就能找到牠所渴望的食物。

　　在蠶豆裡會出現什麼情況呢？我數了數固定在一根蠶豆莢上的蟲卵，統計這根豆莢包藏的籽粒。我比較在這兩種豆類植物上蒐集到的統計資料後，發現按照每個豌豆象家庭一般有五或六個食客來計算，對這個家庭的全體成員來說，這根蠶豆莢的空間相當寬裕。這裡不再有一從卵裡孵出就餓死的多餘者。每隻蟲子都擁有屬於牠的那份豐盛食物，每隻蟲子都能讓子孫繁衍興旺。豐足的糧食和產卵蟲產下的卵數是相稱的。

　　如果豌豆象始終選用蠶豆做為家庭的棲居處，我就能夠清楚理解為何豌豆象母親會在同一個蠶豆莢上播滿卵。這個莢果是份豐盛的食物，而且容易取得，於是召引了這樣一大窩蟲。

可是豌豆這個棲居處卻使我感到困惑不解。豌豆象母親由於什麼差錯會把子女送到這種不夠食用的豌豆莢上，讓子女忍飢挨餓呢？為何這樣多應邀者圍著一顆豌豆種子，而這顆豌豆卻只能當作一隻豌豆象的口糧呢？

在生命的結算表上，事物不是這樣發生、發展的。某種先見支配著昆蟲的卵巢，讓牠們把「消耗者」的數量和「可消耗物質」的豐裕程度或稀有程度成一比例。金龜子、飛蝗泥蜂、埋葬蟲以及其他家庭食品罐頭的備辦者，嚴格限制自己旺盛的繁殖力，因為牠們的麵包房裡的柔軟麵包、牠們一筐筐的野味、牠們埋屍坑裡的肉塊取之不易，而且數量很少。

相反的，腐肉上的藍蒼蠅則成堆成堆地堆積牠的卵。牠對屍體這取之不盡、用之不竭的財富滿懷信心，於是就在那裡大量安置牠的蠅蛆，根本不考慮數量大小。在其他情況下，昆蟲運用機靈狡詐的手段搶劫食物，這種搶劫使得新生兒可能遇到成千上萬起致人死命的意外事故，於是，母親就用數量龐大的卵來抵銷可能出現的毀滅。芫菁科昆蟲的情況就是這樣。在十分危險的情況下，這種昆蟲盜竊別人的財富。

豌豆象既不了解那些不得不限制家庭人口的工作者的辛勞，也不了解被迫提高家庭人口的寄生者的苦難。牠隨心所

欲，不花力氣去尋找，只要在陽光朗照下，在喜愛的植物上蹓躂，就能夠為每個家庭成員留下足夠的財富。牠能夠這樣做。然而，發狂的豌豆象卻想讓牠的小蟲超過限額在豌豆莢果裡居住。這根莢果可是個會讓大多數小蟲死亡的哺乳室啊！對於這種愚蠢荒謬的行為我十分不解。牠和一般的昆蟲母親高瞻遠矚的本能背道而馳，且過於相悖。

於是我傾向於假定，在地球財富的分配中，豌豆不是豌豆象最初取得的一份口糧。那可能是蠶豆。蠶豆能夠用它的一粒種子，留住半打的共餐者，甚至更多。有了顆粒大的種子，在昆蟲的產卵數和可供使用的糧食量之間，也就不再有明顯的不成比例了。

此外，毫無疑問的，在我們多種不同的豆類中，蠶豆起源最早。它那特別大的顆粒和鮮美的滋味，當然自古以來肯定就已經引起人們的注意。對挨餓的族群來說，這是一口現成的、價值非凡、極其重要的食物。因此人們迫不及待地在住宅，在用爛泥黏合樹枝建築而成的茅屋外的園子裡種植它，這就是農業的開始。

中亞的移民經由驛站之間漫長的道路，用他們長著鬍鬚的牛，套上有著圓木輪的車子，首先把蠶豆，然後把豌豆，最後

把穀物（防備飢餓的最好儲備）帶到我們的蠻荒之地。他們還
為我們帶來牛羊群。他們讓我們知道青銅——最早用來製作工
具的金屬。就這樣在我們的土地上出現了文明的曙光。

這些古代的創始者、傳授者不自覺地把蠶豆連同今天與我
們爭奪這種豆子的昆蟲帶給了我們嗎？疑惑是允許的。豌豆象
似乎是土生土長的。至少我發現牠對這個地區的許多豆科植物
——自發生長的植物徵稅。這些植物從來沒有引誘人的貪慾。
豌豆象特別常大量聚集在樹林裡的大山黧豆上。這種植物有一
串串漂亮的花朵和長長的、美麗的豆莢。它的種子不大，比起
豌豆小多了。但是，每粒種子都被從內咬碎到皮殼處（牠的居
住者少不了會這樣做），這便足夠讓居住在內的蠕蟲形幼蟲繁
衍興旺。

大山黧豆的種子數量相當多。我數了數，每根豆莢裡有二
十來顆種子。這是一筆豌豆即使在它最多產的情況下也沒有過
的財富。優質大山黧豆沒有過多的殘渣，因此說來它足以餵養
寄託在莢果內的昆蟲家庭。

如果樹林裡的大山黧豆偶爾短缺，豌豆象便一如既往，在
一根具有類似味道，但卻不能餵養所有幼蟲的莢果上，例如在
野豌豆上產下大量的卵。在不夠大的莢果上，產卵數還是很

多，因爲在原始時期，植物或者由於繁多量大，或者由於籽粒粗大，能夠提供豐盛的食物。如果豌豆象的確是外來者，讓我們就說蠶豆是牠最初的開發物；如果豌豆象是土生土長的，讓我們就說大山黧豆是牠最初的開發物吧！

然而，幾個世紀前的某一天，豌豆來到了我們這裡，它首先在史前時代的小園子裡被收穫。蠶豆雖然先於它來到此地，但人們發現豌豆比蠶豆更好。於是蠶豆向人們提供服務之後遭到了遺棄，同樣的豆象們也有著同樣的選擇。這種昆蟲把牠們的大本營移建到豌豆——一種從一個時代到另一個時代日益廣泛種植的作物上，不過牠們倒也沒有完全將蠶豆和大山黧豆拋到腦後。在今天的農收裡，我們應該將豌豆分爲兩份：豌豆象按照適合自己的方式，徵收牠的那份稅賦後，再把剩下的一份留給我們。

昆蟲——我們豐足而優質的農產品所孕育的兒女，牠們的這種繁衍興旺從另一個角度看來是衰敗沒落。對我們和象鼻蟲來說都一樣，食物方面的進步並不總是完美的。牠的家族利用得更好，得益更多，卻仍然儉樸節省。豌豆象在蠶豆和大山黧豆那裡建立了嬰兒死亡率很低的移民地，每隻豌豆象幼蟲都有牠自己的地方。而大多數受邀的賓客卻在豌豆這個絕妙的糖廠裡死亡。在那裡口糧份額不多，而求糧者卻有一大群。

我們別再在這個問題上打轉了。讓我們探查一下在豌豆上由於兄弟死亡而變得孤單的豌豆象幼蟲的情況。牠與這次死亡毫無相干。是機會幫了牠的大忙。就是這樣，沒有其他什麼了。在豌豆籽中央，這個富饒的僻靜處，牠做著幼蟲的工作、獨一無二的工作，那就是吃食。牠啃咬周圍的東西，擴大那個牠一直用牠多肉的大肚子塞得滿滿的窩。牠身姿優美、胖嘟嘟的，全身閃著健康的光澤。如果我打擾了牠，牠就在住所裡懶洋洋地轉動身子。牠輕輕地擺頭，用這種方式來抱怨我的煩擾。讓牠安靜吧！

這個豌豆象隱士發育得非常快、非常好，以致當盛夏酷暑來臨時，牠已經在忙著準備從豌豆裡解脫而出。豌豆象成蟲沒有足夠的工具可為自己打開一條通過豌豆的出路。豌豆現在已經完全變硬。豌豆象幼蟲知道之後自己會無能為力，於是未雨綢繆，使用完美的技藝，即用堅硬有力的大顎鑽了一個出口井坑。這個井坑渾圓，內壁十分乾淨。我們用來雕塑象牙的雕刻刀也比不上這個大顎如此靈巧。

事先準備好供逃跑之用的天窗，這還不夠；還必須同樣周密地考慮到蛹期所需的寧靜。闖入者可以從敞開的天窗進入，這個闖入者會使沒有受到防護的蛹處於險境。因此，這扇天窗之後會關閉起來。怎麼關閉呢？這裡就有個巧計。

　　豌豆象鑽開用來逃跑的洞口時，啃咬下來的麵粉狀物質，沒留下一點碎屑。牠鑽到豌豆籽粒的外皮後突然停下。這層薄膜呈半透明狀，是昆蟲身體變態用的凹室的防護屏障，是保護蛹不受居心叵測之徒入侵的封蓋。

　　這也是豌豆象成蟲遷居時會遇到的唯一障礙。為了讓這個障礙物易於翻轉掉落，豌豆象幼蟲在內部，緊緊圍繞這個蓋子雕刻一條阻力較小的溝槽。到時豌豆象成蟲只需用肩膀、額頭撞一下，就可以撬起圓形小墊片，使它像盒蓋那樣掉落。外出洞孔穿過豌豆半透明的外皮，呈現出大環形斑點的外觀，陰暗的莊園使得這個斑點也變得陰暗起來。那裡面發生的事隱藏在一種毛玻璃似的物體後面，無法看清。

　　這扇舷窗是個多麼巧妙的發明啊！它是抵禦入侵者的堡壘，它是豌豆象隱士在適當時機用肩膀撬一下就可以撬起的活門。我們將為這項發明向豌豆象祝賀、致敬嗎？靈巧的豌豆象會設計出這個巧計嗎？牠會思考一項計畫，並且根據牠為自己製作的工程概算表進行施工嗎？對象鼻蟲的腦袋來說，這是個圓滿的成功。在下結論以前，我們還是讓實驗來說說話吧！

　　我剝去被豌豆象占據的豌豆表皮。我把這些豌豆放在玻璃試管裡，使它們避免過快乾燥。豌豆象幼蟲在試管裡和在沒有

受到損害的豌豆裡，同樣繁衍興旺，牠們在適當的時刻進行解脫的準備工作。

如果豌豆象礦工在靈感的指引下行動，如果牠不時仔細檢查這個天花板，並已經探明天花板足夠單薄時，於是停止擴延牠的地道，那麼在現在的條件下將發生什麼呢？豌豆象幼蟲感覺到已經接近豌豆表面時就會停止鑽洞。牠不會損壞裸露的豌豆表面，並且用這種方式獲得必不可少的防護擋板。

結果出現的情況相當不同。井坑的挖掘工作充分展開。井坑的出口在外面略微打開。這個出口如此寬敞，如此精雕細作，如此完好，就好像豌豆表皮沒被剝除，還在保護牠一樣。安全方面的考量絲毫沒有改變平常的工作。敵人能夠自由進出這個住所。可是幼蟲並不為此擔心。

當這隻幼蟲克制自己，不再繼續往豌豆的表皮鑽洞時，牠並沒有想得更多。牠忽然停了下來，是因為缺乏麵粉狀物質的表皮不合牠的胃口。人類在烹飪時會將豌豆皮（體積大，毫無烹飪價值）排除在豌豆泥之外。這不好吃。看樣子，豌豆象幼蟲和我們一樣，牠厭惡豌豆那層啃不動的羊皮紙似的表皮。牠在豌豆種子表皮上停下。牠厭惡的食物提醒了牠，這種厭惡情緒產生了個小小的奇蹟。昆蟲沒有可以進行邏輯推演的頭腦，

牠被動地聽從某種高明的邏輯，並沒意識到自己的技藝。這種無意識的程度不亞於結晶物質有條不紊地集中它的大量原子。

八月，有時稍早一些，有時稍晚一些，一些黑色星狀物在豌豆上出現，總是每顆種子上單獨一個，沒有例外。這便是外出的艙口。這些艙口在九月時大多敞開著。這個就像用鑽孔器鑽成的封蓋乾淨俐落地徹底脫離，掉到了地上，讓居室的孔口變成暢通無阻。豌豆象走出來了，衣著光鮮。這是牠最終的成蟲形態。

這是個美妙的季節。百花盛開，千枝萬朵，被陣雨淋醒。豌豆上的移居者在秋天的歡樂中探視著花朵。然後嚴寒來臨，這些隱居者在一般的隱蔽場所過冬。其他一些豌豆象移居者數量同樣多，卻不那麼急於離開出生的種子。在整個氣候嚴酷的季節裡，牠們留在種子上，躲在蓋子後面，動也不動，留意著避免震動到這個蓋子。巢室的門只在盛夏時，在它的鉸鏈上，換句話說，在抗力較弱的溝槽上才將發揮作用。到時，晚到者搬離時，和早到者再度會合，當豌豆開花時，大家都準備好開始幹活了。

從各處仔細觀察昆蟲的本能，那無窮無盡、多種多樣的表現，對觀察者來說便是昆蟲學世界的巨大誘惑。因為關於生命

的奇妙，沒有比這顯露得更好的了。我知道並非人人都欣賞依這種方式理解的昆蟲學。這些研究昆蟲行為和活動的天真幼稚的人，不被人們放在眼裡。對功利主義者來說，一小把免遭豌豆象吃掉的豌豆，比一批不帶來眼前利益的觀察報告來得更加重要。

缺乏信仰的人，誰對您說過今天沒有用的東西明天不會有用呢？我們了解了昆蟲的習性，就能夠更好地保護我們的財富。我們別對不計較利益的思想觀念嗤之以鼻，否則我們會後悔莫及的。透過思想觀念的整合（可以立刻應用的或者不能應用的思想）的人類，現在變得比過去更好，將來會繼續變得比現在更好。雖然我們以豌豆或者以豌豆象和我們爭奪的蠶豆維生，但是，我們也以知識維生。知識是個堅硬牢固的揉麵缸。進步的麵團在這個缸裡拌合、發酵。思想觀念的價值並不亞於蠶豆。

除了其他東西以外，思想觀念還對我們說：「種子販子不需要向豌豆象開戰。當豌豆到達倉庫的時候，損失已經造成，無法彌補，但情況不會變壞。完好無損的豌豆不必擔心掛慮，害怕與受到損傷的豌豆相鄰接觸，不管混雜在一起的時間持續多長。豌豆象在時機到來時，便會從受到損傷的豌豆裡出來。如果可能逃脫，牠會從糧倉飛走。反之，牠就會死亡而絲毫不

會危害仍然完好無損的種子。在被我們當成食物的乾豌豆裡，從來沒有豌豆象卵，從來沒有新一代幼蟲，也從來沒有成蟲造成的損害。

我們的豌豆象不是定居糧倉的主人。牠需要充足的空氣、陽光、田野的自由。牠很有節制，根本不屑於啃食費勁的豆莢。對牠靈敏的口器來說，在花朵上大吸幾口蜜就足夠了。另一方面，豌豆象幼蟲需要的是綠色豌豆那鬆軟蛋糕似的食物。這時，綠色豌豆籽粒正在發育成長，隱藏在豆莢中。種種這些原因，讓開始時進入糧倉的破壞者沒有在糧倉裡進一步迅速大量繁殖。

災害的根源在田野。如果想向這種昆蟲進行鬥爭時，我們並不總是菩薩心腸、無能為力的。在田野裡特別適於監視豌豆象為非作歹。這種小蟲因數量龐大、個子短小、奸詐狡猾，而無法完全殲滅。牠嘲笑人類的憤怒。園丁呵斥咒罵，而象鼻蟲卻無動於衷。牠鎮定自若，繼續從事徵稅的工作。幸好一些蟲子助手來到我這裡，牠們比我們更有耐性，更加明智。

八月的頭一個星期，當成年的豌豆象開始遷移的時候，我結識了一隻很小的小蜂——我們的豌豆保護者。在我眼前，在我用來培育昆蟲的短頸廣口瓶裡，小蜂大批從豌豆象那裡鑽

出。雌小蜂有橙紅色腦袋和胸膛，有帶著螺鑽的黑色腹部。雄小蜂身子稍微小些，穿著黑色衣服。雌雄兩種小蜂都有淡紅色的腳和絲狀觸角。

豌豆象的剋星為了走出豌豆種子，自行在豌豆表皮的小圓形封蓋中央打開一扇天窗。這塊封蓋是象鼻蟲科昆蟲為了未來的解脫而製造的，被吞食者為吞食者鋪了外出的道路。根據這個細節，其他部分就可想而知了。

當豌豆象幼蟲身體變態的準備階段結束時，當外出的孔洞鑽通時，小蜂忽然急急忙忙地到來了。牠仔細觀察豌豆。牠用觸角仔細檢查，發現了表皮的薄弱部位。牠於是把探測尖頭椿豎直，插進豆莢裡，在薄薄的封蓋上鑽洞。豆象不管退到種子中心多深，不管是幼蟲還是蛹，都會被這個長長的器械觸及。小蜂在牠細嫩的肉上放置一枚卵，事情就辦成了。牠不可能進行防禦，因為牠這時是處於半醒半睡狀態的蠕蟲形幼蟲或蛹。胖娃娃的身體會被小蜂幼蟲吸乾到只剩下一層外皮。

我不能隨心所欲地幫助這個狂熱的消滅者繁殖。真是可惜啊！唉，這是令人大失所望的惡性循環。在這個循環裡，我們被這些田野的助手──小蜂們約束住了。如果我們想擁有大批的豌豆象殺手──小蜂來幫助我們，就得先有大批的豌豆象。

第四章

菜豆象

　　如果仁慈善良的神在塵世間播下一種豆子，這豆子一定就是菜豆。菜豆擁有種種的優點：吃起來像麵團那樣柔軟，有著令人喜愛的美味，產量很高，價格低廉，營養豐富。這是一種植物性的肉。這種肉不令人厭惡，沒有腥味，和剛從屠宰場砧板上切下的新鮮肉一般。為了盡量讓人想起它的效用，普羅旺斯方言把它叫做「鼓起窮人肚子的豆子」。

　　神聖的菜豆，你是窮人的安慰。你價格低廉。是的，你使窮人的肚子鼓脹起來。這些人是勞動者、好人、能人，在瘋狂的生命博彩中，中獎號碼從不落在他們身上。溫良寬厚的菜豆，你加上三滴油和一點醋，就成了我青少年時代的美味佳肴。現在，當我處於遲暮之年，你在我可憐的盤子裡仍然大受歡迎。讓我們做朋友做到底吧！

今天，我的意圖不是頌揚你的優點和功績。我只問你一個好奇的人的問題。哪裡是你的出生地？你和蠶豆、豌豆都一樣來自中亞嗎？你是栽培先驅從他們的小園裡為我們帶來的嗎？古人知道你嗎？

昆蟲，公正的見證人和消息靈通者回答說：「不，在我們地區，古人不知道菜豆。這種寶貴的豆子不是經由與蠶豆相同的路來到我們這裡的。它是外來者，很晚才進入舊大陸。」

昆蟲的話理由充足，值得認真考慮和研究。這些都是事實。很久以來我就一直關心農業方面的事物，但從來沒有見過受到昆蟲中任何一個搶劫者侵害的菜豆，特別是豆象——豆科植物種子的開發利用者。

我就這一點請教我的鄰居農民。關於他們的收穫物，這些人非常警覺。誰敢碰觸他們的財富，便是犯了滔天罪惡，很快就會被發現和揭露。此外，家庭主婦在籃子裡一粒一粒剝菜豆下鍋時，肯定也會在她那細心的手指下找到為非作歹的傢伙。

啊，鄰居農民一致對我的問題報以微笑。他們的微笑顯露出，他們不大信賴我那些關於小蟲子的知識。他們說：「先生，你得記住，菜豆裡從來就沒有什麼蠕蟲。菜豆是一種被降

福的種子，是不受豆象打擾的。豌豆、蠶豆、扁豆、大山黧豆、小豌豆都有它們的害蟲，而它——鼓起窮人肚子的豆子，卻從來沒有。如果真有個競爭者來和我們爭奪這種豆子，我們這些窮人怎麼辦呢？」

的確，這個象鼻蟲科昆蟲根本不把菜豆放在眼裡。如果人們想想其他豆類受到如何瘋狂的侵犯，這倒真是一種奇怪的藐視呢！所有豆類，包括瘦小的扁豆都被豆象積極地開發利用。儘管菜豆的個子和滋味都非常誘人，卻仍然完整無損。這真令人百思不解。豆象既然從好的到差的，又從差的到好的，吃起來毫不猶豫，又有什麼理由對這種美味的籽粒不屑一顧呢？牠離開大山黧豆去到豌豆，離開豌豆去到蠶豆和野豌豆，既對平凡的籽粒，也對豐滿的糕餅似的籽粒感到滿意。但是，牠卻對菜豆的誘惑不加理睬，漠然置之，這是為什麼呢？

顯然的，對豆象來說，這種豆子是陌生的。對於其他豆類，包括來自東方但適應了本地水土的豆子，好幾個世紀以來豆象都很熟悉。牠每年都測試這些豆類的優良性質。牠對過去的經驗教訓深信不疑，按照古老的習俗進行未來的安排。菜豆這個牠到現在為止還不解其優點的新來者，對豆象來說是相當不可靠的。

　　昆蟲明確肯定這一點：在我們這裡，菜豆是新近才有的植物。它從千里之外的新大陸，來到我們這裡。任何可以食用的東西都會召引開發者來食用它。如果菜豆原產於舊大陸，它就會擁有消耗者——同樣以豌豆、扁豆及其他豆類的方式所召引來的。豆科植物最小的種子，它不比一根別針的針頭還大，卻也同樣餵養著它的豆象——一種昆蟲矮子。這個矮子耐心地咬碎這粒種子，把它挖掘成住所。而菜豆這粒胖嘟嘟的、味道鮮美的豆子卻受到了赦免。

　　對這種奇怪的豁免權，除了下面的解釋之外別無其他：菜豆和馬鈴薯、玉米一樣，是新大陸送來的禮物。它來到我們這裡時沒有昆蟲伴隨。它在出生地，理所當然有它的開採者。它在我們這個地區的田野裡，遇到的是另外一批耗食種子的昆蟲。這些昆蟲不了解它，就對它不屑一顧。同樣的，玉米和馬鈴薯在這裡也沒有受到侵害，除非耗食種子的美洲昆蟲偶然進入這個地區，突然來臨。

　　昆蟲的話已被古老的經典作品中的證詞證實。在這些作品所記述，農民那土裡土氣的餐桌上，菜豆從未出現過。在維吉爾的第二首牧歌中，特斯梯利絲為收割莊稼的人準備餐點：

　　特斯梯利絲的餐點裡有著各種不同的菜肴。

這些混合的食物好似蒜泥蛋黃醬，對普羅旺斯人的嗓子來說十分珍貴。這些食物寫在詩裡念起來效果良好，但不實惠。在這裡，人們寧願要耐吃的菜肴——用切得很細的蔥做調味料的紅菜豆。這種菜肴真是好極了，一下子就把肚子填滿了，同時還保持著鄉村風味，一點也不比大蒜差。這些莊稼漢吃飽了之後，在一片蟬鳴聲中，在中午時分，可以在莊稼收割後曬在地上的禾綑堆的陰影裡打個盹，慢慢將食物消化。我們現在的特斯梯利絲和她們古代的姐妹沒有什麼兩樣。注意不要忘掉鼓起窮人肚子的豆子，這可是胃口大的人的經濟來源啊！詩人筆下的特斯梯利絲沒有想到這一點，因為她並不認識這種鼓起窮人肚子的豆子。

這位作者還向我們描述了殷勤招待自己的朋友梅麗貝住宿一夜的蒂迪爾。梅麗貝被屋大維的士兵趕出了家宅，拖著腿一瘸一拐地跟在羊群後面走。蒂迪爾說：「我們有栗子、乳酪、水果。」很可惜這個故事沒有說明梅麗貝是否受到引誘。但從這餐簡樸清淡的飯食中，我們更加清楚地了解到古代牧人沒有菜豆這種食物。

奧維德在一個饒富趣味的故事中，向我們講述菲雷蒙和波西斯款待他們不認識的神——來到他們茅屋的客人。在一張用陶瓷碎片墊穩的三腳桌上，他們端來甘藍湯、變味肥肉、在熱

灰下面滾動過一會的雞蛋、在鹽鹵裡泡過的小冠花、蜂蜜和水果等。這些豪華奢侈的鄉村食品，缺少一道我們鄉野的波西斯不會忘記的主菜。在肥肉湯之後，必定會端來一盤菜豆。描寫細膩的奧維德爲何沒有提到非常適合撰寫在其中的豆子呢？關於這個問題的答覆相同：他大概不知道這種豆子。

我白費力氣查考我讀的書，企圖從中找到一點關於古代鄉村食物的情況。關於菜豆的情況，我什麼也記不起了。葡萄果農和莊稼收割者的砂鍋向我們提到羽扇豆、蠶豆、豌豆、扁豆，卻從來提到過這種最好的豆子。

然而在另一方面，菜豆卻享有盛譽。正如另一個人所說：「它使人感到滿意。人們吃了，然後走開。因此它適合在民眾喜聞樂聽、粗俗不雅的玩笑中出現，特別當這些玩笑由一個像阿理斯托芬[1]和普勞圖斯[2]那樣的人肆無忌憚地講出時，情況更是這樣。」一個簡單、響亮的蠶豆諷喻，將會有多大的舞臺效果啊！這個諷喻將在雅典內河航船水手和羅馬挑夫中爆發出什麼樣的笑聲啊！這兩位喜劇大師在他們欣喜若狂時，在一種

---

[1] 阿理斯托芬：西元前448～前385年，古希臘詩人、喜劇作家，有「喜劇之父」之稱，相傳寫過四十四部喜劇，現存《蛙》等八部。——譯注

[2] 普勞圖斯：西元前254～前184年，古羅馬喜劇作家，主要作品有《一罐金子》。——譯注

不如我們的語言那樣謹慎克制的語言中，談到過菜豆的效用嗎？沒有，他們對這種響亮的豆類隻字不提。

「菜豆」這個詞本身就引人深思。這是個稀奇古怪的詞，和我們的詞沒有任何親緣關係。相對我們的音節組合來說，它那陌生而怪異的形態，正如生橡膠和可可子一樣，在我們腦子裡喚起了某個加勒比人──拉丁美洲印第安人的行話。這個詞的確來自美洲的印第安人嗎？我們接納這種豆子時，也連帶接納了或多或少保存了表明它自己故鄉的名稱嗎？也許是這樣。但是，怎樣知道呢？菜豆，古怪的菜豆，你向我們提出了一個語言學上奇怪的問題。

法語把菜豆稱爲faséole, flageolet；普羅旺斯語則稱它faioù和favioù；卡塔盧尼亞語稱它fayol；西班牙語稱它faseolo；葡萄牙語稱它feyâo；義大利語稱它fagiulo。

談到這裡，我定了定神，鎮靜下來。拉丁語族中的各種語言雖然詞尾不可避免會有變化，但都保存了這個古詞。

我如果查閱我的用語彙編，就會找到faselus、faseolus、phaseolus[3]。學術用語彙編者，請允許我這樣說：你們譯得不好，faselus、faseolus無法表示菜豆。不容置辯的證明是：維吉

爾在他的《農事詩》裡告訴我們，在哪個季節裡最適宜播種。
他說：

> 你如果真的想播種……，
> 在確定了牧夫座下移所傳達給你的訊息後；
> 開始播種，直到霜降日過了一半為止。

沒有什麼比這位詩人的告誡更加清楚明白的了。在日落
時，牧夫座也跟著在西邊消失的那個時期，換句話說在將近十
月底，必須開始播種，直到降霜中期。

菜豆與這句話所談的風馬牛不相及。它是一種稍冷一點就
受不了的畏寒植物。冬季對它來說是致命的，即使在義大利南
方的氣候條件下，情況也是這樣。相反的，豌豆、蠶豆、大山
鑿豆以及其他豆科植物由於其原產地的關係，能夠抵禦寒冷、
不怕冰凍，秋季播種後，在冬天只要天氣稍稍轉暖就能保持良
好的生長狀態，欣欣向榮，枝繁葉茂。

那麼《農事詩》談到的，這種把它的名字傳給拉丁語族的
各種語言裡的菜豆相當於什麼呢？在看到詩人用來譴責它的、

---

③ 這幾個詞在法語裡都譯為菜豆。——譯注

79

具有輕蔑性質的形容詞「卑俗」之後，我自然而然地在它的身上看到了鰲黑豆，一種粗大的方形豆，也就是被普羅旺斯人嗤之以鼻的煤玉豆。

當一份出乎意料的資料把這個謎底告訴我的同時，我正在那裡思考著菜豆的問題。這個問題差不多已經被昆蟲唯一的證據澄清了。這又是一位大名鼎鼎的詩人埃雷迪亞[④]幫了博物學家一臂之力。我的一個朋友——村子裡的小學教師，沒有料到他會幫助我。他給了我一本小冊子，我在這本書裡讀到了一位對十四行詩精雕細刻的大師和一位新聞女記者的對話。她問他最喜愛自己的哪部作品。

詩人說：「你要我回答你什麼呢？我很爲難……我不知道我最喜愛我的哪首十四行詩。我寫這些詩時都耗盡了心血……你，你最喜歡哪一首呢？」

「親愛的大師，我怎麼可能在珠寶中挑選呢？件件都十全十美啊！你讓珍珠、綠寶石、紅寶石在我驚嘆的眼睛下閃耀著，我怎能下定決心要綠寶石而不要珍珠呢？整串項鍊都使我驚羨不已。」

④ 埃雷迪亞：1842～1905年，法國詩人。——譯注

「好吧，我有件事，我對它比對我的十四行詩更感到自豪，它比我的詩更使我享有榮譽。」

我睜大眼睛問道：

「這是？……」

我的大師狡黠地望著我，眼睛裡好似噴出了美麗的火焰，照亮著他洋溢著青春活力的面孔。他洋洋得意地叫道：

「這就是我找到了菜豆這個詞的詞源。」

我驚訝得忘了笑。

「我對你說的可是認真的啊！」

「親愛的大師，我知道你學識淵博。但是，就因這樣想像你以找到菜豆這個詞的詞源爲榮……啊！不，不。我沒有料到這個詞源。你可以告訴我你是怎樣發現的嗎？」

「相當樂意。我這就來談談吧！我研讀埃爾南德斯著的十六世紀的自然史《新世界植物史》這部卓越著作時，找到了一

些有關菜豆的資料。直到十七世紀，菜豆這個詞在法國還不爲人所知；那時是以蠶豆或菜豆屬來指稱。然而，那時在墨西哥語中就有「阿雅科特」。墨西哥被征服以前，那裡種植著三十種菜豆。今天，這些菜豆，特別是有黑斑和紫斑的紅菜豆，被稱爲阿雅科特。一天，我在帕里斯⑤的家裡遇到一個大學者。他聽到我的名字就奔過來，問我是不是那個發現菜豆這個詞的詞源的人。他不知道我寫過詩，出版過《戰利品》這部詩集……」

啊！這段把十四行詩的珠寶置於一種豆子的庇護之下的話，眞是一段絕妙的俏皮話。輪到我自己爲阿雅科特心花怒放了。我猜測，菜豆這個稀奇古怪的詞中帶有印第安語的成分，這猜測多麼有理啊！昆蟲用牠的方式向我們斷言，這寶貴的種子是從新大陸來到我們這裡的，眞是實話實說。蒙特儒馬⑥的蠶豆——阿茲特克人⑦的阿雅科特，在帶著它最初的名稱的同時，從墨西哥來到了我們的菜園裡。

但是，它的消耗者昆蟲並沒有伴同來到。在它的故鄉，肯定會有某種在豐產的豆子上徵收稅款的豆象。我們的土著——

⑤ 帕里斯：1839～1903年，法國文學家、作家、法蘭西學院院士。——譯注
⑥ 蒙特儒馬：十五世紀墨西哥國王。——譯注
⑦ 阿茲特克人：拉丁美洲印第安人的一支。——譯注

種子齧食者不接受這種外來者。牠們還來不及熟悉這個外來者，來不及評估它的優點長處。牠們謹慎小心，克制自己不去碰觸阿雅科特，因為它新奇而可疑。因此，直到今天，墨西哥蠶豆仍然完好無損，免除了豆象的啃咬，這是它和我們的土產豆子不一致的奇特之處，我們的這些豆子都難逃被豆象開發利用的命運。

這種狀況不可能持久。雖然我們的田野裡沒有愛好菜豆的昆蟲，新大陸卻有它自己的剋星。經由貿易的交流，某只裝著菜豆剋星的袋子有朝一日會為我們帶來這種昆蟲的。這是不可避免的。

根據我掌握的資料，新近入侵的昆蟲似乎並不算少。三、四年前，我從位於隆河口的馬雅內，收集到我在自家附近遍尋不著的東西。我尋找時曾經問過當地的家庭婦女和種田的人，他們對我提出的問題感到萬分驚訝。誰也沒有看見過、聽說過菜豆的昆蟲掠奪者。我的一些朋友得知我進行的研究工作，為我從馬雅內送來了東西，充分滿足我做為博物學家的好奇心。這是一斗受到嚴重糟蹋的菜豆，已經千瘡百孔，好似海綿。那裡面有種數不勝數的豆象在亂鑽亂動。小傢伙那纖細的身子令人想起扁豆象。

送來這些豆子的人對我談到在馬雅內遭受的損失。他們說，這種令人憎惡的蟲子毀壞了大部分的莊稼。前所未有的災害降臨到菜豆頭上，幾乎讓家庭主婦沒有東西下鍋。至於這個罪魁禍首的習性和活動情況，人們還一無所知，要由我透過實驗來調查了解。

得趕快進行實驗，環境和條件對我有利。時值六月中旬，我在園子裡種了一方早熟的菜豆。這是比利時黑菜豆，爲了家用而播種的。如果我不得不放棄我心愛的豆子，就讓我們把這種可怕的昆蟲破壞者放到這片綠色的植物上去吧！這些菜豆已經成熟：花繁葉茂，豆莢也是這樣，青翠碧綠，大小不一。

我把兩、三把馬雅內菜豆攤在一個盤子裡，把在陽光朗照下亂鑽亂動的蟲子攤在這塊菜豆地的邊緣。我以爲我會看見之後發生的情況：自由的昆蟲和很快就被陽光的刺激解脫的昆蟲即將起飛；牠們將在附近找到哺育性植物，停駐下來；我將看見牠們探測豆莢和花。我不用久等就將看見牠們產卵。在同樣的條件下，豌豆象也會這樣行事。

唉！不，不是這樣。令我深感困惑的是，事情並不像我預料的那樣。幾分鐘內，昆蟲在陽光的照耀下動來動去，微微打開鞘翅，接著合上，讓飛機機械柔軟些。然後，牠們起飛，一

會兒一隻，一會兒另一隻。牠們在晴朗的空中上升、遠去，很快就不見了蹤影。我聚精會神，注意觀察，什麼都沒有見到，沒有一隻起飛的蟲子停駐在菜豆上。

牠們自由歡愉、心滿意足後，當天晚上、明天、後天會飛回來嗎？不，牠們不會飛回來。整整一個星期，我在適當的時刻，一朵花一朵花地、一個莢一個莢地檢查一排排苗床，但沒有看見任何一隻菜豆象、任何一枚卵。然而，時機是有利的，因為這時在我的短頸廣口瓶裡，被囚禁的昆蟲母親將牠們大量的卵安放在乾菜豆上。

讓我們在另外一個季節試試吧！我有另外兩塊播下晚熟的菜豆（紅菜豆）的菜圃。這些菜豆只夠提供一家人食用，即供菜豆象食用。這兩塊菜圃排成梯形，中間隔著一段距離。一塊將在八月，另一塊將在九月或者更晚為我帶來收成。

我用紅菜豆重新開始那個曾用黑菜豆做過的實驗。我多次及時地將菜豆象群在綠葉叢中放飛。這些蟲群是從大倉庫和短頸廣口瓶裡取出來的。每次實驗的結果都清清楚楚地否定了我的假設。整個季節，我都白白延長幾乎每天都進行的研究。直到兩次收成都耗盡用光為止。我最終也沒有發現任何一根蟲子稠密的豆莢，甚至任何一隻在植物上駐留的象鼻蟲。

　　然而，我沒有中斷監視。我叮囑我周圍親近的人盡力保護那幾行菜豆。我叮囑大家留意在採摘來的莢果上可能會有蟲卵。我在把來自荒石園或者鄰近菜園的菜豆莢交給主婦之前，用放大鏡仔細察看這些豆莢。這些都白費力氣，沒有一處有卵的痕跡。

　　除了在露天進行的實驗，我還在玻璃器皿裡進行實驗。一些長瓶子裡收納了還掛在細枝上、活鮮鮮的菜豆莢果。這些莢果一些碧綠，一些混雜著胭脂紅，包藏著快成熟的種子。每只瓶子最後都盛滿了一群菜豆象。這次我得到了一些蟲卵。但是，牠們並沒有讓我產生信心。菜豆象母親把這些蟲卵擱在瓶子的內壁上，而不是擱在豆莢上。不要緊，這些卵孵化了。我看見孵出的小蟲遊蕩了幾天，用同樣的熱情探查豆莢和玻璃器皿。最後，牠們從第一條到最後一條，全都可憐巴巴地死去了，一點也沒有碰觸這個我為牠們送去的糧食。

　　很顯然的，這種結果是必然的。鮮嫩的菜豆不是牠們需要的。與豌豆象相反，菜豆象拒絕將家庭託付給不是因自然成熟和乾燥變硬的豆莢。牠不屑在我的苗床上駐留，因為牠在那裡找不到需要的食物。

　　那麼牠到底需要什麼呢？牠需要老的、硬的、在地上像小

卵石那樣發出聲響的籽粒。我將滿足牠。我把一些熟透了、長時間在太陽下曬乾、硬得像皮革一樣的莢果放在那些玻璃器皿裡。這一次，菜豆象的家庭繁衍興旺起來了。菜豆象幼蟲在乾燥的莢果上鑽孔，到達莢果內的種子那裡，再鑽進種子裡。以後一切都進行得順順利利。

就這樣，根據種種跡象顯示，菜豆象侵入了農夫的糧倉。一些菜豆仍然屹立在田野裡，一直到枝莖和豆莢都被太陽曝曬乾透為止。這時，拍打菜豆種子讓它脫離豆莢這個工作會因此更加容易。這時，菜豆象隨意找到什麼便忙著在那上面產卵。農夫們稍後在把收割的莊稼搬回家的同時，也把菜豆的破壞者搬回了家。

但是，菜豆象主要利用的是我們糧倉裡的穀物。牠效法其他象鼻蟲。這種蟲子咬碎我們糧倉裡的小麥，不重視留棄在穗裡的穀物。牠同樣憎惡軟嫩的種子，寧可在我們陰暗而安靜的穀堆裡定居下來。牠是農夫可怕的敵人，更是儲糧者的敵人。

這種昆蟲破壞者一旦在我們儲藏豆類的寶庫裡定居下來，牠們就會發揮可怕的破壞狂熱啊！我的小瓶子向我很肯定地證明了這一點。僅僅一粒菜豆的籽粒上就住著一個菜豆象大家庭，往往多達二十來隻。不只是一代蟲子利用菜豆，在一年內

同時有三、四代蟲子利用它。可以食用的物質在菜豆的皮下存在多久,新消耗者就在那裡定居多久,以至於菜豆變成有醜糖衣的糞骸子。菜豆象蠐蟲形幼蟲不屑吃的菜豆表皮則變成鑿了圓天窗的袋子,圓天窗和移居的住客的數目相同。表皮裡面的東西經手指一按壓就攤開成令人噁心的粉狀排泄物團,菜豆莢受到了完全徹底的破壞。

豌豆象在豌豆種子裡孤零零的,牠們只消耗挖掘蛹室時所必需的東西。豌豆的其餘部分都沒有被動過,以至於豌豆籽粒還能發芽。如果把毫無道理的厭惡感從腦袋裡排除,這樣的豌豆甚至還能充作糧食。來自美洲的這種昆蟲卻沒有這種節儉的美德,牠把牠的菜豆徹底耗光,牠使牠的菜豆變成垃圾。這種垃圾連豬都不吃。美洲把牠的蟲災傳給我們時,這種災害來勢洶洶。美洲曾經帶給我們根瘤蚜,這是一種造成巨大災難的蝨子。我們的葡萄果農不得不堅持不懈地和牠們進行鬥爭。今天,美洲又為我們招引來了菜豆象,牠將帶來嚴重威脅,幾次實驗的結果告訴我們,會有什麼樣的危險發生。

將近三年來,在我的昆蟲實驗室的桌子上,幾打短頸廣口瓶和小瓶子排列成行。瓶子都用紗罩封閉起來。紗罩能讓空氣永遠流通,同時又能防止異物侵入。這是我的「猛獸」的籠子。我在這些籠子裡培育菜豆象,同時我還根據我的意願讓飲

食方式多樣化。這些瓶子讓我了解到這些蟲子在選擇居處方面並非專一的；除了幾種罕見的例外，這些蟲子對不同的豆子都能適應。

各種菜豆——白的和黑的，紅的和雜色的，細的和粗的，新近收摘的和儲存幾年的，以及幾乎不被沸水煮爛的——都適合菜豆象。當然，裸露種子的菜豆更容易受到菜豆象侵犯。因為侵犯這樣的菜豆種子所需的氣力少些。但是，當裸露的菜豆籽粒短缺時，受到保護的菜豆籽粒雖然有豆莢的掩護，也同樣被積極地開發利用。菜豆象幼蟲相當善於鑽過豆莢（往往生硬、有皺紋）到達籽粒。在田野裡，菜豆象就是這樣侵犯菜豆籽粒的。

長莢果扁豆優良的品質也獲得牠們的承認。這種扁豆在這裡被稱為「獨眼菜豆」，這名字來自於豆莢的梗窪上的黑點，看起來就像個有眼袋的眼睛。我甚至認為，我在那些昆蟲寄宿者當中看出了牠們對這種豆子明顯的偏愛。

那時為止，還沒有出現什麼異常情況。菜豆象沒有越出菜豆屬植物這個範圍吃食。但是，現在情況變得更為危險。讓我們看看這類植物的愛好者以一種出乎意料的面貌出現。菜豆象在接受乾豌豆、蠶豆、大蔾黑豆、野豌豆、鷹嘴豆時沒有半點

猶豫。牠總是對這些豆子都很滿意。牠的家庭在這些豆子上和在榮豆上同樣繁衍興旺，其中只有扁豆遭到了牠的拒絕，也許這是因為扁豆的個兒不夠大。榮豆象這種美洲的豆象是多麼可怕的開採者啊！

如果像我最初擔心的那樣，這種總是貪吃的昆蟲從吃豆類轉到吃穀物，那麼，事情就會變得更糟了。然而，情況並非那麼糟。榮豆象定居在我的短頸廣口瓶裡，和小麥、大麥、稻穀以及玉米堆在一起，結果卻是：牠們總是死亡而不留下子孫後代。牠和有角的種子——咖啡在一起，結果也相同；牠和含油種子——蓖麻、向日葵的種子在一起，結果也一樣。除了豆類以外，沒有其他莊稼合榮豆象的胃口了。牠得到的食物種類儘管這樣有限，卻仍是最大的一份之一。牠盡情地使用這個配額，濫用這個配額。

榮豆象的卵白色，呈細小的圓柱體。卵的散布沒有任何次序，對產卵地點也沒有任何選擇。產卵的榮豆象安置卵時，或者讓它們孤零零的，或者把它們擺成小堆。卵既產在短頸廣口瓶上，也產在榮豆上。產卵的榮豆象在漫不經心時，甚至還把卵固定在玉米、咖啡、蓖麻和其他種子上。牠的家庭成員因為在這些東西上找不到合胃口的食物，就在短期內死亡。這裡，母親的遠見卓識又有何用呢？卵丟棄在豆莢堆下，無論在哪裡

都很合適，因為尋找菜豆的入侵部位是由幼蟲自己完成的。

卵至多在五天之內孵化。紅腦袋、小巧玲瓏的白色小蟲從卵裡出來了。這是一個勉強可見的斑點。這隻小蟲挺起身子，讓牠的工具——大顎圓形鑿更有力量。這件工具將在堅硬的種子上鑽洞。樹幹上的礦工——吉丁蟲和天牛的幼蟲，也是這樣挺起身子的。爬行的害蟲一旦出生就幹勁十足，隨意到處閒逛。這樣小的年紀就有這樣一股幹勁，實在出乎我的預料。牠飄泊不定，希望盡早找到住所和食物。

從第一天到第二天，大部分的菜豆象幼蟲都把事情辦妥了。我看見一隻菜豆象幼蟲在菜豆種子那皮革般的表皮上鑽洞。我觀看牠賣力工作。突然間，牠的身子一半下到了地道的開口，出口處塗上了一層白色粉末，這是鑽洞時挖出的粉屑。蟲子進去了，消失在種子的中央。五個星期後，牠以成蟲形態從種子裡出來。牠發育成長得多快啊！

菜豆象發育速度之快，一年之內便能出生好幾代。我知道的就有四代。此外，有對被隔離的菜豆象便向我提供了一個由八十個家庭成員組成的家庭。讓我們只考慮這樣數字的一半，以便了解兩種性別的菜豆象。我認為兩種性別的菜豆象數量是相等的。

　　如此算來，到了年底，出自這對菜豆象的一對對蟲子將是四十的四次方。在牠們還是幼蟲時期，這個家族就將達到五百多萬這個可怕的總數。這成千累萬的蟲子會糟蹋多少菜豆啊！

　　菜豆象幼蟲的技藝從各個方面都讓人回想起豌豆象讓我們了解到的情況。每隻菜豆象幼蟲都在粉質堆上為自己挖掘一間小屋，同時不損害具有保護性的表皮。在離開小屋的時刻來臨，菜豆象成蟲只需輕推一下就可以讓這層表皮掉落。將接近蛹的末期，小屋像星星般隱約在豆莢的表面上出現。最後，封蓋掉落，蟲子離開了牠的小屋。菜豆養育了多少隻菜豆象幼蟲，就被鑽了多少個洞。

　　菜豆象成蟲生活非常簡樸淡泊，只要幾片粉質碎屑就可滿足，似乎只要在這堆東西上還有可供開發利用的好菜豆籽粒，牠就絲毫不願意放棄。牠們在這個豆堆的縫隙裡交尾。菜豆象母親盲目地撒布卵。菜豆象幼蟲定居下來，一些住在完好無損的菜豆裡，一些住在穿了洞但還沒有被吃光的種子裡。在整個天氣晴好的季節，每隔五個星期，亂動亂鑽的現象就會重新開始出現。最後，末代菜豆象即九月或者十月的那一代，在牠的小屋裡半睡半醒，直到暑熱重返。

　　如果菜豆破壞者的威脅變得過大，那麼對牠們發動一次毀

滅性的戰爭並不是什麼天大的難事。牠的習性透露了我們要採取的策略。牠是乾燥莊稼的開採者，牠只開採堆在倉庫裡的乾燥莊稼。在空曠的田野裡監視牠十分困難，而且這樣做也幾乎毫無用處。牠在我們的糧倉裡為非作歹。敵人在我們家裡定居，在我們力所能及的範圍內。了解這些以後，想要運用農藥進行防禦，就會相對容易一些。

第五章

椿象

　　在生命賦予物品的形狀中，最簡單的和最優雅的之一，是鳥蛋的形狀。沒有任何物品，在圓和橢圓（身體的幾何圖形的基礎）方面結合得比鳥蛋更加合理、更加完美的了。鳥蛋的一端是個球面，這是最好的形狀，它能夠在最小的外殼內圈圍出最大的面積。鳥蛋的另外一端為橢圓，它緩解了鳥蛋粗大那一端的樸素和單調。

　　鳥蛋的色澤也十分簡單，它把自身的優美雅致添進鳥卵外形的優美雅致中。有些鳥蛋呈現缺乏光澤的白堊色；有些鳥蛋則呈光滑、半透明的象牙白。鷗的蛋就模仿了天空被一場雷雨洗淨的蔚藍色，呈嫩藍色。夜鶯的卵呈深藍色，就像浸漬在鹽水中的橄欖般的顏色。某些鶯鳥的卵裝飾著美妙的肉紅色，這是模仿含苞未放的薔薇的色彩。

鶇鳥在牠的蛋殼上寫下無法辨讀的天書，換句話說，上面畫上了一些大理石花紋，厚厚地塗抹一層優美雅致的線條。伯勞用有小斑點的環，圈圍繞蛋粗大的一端。鶇鳥和烏鴉在牠們綠藍色的蛋上像抹泥漿般雜亂無章地塗抹了深暗的色塊。杓鷸和海鷗的蛋則有大黑斑，這是仿自豹子的皮毛。其他一些鳥也是這樣。每種鳥蛋都有著自己的特徵、自己的工廠標記，都有著始終素淡的色澤。

鳥蛋以它的幾何圖形和優雅簡樸的裝飾，讓缺乏經驗的目光感到愉悅。為了獎勵附近的小孩——那些熱心的探尋者給予我的小小幫助，我有時准許他們來到我的工作室裡。

在他們聽來的故事中，流傳著這間工作室裡充滿了奇妙的東西。那麼，這些天眞爛漫的孩子在這裡看到了些什麼呢？他們看見一些裝著玻璃的大壁櫥，櫥裡擺著許許多多奇怪的東西。這是一些很占地方的東西。誰喜歡察看石頭、植物、蟲子，誰就會被這些東西團團圍住。在我的壁櫥裡，主要的是些貝殼。

這些膽小的來客，肩靠著肩互相鼓勵，互相壯膽，觀看和欣賞各式各樣、五顏六色的漂亮海蝸牛。他們用指頭指著這種或者那種貝殼，這些貝殼閃爍著珍珠光澤、個頭很大，模樣像

奇奇怪怪的手指，顯得特別突出。孩子們觀看我的這些財富，我則觀察他們的面孔。我在他們臉上讀出了詫異和驚訝，別無其他。

這些海裡的東西形狀過於複雜，無法讓缺乏經驗的人愛不釋手。這是些神秘的物品。關於它們，還沒有已為人知的用語。我的這些冒冒失失的孩子，迷失在有著精巧的螺旋梯、螺絲圈的大貝殼裡。孩子們面對這些海洋財富，始終十分冷漠，無動於衷。如果我了解他們心裡想說些什麼，我會認為他們可能想說「這些東西多麼奇怪啊！」，而不是說「這些東西多麼美啊！」

盒子裡的情況就完全不同了。在這些盒子裡，這個地區的鳥蛋按照產期一批批組合起來，避免光照。孩子們的面頰上露出了興奮和激動的神情。他們交頭接耳，竊竊私語。他們的臉上不再是驚奇詫異，而是天真的仰慕。不錯，鳥蛋使人想起鳥窩。鳥窩可是童年時代的歡樂啊！鳥蛋的美令孩子們震撼。大海的珠寶雖然讓這些小客人們驚嘆不已，然而鳥蛋的美麗和素雅則不知不覺地感動了他們。

在絕大多數情況下，昆蟲的卵遠遠沒有達到使缺乏經驗的眼睛接受的高度完美。這些卵常見的形狀為小球形、紡錘形、

圓柱形，由於缺少和諧組合起來的弧線，看起來都不怎麼優雅。大多數的昆蟲色澤庸俗，即使有的昆蟲外表相當華麗，卵卻異常平庸，對比十分強烈。某些蝶蛾的卵是銅色或鎳色的珠子，生命彷彿是在一只堅硬的金屬盒子中萌芽。

如果用放大鏡仔細觀察，昆蟲的卵並不缺少細部的裝飾物，但總是過於複雜，缺乏那種構成真正的美的優雅簡樸。鋸角金花蟲用殼包裹自己的卵。卵殼被壓延成像啤酒花花序的鱗片，或者被加工成交錯的斜形流蘇。某些蝗蟲雕刻自己的紡錘，鑽鑿類似頂針小孔串成的螺旋。這些當然也不乏優雅之處，但是，這種豪華奢侈卻多麼遠離端正莊重啊！

昆蟲本身有種獨特、與鳥類毫無關聯的卵巢美學。然而，我卻知道一個例外。這種昆蟲卵堪與鳥蛋媲美。一種聲名狼藉的昆蟲──樹林臭蟲，即博物學家的椿象，牠的卵可與鳥蛋相比

黑艷角椿象

擬。這種身體扁平的蟲子有種令人厭惡的濃汁味，但牠的卵卻既是個優雅簡樸的藝術品，又是個巧妙的結構體。椿象因牠隨身攜帶的、含有特殊氣味的美容劑、化妝油，使我們對牠感到厭惡；但牠又因牠的卵堪與鳥蛋媲美，而使我們感到有趣。

我最近在一根蘆筍的枝杈上有個新發現。我發現了一個卵

群，有三十多枚卵。這些卵緊緊挨靠著，井然有序，恰似一件刺繡品上的珍珠。我認出這就是椿象的卵。這些卵剛孵化不久，因為這個椿象家庭還沒有離散。卵孵化後的空卵殼留在原處，除了殼蓋稍微掀起外，沒有絲毫變形。

這些卵殼半透明，略微淡灰色，像一堆美麗雅致的白岩石小罐子。這就像我十分喜愛的一個童話，裡面描述著在很小很小的孩子的世界裡，仙女們用來喝她們的椴花茶的杯子。在這些小罐子，即卵殼那優雅的卵形罐肚上，帶有多角形網眼的褐色細網。您如果想像將一枚鳥蛋上端很規則地截去，把餘下部分製作成一只小巧玲瓏的高腳酒杯，這就差不多是椿象的作品了。這件作品無論哪個角度都呈現了同樣優美的弧度。

除此以外，這只酒杯和鳥蛋就不再有什麼其他相似之處了。椿象卵的上部很新穎獨特，牠的作品是個有蓋罐子。罐子的封蓋緩緩突起，像罐肚那樣飾有細網眼。此外，封蓋的邊緣還修飾著一條乳白玉帶子。卵孵化時，封蓋像裝了一條鉸鏈，可以旋轉開關。它時而落下，讓罐子微微打開，時而恢復正常狀態，再度把罐子關閉起來。罐口有著微小的細齒，像長著纖毛一樣。從外表看，這些細齒是使蓋子保持在原位、以便進行密封的鉚釘。

　　讓我們別忘記一個很有特色的細節：在卵殼內，離封蓋邊緣很近的地方，卵孵化後總是有條用炭黑劃出的線。這條線呈錨形或丁字形，丁字的雙臂彎曲。這個很小的細節意味著什麼呢？這是根栓子嗎？這是個有小門栓和門栓的鎖嗎？這是這位昆蟲陶瓷工將起源的證明印在這件傑作上的戳記嗎？僅僅爲了將卵關閉，就需要這麼多稀奇古怪的陶瓷製品。

　　剛孵出的小蟲沒有馬上離開這些餐具似的卵殼堆，牠們聚集成堆，在彼此散開和把吸管插進牠們喜愛的地方之前，牠們等待著一場空氣浴和日光浴，讓牠們身體壯實起來。牠們略呈圓形、粗短、黑色，腹部下部呈紅色，胸側飾有相同顏色的帶子。牠們是怎樣從牠們的罐子裡出來的呢？牠們用什麼妙法把牢牢固定的蓋子撬起來的呢？讓我們試著來回答這些奇怪的問題吧！

　　四月結束了。在我的荒石園裡，在我家門前，散發出樟腦氣味的迷迭香花朵盛開，爲我引來了大批來訪的昆蟲。我時時刻刻都可以察看牠們。椿象種類繁多，在迷迭香上觸目皆是。但是，由於牠們過著飄泊不定的生活，不適合人們進行準確的觀察。如果我想確切了解每隻椿象的卵，如果我特別希望了解這些卵如何孵化，對我來說，光是直接觀察繁花滿樹的灌木是不夠的。我寧可使用在金屬鐘形網罩下飼育昆蟲的辦法。

我的那些昆蟲囚徒，按照種類彼此被隔離開來，沒有為我帶來什麼麻煩。只需朗照的陽光，和每天更換一束迷迭香就行了。我從小灌木上摘下幾根帶葉的樹枝，添加到我的室內陳設中。昆蟲會在這些枝杈上選擇合適地產卵的場地。從五月的上半月起，被囚禁的椿象產卵了，數量超過了我的期望。我立即將這些卵按種類收集分類，安放在小玻璃試管裡。只要我不疏於監督，對我來說，深入觀察、研究試管裡卵的孵化情況是輕而易舉的事。

如果有什麼特別措施，可以幫助我們微弱的視力進行觀察，我們就會看見這的確是一堆最優雅的、堪與鳥蛋媲美的漂亮東西。既然非借助放大鏡不可，我們就只好讓這些漂亮的東西暫時離開我們的眼睛。我們一旦將椿象的卵放在放大鏡下，就會驚嘆不已，這些卵甚至比岩生蟲天藍色的卵讓我們更加驚訝。這樣雅致的東西因細小而無法得到我們的讚賞，真是多麼令人遺憾啊！

椿象卵的形狀永遠不是完整的卵球形。卵球形是鳥類獨有的財產。椿象卵的上端是個平切面，上面鑲嵌著一只微微隆起的蓋子。在我們眼裡，椿象卵就像小聖體盒、精巧的小匣子、古代藝術罐、圓柱形小桶、東方的彩瓷鼓肚花瓶，就像裝飾品和環帶飾結。這些都因產卵的椿象的不同而變化無常。這樣的

情況經常發生：當卵空著時，一種硬纖毛形成的、精巧的流蘇便在蓋口周圍輻射開來。這是有著固定作用的鉚釘，在新生兒分娩時被微微托起，然後再向下翻折。

最後，孵化完成了。在所有的卵的內部，在距離蓋口很近的地方，有條黑色的錨狀線。關於這條線，我們曾猜測它是工作坊的標記，或是門鎖系統。之後的觀察，將讓我們看到我們的猜測多麼遠離真實的情況！

椿象的卵從不盲目隨便分散。它們全都組成緊密的群體，或長或短，在共同支撐物（一般說來是片樹葉）上排列得整整齊齊，顯現出一幅牢牢安放的珍珠鑲嵌圖案。這幅圖案黏附得非常之好，用畫筆擦刷，甚至用手指碰觸，都絲毫破壞不了這種美麗的協調配合。椿象幼蟲離開卵後，人們發現卵殼空空的，仍然留在原處，好似市場商販井然有序地擺在貨攤上的高腳盤子。

讓我們以幾個特殊的細節來做為結束吧！黑觸角椿象的卵呈圓柱形，卵蓋的邊緣有著寬大的白色環形條紋。封蓋中央往往有晶質突出部分（但並不總是有）。這是一種像把手那樣的東西，讓人想起高腳盤子的蓋耳。封蓋的整個表面光滑、發亮、簡樸淡雅，沒有其他裝飾。椿象卵的顏色隨著成熟程度而

變化。卵剛產下時呈單一的稻草黃色，之後由於處於胚胎發育的芽胞期，卵轉變為淡橘色，在封蓋中央則有鮮紅的三角形斑點。卵殼空著的時候，除了它那變得像玻璃般透明的蓋子以外，整個呈現半透明的漂亮乳白色。

　　在我收集到的、產於不同時間的卵中，產卵最多的一次，卵形成一個排成九行的卵塊，每行有一打卵左右，這樣數來，總數就達到了一百多枚。但是，在一般情況下，數量要少些，只有一半，甚至更少。卵數目接近二十的卵群並不罕見。最大和最小產卵數之間的巨大差距證明了：椿象是在不同地點多次產卵。椿象快速飛翔的能力，讓我們能夠假設這些地點之間相距很遠。時機到來時，這個觀察到的細節將會顯出它的價值。

　　另一種穿著淡綠色衣服的淡綠椿象把牠的卵塑造成筒狀。

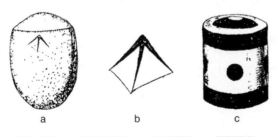

椿象的卵：a.黑觸角椿象　b.脫離裝備　c.華麗椿象

這種卵下端呈卵球形，整個表面裝飾著一張由多角形、突起的細小網眼形成的網。卵的色澤是煙褐色，孵化後呈很淡的褐色。最大的卵群卵數達到三十多枚。從一根蘆筍的枝枒收集來的，最先引起我注意的那些卵，可能屬於這種卵群。

漿果椿象的卵也呈筒狀，卵的整個表面也有一張密布網眼的網。這些卵最初是不透明的，色澤暗淡。卵殼一旦變空就變成半透明，呈白色或嫩紅色。我收集到一些有五十多枚卵的卵群，還收集到一些有十五枚左右的卵群。

菜園裡備受讚美的甘藍為我提供華麗椿象。這種椿象身體白紅兩色相間。牠的卵在色澤方面最為漂亮。卵的兩端，特別在下端，顯現出小木桶似的突起。用顯微鏡觀察，可在那裡看到一種雕刻著小洞窩的表面。這種洞窩與頂針上的洞窩相似，排列得優美雅致、井然有序。在圓柱體兩端的表面，各有一條毫無光澤的黑色寬帶，側面則有條寬寬的白色環帶，帶上有四個對稱的大黑斑。卵蓋圍著雪白的纖毛，邊上有個白圈。蓋子鼓脹成黑色無邊圓帽，中央有個白色飾結。總之，由於炭黑和棉絮白的強烈對比，讓這枚卵看起來就像個骨灰甕。伊特魯立亞葬禮的餐具可以在這裡找到極好的模型。

這些椿象卵有著喪葬裝飾，組合成小小的群體，通常排成

兩行，總數只不過一打。甘藍上的椿象的同屬昆蟲，產卵數就
已經超過一百，所以這隻甘藍上的椿象的總產卵數不會只限於
此。這就再次證明椿象在不同地點多次產卵。

椿象今天孵一批卵，明天又孵一批卵。我把不同階段孵出
的卵收集起來放進試管裡，這時五月還沒結束。卵成長發育只
需兩三個星期就足夠了。如果我想了解幼
蟲孵出的機制，特別是想了解新孵化幼蟲
離開卵殼後，留在卵殼開口邊緣的那三根
奇怪的黑色錨狀物的功能，這時就正是需
要堅持不懈、高度警覺的時刻。

華麗椿象

從一開始起，椿象那半透明的卵，例如黑觸角椿象的卵，
當卵蓋顏色的變化透露出幼蟲孵化時刻即將臨近時，我想查明
的那個奇怪的、功能不明的工具卻在晚期才出現。它不是卵從
卵巢產下時的一個原始構件，它是在卵發展變化之中才出現
的，甚至在很晚的時期，當小椿象已經成形時才出現的。

因此，讓我們別再像我最初想像的那樣，以為在椿象卵裡
會看見彈簧、門栓、適於把封蓋保持在原處的鉸鏈系統等。一
個真正的密閉機械──卵的防護物，應該在卵一產下時就存
在。然而，這個小機械卻是在幼蟲最後必須離開卵殼時才出

現。現在的問題不再是如何將卵關閉，而是如何打開。在這種
情況下，這個功能未知的工具難道不會是一把鑰匙，用來強行
撬開被長著纖毛的鉚釘封起、或受到某種黏膠阻留的蓋子的撬
棒嗎？堅持不懈、鍥而不捨的研究會讓我們明白這一點的。

　　我把放大鏡放在我時時刻刻察看的試管上。最後，我觀察
孵化。孵化開始了，卵蓋的一端不知不覺地升起，另一端像門
在鉸鏈上那樣轉動。孵出的椿象幼蟲背靠小木桶，正好在封蓋
邊緣的下面。封蓋已經半開（這是有利條件），這使我們能夠
相當準確地跟蹤、觀察椿象出生的過程。

　　小椿象蜷縮成一團，動也不動，額上有頂薄皮小帽。想像
這頂帽子比看到它更為有趣，因為它非常纖細微妙。這頂風帽
掉落後會變得十分顯眼。它是一個三面角的基礎。這個角的三
根脊柱顯得僵硬、深黑，從外表看來，應該是角質的。其中兩
根脊柱在兩隻眼睛之間展延，呈鮮紅色。第三根下降到頸背
上，並且透過一根很纖細的暗色線，從左右兩邊和另外兩根脊
柱連結。我自然而然地在這三根深色的脊柱上看見了一些繃得
很緊的線──一些韌帶。這些韌帶固定住三根脊柱，並防止脊
柱在角尖弄鈍時脫落。這個角尖本身是箱子的鑰匙，換句話說
是卵蓋的推送器。凹面三稜的主教帽子保護著椿象幼蟲這個還
長著軟肉、無法突破障礙的額頭。這頂帽子憑著它緊貼封蓋邊

緣、像鑽石般堅硬的尖端，有力地挖掘著要拔除和剖開的小圓形薄片。

這個機械——這頂上有鑽頭的帽子，需要一個推進裝置。這個裝置在哪裡呢？在額頭的頂上。在那裡，在一個狹小的部位（幾乎只是一個點），讓我們仔細觀察吧！我們會在那裡看到快速跳動的脈搏，這幾乎就是活塞的動作。毫無疑問的，這是血液急速流動所產生的脈動。這個小傢伙急速地在牠那柔軟的腦袋下，灌注牠那一丁點的全部體液，把牠的虛弱轉變為能量。三面頭盔，即那頂主教帽子因此上升，向前推頂。這個小傢伙始終把牠的角支撐在卵蓋的同一點上，毫不搖動，在這裡沒有發生工具的碰撞（這是斷斷續續的撞擊），但有連續不斷的向前推動。

因為操作起來非常艱難，所以整個過程延續了一個多小時。不知不覺封蓋逐漸掀開，斜著翹起，但通常封蓋的一端仍和罐子，即卵蓋口緊貼一起。在這個旋轉點（看來肯定有個鉸鏈在發揮作用）上用放大鏡看不出有什麼特別的東西。正如在別處一樣，那裡有一行很簡單的纖毛。這些纖毛為了閉合封蓋，翻折成鉚釘。這些東西位於攻擊部位的對面，受到的震動比其他的小，沒有完全彎折、消失。它們扮演著鉸鏈的角色。

這個小傢伙——椿象幼蟲，逐漸從牠的殼裡露出臉來。牠的腳和觸角縮在胸部和腹部，動也不動。然而，椿象經由一種毫無疑問與榛果象鼻蟲幼蟲離開榛果時所採用的相同機制，逐漸從牠的小盒子裡擠出來。[1]這種讓腦袋充血的活塞動作，讓身體已經自由的部分鼓脹起來，並且讓這個部分轉變成支撐環形軟墊。身體後部還藏在裡面，以同等程度縮小，進入狹窄的開口處。這是一條拉絲模的通道，非常光滑，非常隱蔽，以至於我隔了很久才看到蟲子為了離開房間而試著作出的擺動。

最後，鉚釘被弄鬆了，箱子半開，封蓋斜著被托起到足夠的程度。三稜主教帽已經發揮了它的作用，之後它會變成什麼呢？它從此成了無用的工具，將會消失。我的確看見它被棄置一旁。充當其基礎的薄皮小帽被撕裂，變成了一件皺巴巴的破衣服，在椿象的腹部表面緩緩滑動，拖帶著這個堅硬、黑色、還沒有變形的小機械。被棄置的東西剛好落在腹部中央，到那時為止一直處於木乃伊狀態、動也不動的小傢伙開始企圖將腳和觸角展開，心急地揮動著。成功了，這隻蟲子脫離了牠的小盒子——卵殼。

脫離裝備始終呈丁字形，丁字的兩臂略微彎曲，向旁邊歪

---

[1] 榛果象鼻蟲相關文章見《法布爾昆蟲記全集7——裝死》第九章。——編注

斜。這個裝備貼附著卵殼的內壁，靠近孔口。蟲子離開很久後，放大鏡又在原處發現了這個靈巧的三面體。這個物體在不同的椿象身上形狀始終不變。只要沒有突然撞見孵化的過程，就很難了解到它的作用。

再談談小盒子是怎樣打開的吧！我已經說過小蟲背靠卵殼內壁，盡可能遠離中心。牠就在內壁那裡出生，在那裡戴上圓錐形帽子，之後又把這頂帽子從額頭上推開。牠為何不占據卵的中央部位呢？就卵的形狀和對初生時十分嬌弱的小蟲的有效保護而言，牠似乎非得占據這個部位不可。在別處出生，甚至就在圓周上出生，會有某種好處嗎？

是的，有好處的，有個在力學上相當清楚的好處。新生幼蟲用額頭（充血使額頭顫動）推動牠那有角的帽子，碰撞等待揭開的卵蓋。一個剛由有生命的蛋白質微粒凝固成的顱骨，其推撞動作會有怎樣的力度呢？人們不敢想像，因為比起任何動作，我們都將大大低估它的力量。然而，這個近乎烏有的東西竟然能掀翻牢固的蓋子。

讓我們假設這個推撞動作施加在卵蓋中心。在這種情況下，撼動動作——微不足道的、幾乎等於零的動作，其力度均勻地分配在整個圓周上，所有聚集在一起的鉚釘會同時一致抗

阻。但是，這些形成圍牆的纖毛，如果每根孤立起來單個受力就容易彎折。總而言之，它們聚集起來成為一個整體時，堅不可摧。因此，推撞中心的辦法是不可行的。

如果我們想拆開一塊釘住的木板，敲打它的中部是不合理的，因為這時所有釘在板上的鐵釘共同抗阻，困難就會無法克服。相反的，如果我們從這塊木板的邊緣進攻，逐一敲擊每根釘子，就比較容易成功。小椿象在牠的小盒子裡差不多也用同樣的方式，牠把卵蓋邊緣推到外面。這樣從進攻點起，鉚釘就由近到遠一個個倒下，抵抗被完全徹底地克服了；因為它受到分割，被各個擊破。

好極了，小巧玲瓏的椿象，你有你自己的力學。這種力學和我們的力學以同樣的原則做為基礎。你懂得槓桿和千斤頂的訣竅。初生的鳥為了弄破牠的殼，在自己的喙上有個老繭。這就是鎬頭尖，用來把石灰質的牆壁搗碎。完工後，喙上的老繭──短期使用的工具消失了。你擁有的工具比鳥的更好。

新生幼蟲出殼的時刻來到了。你戴上一頂帽子，上面由三根硬直的桿子匯聚成的角。在這個機械的基底，你的腦袋像水壓機那樣運轉，像活塞那樣抽動。住所的天花板就這樣被拆除垮塌了。當卵殼粉碎時，被鳥當作撞針的老繭消失了，而你那

用來向前推的煙囪帽子也同樣消失了。封蓋一旦微微打開到足夠通過，你就脫去帽子，扔掉帽子以及那套桿子。

此外，你的卵殼沒有破裂，沒有像鳥那樣被突然戳破。你的卵殼空無一物，但不是廢墟。它始終像開始時的那個雅致的小桶。它還因為變得半透明而更加漂亮高雅。這種半透明狀態更突顯出優美雅致。小椿象，你在哪所學校學到裝飾卵殼和開動你的小型機械的技藝的？有些人說：「是偶然學到的。」你謙卑地重新弄直你的煙囪帽回答道：「情況不是這樣的。」

在另外一則轉述中，椿象也受到了讚揚。這則轉述如果得到了證實，將大大超越關於牠的卵的神奇事蹟。我在這裡借用德‧格埃爾②——被譽為「瑞典的雷沃米爾」的一段話：

這種椿象生活在樺樹上。七月初，我找到好幾隻，由牠們的孩子伴隨著。每個椿象母親都被一群幼蟲圍著，幼蟲有二、三十隻，甚至四十隻。椿象母親始終在牠們旁邊，往往在樺樹的菜蕒花序上，有時在一片樹葉上。這些花序包藏著種子。我發現這些小椿象和母親並不總是在一個地方停留。一旦母親開始上路遠去，這些孩子全都緊緊跟隨。就這樣，母親想在哪裡

② 德‧格埃爾：1720～1778年，瑞典博物學家，林奈的學生。——譯注

停下，牠們就停下。母親讓牠們從一個菜薹花序或者一片樹葉，去到另外一處，帶領牠們到牠想去的地方，就像母雞帶小雞一樣。

有些椿象母親從未離開牠的孩子。當孩子還小時，母親甚至嚴加護衛，細心照料。一天我砍下一根住著椿象家庭的樺樹嫩枝。我首先看到母親惶恐不安，急速不斷地拍打著翅膀，牠非但沒有改換地方，而像是要趕走逼近的敵人一樣。然而在其他情況下，牠會先飛走或者試圖逃離。這證明牠留在那裡只是為了保護幼蟲。

摩德埃爾先生觀察到，椿象母親主要為了對抗同種的雄椿象，不得不保護牠的幼蟲；因為雄椿象企圖將幼蟲吞下肚子。這時椿象母親必然會竭盡全力保證牠們不受雄椿象的攻擊。

布瓦塔爾德在他著的《博物學奇觀》這本書裡把德·格埃爾所勾勒的那幅家庭圖進一步美化了。他說：

令人驚訝不已的是，剛剛下了幾滴雨，椿象母親就把牠的幼蟲帶到一片樹葉或一根枝杈下面，將牠們遮護起來。在那裡，這個母親含情脈脈，但焦慮不安。之後，牠把孩子們緊緊地聚集成群，自己置身於這群蟲子的中央，然後用翅膀把牠們

遮蓋起來。牠將翅膀像雨傘那樣撐開，放在牠們身上。儘管這個姿勢使牠感到很不舒服，牠卻始終保持這種母雞孵蛋的姿勢，直到雷雨過去。

我會這樣說嗎？傾盆大雨時，椿象母親用的這把翅膀傘、母雞帶領小雞所作的這種散步、對本性要捕食家庭成員的椿象父親的侵犯所進行的抵抗，這種種獻身精神使我疑惑難解，但並沒有使我感到驚奇，因為經驗告訴我，擋不住嚴格檢驗的趣聞在書本上不勝枚舉。

一項不完整的、語焉不詳的報告發揮了推波助瀾的作用。編書的人出現了。他們人云亦云、一字不差地轉述一則童話故事——不可靠的想像力結果。謬誤的東西經過再三反覆講述，就會牢牢固定紮根，成為信條。例如金龜子和牠的糞球、埋葬蟲和牠所埋葬的屍體、膜翅目昆蟲和牠的獵物、蟬和牠的井穴等都屬於這種情況。在臻於真理之境之前，還有什麼東西人們沒有講過的呢？真實的事物很簡單、非常美，被我們略漏得太多。它讓位給想像出來的事物，而了解想像出來的事物不必花費太多力氣。我們對事實經常不去追根究底，不去親眼觀察，而是人云亦云，盲目輕信傳聞。今天沒有誰在提筆寫幾行關於椿象的文字時，不提到這位瑞典博物學家那不可靠的敘述。但是就我所知，還沒有誰談到關於孵化機制的真正奇蹟。

　　德‧格埃爾可能看到了什麼呢？這位目擊者博學多才、見多識廣，使人不得不相信他。然而，在接受這位大師的說法之前，我冒昧地自己進行實驗。

　　灰色椿象，即那個傳說中的主角，在我們附近地區比其他各種椿象更加稀少。在我的荒石園裡的迷迭香上，我找到了三、四隻。牠們在我的鐘形罩下沒有產下卵來。在我看來，這次失敗並非無法彌補。灰色椿象不讓我看到的東西，大量綠色的、帶黃色的、紅黑兩色相間、所有外形相同、習性相似的椿象都會讓我看到。在一些彼此非常相近的椿象種類中，某個種類對家庭的照顧保護，除了某些細節之外，在其他種類的椿象那裡也可以找到。現在就讓我們來了解一下，被我囚禁飼育的四種椿象如何對待牠們的幼蟲吧！牠們共同一致的表現會使我們得出結論。

　　這裡有個事實首先給了我強烈的印象。牠與我從一隻領著小雞的母雞那裡看到的情況不大一致。椿象母親對牠產的卵毫不關切注意。牠將最後產下的一枚卵安放在最後一列的盡頭後，就離開，不再返回，不再關心、照顧卵的存放情況。如果牠在長途遷徙中偶然回到那裡，牠就在這個卵堆上穿梭，毫不在乎，然後揚長而去。這個事實是最明顯不過了，與卵群再度相遇，對椿象母親來說是件根本不值得關注的事。

　　我們別把這種遺忘歸咎於囚禁狀態可能造成椿象在感覺方面出現錯亂。我在完全自由的田野裡也遇過大量的蟲卵，其中或許有灰色椿象的卵，但我從未看見椿象母親在卵旁停留。如果家裡的幼蟲一旦孵出，需要照顧，這可正是牠理所當然、義不容辭的事啊！

　　孵卵的椿象性喜漂泊流浪，並且容易飛行遠離。牠一旦從存放卵的樹葉上飛走，兩三個星期以後牠又怎會記得起孵化的時刻臨近了呢？牠又怎會再度找到牠產下的卵呢？牠又怎會把牠的卵和另一個椿象母親的卵區別開來呢？如果您認為在遼闊的田野裡，椿象母親有這樣了不起的遠見和記憶力，便是相信了一種荒謬不經的說法。

　　我認為從來沒有一個椿象母親，被發現長期停留在牠固定在一片樹葉上的卵的旁邊。還有更甚的呢！一個椿象母親一次產下的所有的卵，被分為幾個部分隨意存放，以至於整個家庭形成了一小堆一小堆分散的小群體。這些群體彼此之間有時相距很遠，無法確定。

　　孵化所需的時間依據產卵日期和被陽光照射的程度或早或遲。在這個時期想再找到這些群體，從各個角落把所有非常虛弱、行走很慢的椿象幼蟲聚集成群，顯然是不可能的。然而，

讓我們承認，其中一個群體可能偶然間被椿象母親遇見並認出後，這個母親就會全心全意加以照護，而其他群體則必然遭到母親遺棄。但是，牠們並不因此而繁衍得少一些。那麼為什麼椿象母親只對某些卵給予母性的關懷照顧，而這種奇怪的待遇大多數的卵卻得不到呢？這樣一些怪異現象引起了種種猜測。

德·格埃爾提到一些由二十多枚卵組成的卵群。相信這點是適當的：這不是個完整的家庭，但所有的卵都是椿象母親一次產下的。一隻比灰色椿象個頭小的椿象，在單獨一塊小薄片上產下了一百多枚卵。生存方式相同時，繁殖情況也相同，這應該是一般的定律。除了受到監視的二十多枚卵以外，其餘那些變得怎樣啦？

儘管我們應當尊敬這位瑞典學者，但椿象母親的脈脈溫情和吞食自己孩子的椿象父親的反常胃口，都應該棄置到充斥不正確史料的童話中。我那大籠子裡孵出的椿象幼蟲與我預期的同樣多。椿象雙親就近在眼前，在同一個屋頂下面。牠們對幼蟲做了些什麼呢？

什麼也沒有。椿象父親沒有跑去掐死這群吵吵嚷嚷的幼兒，椿象母親也沒有去進一步保護牠們。這些椿象雙親，有的在金屬網紗上走來走去；有的在迷迭香花束的小酒店裡休憩；

有的穿過新生的幼蟲群，推倒這群幼蟲，倒也不懷什麼惡意，但也不謹慎小心。這些可憐兮兮的小東西，牠們是那麼幼小、那麼嬌弱。一隻路過的椿象用腳尖輕輕碰觸牠們，就會讓牠們摔個大跤，就像身體被掀翻的烏龜一樣，腳不停地亂動。可是這一點誰也沒有注意到。

當椿象幼蟲處於跌跟斗的危險及其他麻煩中時，忠誠的椿象母親來到了。椿象母親，你去表現母愛吧！你把牠們一步步帶到安靜的地方去吧！用你的鞘翅當作盾牌掩護牠們吧！這可是具有教化力量的道德風尚的極好表現啊！然而，誰想要進行長期的觀察，就會發現自己白白浪費掉時間和耐心。經過整整一個季節辛勤而頻繁的觀察，我沒有從我那些寄宿的客人——椿象那裡得到任何證據，來證明編書的人對椿象母親大肆頌揚的母性光輝。

大自然——世間萬物的母親，對卵這未來的寶藏無限溫柔關愛。她現在卻成了一位嚴厲的後母。一旦有生命的東西能夠自給自足，自力更生，她就無情地讓牠接受生活的嚴酷教育。這樣就會使牠獲得在殘酷的生存鬥爭中進行抵抗的本領。大自然這位母親開始時是溫柔的，她給予稚嫩的椿象一個小匣子和封住匣子的蓋子，以保護初生的生命。她用一種脫離裝備，一種質樸精巧的傑作罩住微小的昆蟲。然後她就變成嚴厲的導

師。她對幼蟲說：「我將離開你。你得靠自己在世界的搏鬥中設法擺脫困境。」

椿象幼蟲擺脫了困境。我看見牠們一隻緊挨著一隻，在空卵殼上停留幾天。牠們在那裡身體長得更加壯實，體色變得更加鮮豔。一些椿象母親去了附近地區，牠們誰也不去關心半醒半睡的小蟲堆。

飢餓來臨，一隻幼蟲離開蟲群，去尋找小酒店。其他幼蟲跟隨在後，像吃草的綿羊般，肩靠著肩，心花怒放。在第一隻幼蟲帶領下，整個蟲群像羊群那樣朝著長著嫩草的地點走去。牠們在那裡插進口器，飽吸汁液；然後全都回到出生的村子——空卵殼頂上的休息場所。牠們在日益增大的範圍內再次出征。最後，蟲群稍強壯後就遠去他鄉，四處離散，不再返回出生地。自此以後，每隻椿象就可以隨心所欲地生活了。

如果蟲群行進時恰巧遇到一隻走路慢吞吞的椿象母親（在嚴肅的椿象那裡，這種情況屢見不鮮），那會發生什麼事呢？我想像小椿象們會放心地、完全信賴地跟隨這個臨時的首領，正如牠們會跟隨任何一隻率先行進的蟲子一樣。那時，椿象就會有如帶領小雞行走的母雞。意外的情況讓這個陌生者從表面上看來就像母親關懷照護小椿象那樣，然而實際上這個陌生者

壓根不關切這些尾隨牠的、吵嚷喧鬧的孩子。

在我看來，德・格埃爾似乎受了這樣一些相遇情景的騙。在相遇的過程中，椿象母親的關懷並沒有發生。作者添加的一點色彩——不自覺的美化，完成了這幅圖畫。從那時起，灰色椿象的家庭美德就在書中被誇獎、描繪得天花亂墜了。

第六章

面具獵椿象

　　我突然在一個不大可能讓人有新奇發現的環境裡，遇到了這個昆蟲學實驗對象——面具獵椿象。這項我對利用死東西的昆蟲所進行的考察研究，促使我前往村裡的屠夫那裡。不久以後，就會出現關於這項研究的簡要敘述。當人們對某個觀念和想法抱持希望時，還有什麼事不能做的啊！為了捕獲這種稀有獵物，我前去村裡的屠宰場。屠夫是個頂好的人，他竭盡地主之誼，接待我時殷勤備至。

　　我想找的不是看起來令人極端厭惡的肉鋪，而是某個堆著殘渣廢料的倉庫貨棧。屠夫領我到倉庫頂樓，房間的天窗一年四季日日夜夜都敞開著，從天窗透進來的光線不強，房間幽幽暗暗的。天窗開著是為了使屋內空氣流通。在氣味令人作嘔的空氣中，尤其是在我造訪的炎夏酷暑時節中，通風這件事絕非

多此一舉。我只要一回想起這個頂樓,就感到臭不可聞、非常噁心。

在這個頂樓上,在一根繃得很緊的繩子上,曬著帶血的綿羊皮。一個角落堆著發出蠟燭臭味的動物脂肪,另一個角落堆著骨頭、角和蹄。這堆死東西對我很有用處,讓我感到稱心如意。在我略微撬起的一鏟鏟羊脂下面,皮蟲和牠的蛹滿坑滿谷,亂鑽亂動。在羊毛周圍,衣蛾無精打采地漫天飛翔。在還殘存有骨髓的骨溝裡,蒼蠅飛來飛去,發出低微的嗡嗡聲。我料到會有這些族群。牠們是一群光顧殘屍的常客。不過另一個發現卻是我始料未及的:在用石灰漿塗抹的牆上,一些醜陋的昆蟲聚集成群,一動不動,形成一個個黑斑。

面具獵椿象

我在這些黑斑中認出了面具獵椿象,一種相當有名的椿象。牠們差不多有一百多隻,分成很多小群。當我把新發現的蟲子收集在一起放進盒子時,屠夫在旁邊觀看。他看見我擺弄著這些令人厭惡的蟲子時沒有絲毫恐懼,簡直驚呆了。他自己可不敢這樣做啊!

他對我說：「這種蟲子飛到我這裡來，緊緊貼在牆上，以後就不再動了。我如果用掃帚趕牠，第二天牠總是又再飛回來，怎麼也趕不走。不過，我也沒有什麼好抱怨的。牠不弄壞剝下的那些牲口皮，也不碰我儲存的油脂。牠每個夏天都來這裡做什麼呢？我真弄不明白。」

我對他說：「我也弄不明白呀。但是，我會設法搞清楚的。我搞清楚後，如果對你有什麼好處，我就告訴你。你把剝下的牲口皮好好保存起來吧，這些東西或許與牠不無關係呢！我們以後再瞧瞧吧。」

我離開堆放羊脂的倉庫時，已經成了一個偶然聚集起來的蟲群的監護人。這種昆蟲學實驗對象其貌不揚，牠滿身灰塵，呈樹脂褐色，身體扁平得像隻臭蟲，腳長而笨，瘦得皮包骨。牠一點也激不起我對牠的信心。牠的頭縮小到剛好夠擱下牠的眼睛。這眼睛像頂網狀無邊圓帽，帽子的突出部分，似乎表明這隻蟲子在夜間視力良好。這隻蟲子的腦袋像手柄那樣裝在滑稽可笑的頸子上。頸子好像被一根帶子勒細。這隻蟲子還有個烏黑發亮、帶著閃光凸紋的前胸。

讓我們不抬頭，再往下看。牠的口器長得奇形怪狀。這口器把除了大眼睛以外的整個面部全都塗上糊狀物。這不是普通

的口器——吸吮樹汁的半翅目昆蟲的鑽頭，而是莊稼漢的工具，一種彎曲的工具，像彎曲的食指般的鉤子。這個小傢伙用這不正規的武器來做什麼呢？我看見牠掠食的時候露出一根細如髮絲的黑色細絲。這是一把薄薄的、靈巧的手術刀，其他未露出的部分是刀鞘和堅硬的刀柄。這種粗野的工具向我們透露了獵椿象是個屠夫的事實。

能夠期待這個工具具有什麼了不起的作用嗎？用螯針刺、屠殺，這些都司空見慣，並不是什麼有價值的資料。但是，對意外狀況認真思考是適當的。興味盎然的事物在萌生時往往被人所忽略，但它會突然出現在平淡無奇的土地上。或許獵椿象也為我們保留了一些值得歷史記載的事蹟。讓我們來試著飼養牠吧！

牠的武器——堅固的土耳其彎刀肯定了獵椿象是屠夫的事實。牠需要獵捕什麼呢？目前，這是飼育上的問題。以前，我有一次碰巧看見一隻暗色的椿象和我們最小的裹屍布花金龜搏鬥。花金龜由於身上的黑底白斑，人們給牠取了個很好的名字：裹屍布。這次偶然的觀察啟發了我。我把我的一群獵椿象安放在一只鋪著一層沙土的大短頸廣口瓶裡。我把一隻花金龜充作食物為這群獵椿象送去。春天時花金龜在荒石園裡的花朵上比比皆是，但在這個季節卻寥寥無幾。受害者花金龜被接受

了，第二天我發現牠已經死去。一隻獵椿象把牠的探針插在屍
體的關節上，對屍體進行加工，把牠弄乾。

　　金匠花金龜短缺，我不得已，因此凡是與我們的寄宿者獵
椿象的身材成某一比例的獵物我都選用。對我來說什麼昆蟲獵
物都是一樣，沒有區別，用在實驗上都取得了成功。獵椿象慣
常的菜單包括了中等個子的蝗蟲（雖然牠的個子比吞食牠的獵
椿象還大些），因爲對我來說，捕捉這種昆蟲比較容易。同樣
因爲易於捕捉，黑觸角椿象也常被我列入獵椿象的菜單。總而
言之，我爲蟲子備辦的餐廳沒有讓我心煩意亂，感到麻煩。只
要獵物的力氣不比進攻者獵椿象大，什麼都會順順利利。

　　我一心一意想觀看獵椿象攻擊牠的獵物，但沒有成功。正
如獵椿象鼓突的大眼睛告知我的那樣，事情總在深夜發生。不
管我多早去訪察，我都發現獵物已遭扼殺，躺在那裡，動也不
動。昆蟲鬥士獵椿象正在開發利用被牠殺死的那隻蟲子，上午
的部分時間都待在那裡寸步不離。牠時而在獵物身體的某個部
位，時而在另一個部位探測。在多次改換探測動作後，當受害
者身體的汁液一滴也不剩時，這個吸吮者就拋棄死者，聚集成
群，整天一動也不動，平躺在短頸廣口瓶裡的沙土層上。下一
個夜晚，如果我更新食物，牠們又開始同樣的屠殺。

當獵椿象的獵物是表皮較軟的昆蟲時,例如蝗蟲,我有時還會看到受害者腹部的脈搏跳動。由此可見死亡並不是突然性的、爆發性的,儘管如此,遭受襲擊者還是很快就被置於無力抵抗的狀態中。

我把獵椿象放在一隻長著強有力的大顎的螽斯類——中間螽斯面前,螽斯的個子比牠大五、六倍。第二天,巨人的身體被侏儒敲骨吸髓,吸得精光,就像一隻蒼蠅被平靜地吸乾一樣。可怕的一擊便使這個龐然大物動彈不得。獵椿象的這一擊是擊中了這隻大蟲子的哪個部位呢?這一擊又是如何發揮作用的呢?

沒有任何跡象表明獵椿象是個精通殺戮技藝的玩刀弄劍者,牠不像有麻痹技術的膜翅目昆蟲那樣,懂得解剖受害獵物的身體,了解受害獵物的神經中樞的奧秘。毫無疑問的,牠把口器胡亂插進受害者身體任何一個皮膚柔軟的部位。牠用中毒的方法來殺死受害者。牠的口器像家蚊的那樣,是有毒的武器,而且毒性更大。

的確,據說獵椿象的螫刺會引起劇痛。我很想親身試試這種螫刺產生的效果,以便說出具有權威性的結果。於是我試著被螫,但卻白費力氣。我把獵椿象擱在我的指頭上,撩撥挑逗

牠，但牠卻始終不拔劍出鞘。我不用鑷子，而是頻頻用手碰觸我的實驗對象，也沒有成功。所以，我沒有根據自身的經驗，而是根據別人的證物，認定獵椿象的螯刺應該是厲害的，因為其目的在於迅速殺死一隻並沒有完全喪失活力的昆蟲。

在沈睡中受到突然襲擊的獵物感到的是一種突發性的刺痛，是胡蜂螯刺引起的那種突然麻痺。螯刺漫無目標地刺著。可能這個匪徒一旦把受害者刺傷，就離開一會。在死者身上入座用餐之前，好讓受害者最後伸伸懶腰，打打呵欠。剛剛把一隻危險的獵物捕到網裡的蜘蛛，就習慣於這樣謹慎小心行事。牠們稍微退到一旁，等待被捆綁住的獵物臨終前的抽搐掙扎。

雖然獵椿象怎樣殺害其他昆蟲的詳情細節我沒有親眼看到，但牠怎樣開發利用死者我是一清二楚的。正如我期望的那樣，早上我經常目睹這個場景。獵椿象讓一把精巧的黑色柳葉刀從那彎成食指般、粗糙的刀鞘裡顯露。這把刀子既是螯針，也是幫浦。這個器械可以插入受害者身體的任何部位，只要這個部位的皮膚細嫩就行了。刀子一旦插進受害者的身體，受害者就動也不動了，而入席用餐者也靜止不動了。

這時，獵椿象口器的絲狀物運轉起來，一根滑動碰觸另外一根，發揮著吸液器的作用。血液上升了！這是受害者的血

液。蟬用同樣的方法吸吮樹汁,當牠把樹皮的某個部位弄乾,就轉移到另一個部位去鑽鑿另一口「水井」。獵椿象也同樣行事,牠在獵物不同的部位上把獵物吸乾。從脖子吸到腹部,從腹部吸到頸背,從頸背吸到胸部,又從胸部吸到腳關節。牠技藝嫻熟,做起來省力省事。

我興味盎然地觀看一隻獵椿象開發利用牠捕獲到手的一隻蝗蟲。我看見牠在這隻蝗蟲身上變更攻擊點達二十次之多。牠根據遇到的資源情況,在這隻蝗蟲身上某個部位停留得或長或短。牠最後停留在這隻蝗蟲的大腿上。這隻大腿的關節受到了攻擊。這隻小木桶似的蟲子被榨乾了汁液,最後變得半透明。如果獵物的皮是半透明的,就可以看出牠全身都一樣被吸乾了。由於這個罪惡的幫浦的運轉,一隻長三公分的修女螳螂變得透明起來,恰像一件昆蟲蛻皮時拋棄的舊衣服。

吸食者獵椿象的胃口令人想起我們床上的臭蟲。這種令人可恨的蟲子夜裡探查酣睡者的身體,在上面選擇一個合適的部位。牠在這個部位吸了血後,便轉去另一個更好的開發點,然後又改換地方,直到晨曦初露時才撤退。這時牠的身子已經鼓脹得像顆醅梨種子了。獵椿象把這個方法改進得更加惡毒。牠首先讓受害者麻痺,然後把受害者的身體徹底吸盡榨乾。只有我們神話故事中,想像中的吸血蝙蝠的兇殘能夠達到如此可怕

的地步。

　　然而，這個昆蟲吸食者在屠夫的工作坊頂樓上到底做些什麼呢？在那裡並沒有我讓牠得到的受害者呀！蝗蟲、螳螂、螽斯、金花蟲，牠們全都是青枝綠葉和燦爛陽光的朋友。牠們從來不會冒險去令人噁心、陰暗無比的倉庫裡。那裡緊緊貼靠在倉庫牆上的獵椿象群吃些什麼呢？這樣的蟲群需要糧食，而且需要豐美的糧食呀！可是，這種糧食又在哪裡呢？

　　當然，這種糧食在動物油脂堆上。一隻擬白腹皮蠹在那裡迅速繁殖，和牠毛茸茸的幼蟲亂七八糟地混在一起。食物取之不盡、用之不竭。或許獵椿象是被這些豐盛的食物吸引到這裡來的。讓我們改變一下我的獵椿象囚徒的飲食制度，在牠的菜單上用皮蠹來代替蝗蟲。

　　我恰好有供我支配使用的替代品，不必跑到屠夫那裡去備辦。這個時刻，我在荒石園裡，在蘆竹的三腳支架上修建了兩個空中堆屍臺。臺上的鼴鼠、水蛇、蜥蜴、癩蛤蟆、魚和其他動物的屍體為我招引來了附近的昆蟲運屍工。這些運屍工絡繹不絕，前來搜尋。其中，大多數為動物油脂倉庫裡的那種皮蠹，這正是我需要的蟲子。

　　我大方地將這些皮蠹爲我的那些獵椿象端去，於是那裡發生了瘋狂的屠殺。每天早上，短頸廣口瓶裡的沙土層上遍布皮蠹屍體，其中很多還在割喉者獵椿象的口器下面呢！結論很明顯：時機一到，獵椿象就扼殺皮蠹。牠雖然不只是愛吃這種獵物，但一旦遇到這種獵物，就拚命把牠的血吸得點滴不剩。

　　我要把這個結果告訴讓我獲得故事素材的那個老實人，我會對他說：「別打擾你看見的那些把身子緊緊貼靠在倉庫牆壁上睡覺的討厭蟲子，別用掃帚趕走牠們，牠們能幫你的忙呢！牠們與另外一些蟲子——皮蠹進行鬥爭呢！皮蠹可是皮膚的大侵害者啊！」

　　滿坑滿谷的皮蠹——容易到手的獵物，很可能並不是把獵椿象招引到屠夫倉庫的主要原因。在別處，在戶外，這種獵物並不短缺，而且種類繁多，同樣備受喜愛。爲什麼獵椿象寧可在倉庫裡聚集呢？我猜測是爲了安置家庭。產卵期不遠了，獵椿象爲了使牠的幼蟲有吃有住，便來到這裡。將近六月底，我果然在我的短頸廣口瓶裡獲得了頭一批獵椿象卵。半個月來，獵椿象接連產卵，數量很多。幾隻被隔離單獨餵養的雌獵椿象，讓我得以估計牠們的繁殖力。我數了數，每隻雌獵椿象可以產三十到四十枚卵。

椿象在一片樹葉上有條不紊地把牠們的卵像成串的珍珠似地排列起來，但在這裡卻不再有牠們十分珍惜的這種秩序。獵椿象的卵遠不是嚴格精密的製成品，而是粗疏地、隨便地播下的種子。它們孤孤單單，相互之間，或者和支撐物之間都不黏附。在我用來飼育昆蟲的短頸廣口瓶裡，它們分散在沙土層的表面。它們是小小的丸粒。獵椿象母親一點也不照料它們，甚至沒有想到把它們固定在某個地方。一有風吹，它們就滾來滾去。它們受到的照顧關懷並不比植物的種子更多些。

獵椿象的這些卵雖然被漫不經心地拋棄，卻並不缺乏優雅的外形。它們呈橢圓形，琥珀紅色，光滑，發亮，約一公釐長。一根褐色的細線條朝著一端劃出一個圓圈，劃出一個無邊圓帽。這些卵讓我們了解到這根環形線條的意義。這是一條線，卵殼和蓋子將循著這條線打開。在我們眼前再次出現了一枚卵被弄成小盒子狀的奇蹟。由於新生的小蟲往前推，封蓋落下，盒子打開了，但沒有折裂破損。

如果我最終看到了這個活動的無邊圓帽是怎樣被稍稍掀起的，我就會了解到在獵椿象的歷史中最饒富趣味的情節。我將得到相當於小椿象的東西。幼小的椿象用一頂受到額上的液壓脈衝衝擊的有角煙囪帽，把牠的卵殼頂蓋掀掉。我們不要吝惜時間和耐心，椿象成批遷出牠們的卵殼，是很有觀察研究的價

值的。

如果說這個問題具有吸引力，它同樣也很困難。要進行觀察，就必須在卵蓋正好動搖的時候親自在場。這就要觀察者必須不嫌枯燥無味、兢兢業業、堅持不懈。此外，還需要有良好的照明，即陽光朗照。沒有這樣的照明，就會看不到蟲子的細微活動。獵椿象的習性使我擔心卵會在夜間孵化。未來發生的情況將會顯示我的擔心多麼有根據。不要緊，讓我們繼續下去吧！或許好運會對我微笑的。在半個月內，我的放大鏡從不離手，從早到晚我無時無刻不密切監視百來隻獵椿象產卵。我把這些卵分放在幾根玻璃試管裡。

椿象卵裡一條呈翻轉的錨狀黑線預示著孵化時刻已經臨近，這條線出現在離卵蓋不遠的地方。它只不過是椿象幼蟲脫離裝備，而不是其他什麼東西。這個小傢伙頭上戴著那頂有僵硬條飾的煙囪帽子。然而，自始至終獵椿象的卵殼都保持著琥珀色，沒有任何類似鉗工作業的痕跡。

然而，將近七月中旬，孵化多了起來。每天早上，我在那些試管裡都能找到一整套打開的小罐子。卵殼沒有觸動過，像開始那樣呈琥珀色。罐子的蓋子是凹下的球體，優雅、精確，落在地上，在空卵殼旁邊，有時懸掛在罐口邊緣。剛孵出的小

傢伙，幼小，嬌美，純白色。牠們在什麼都沒有裝飾的陶罐中間，活活潑潑，蹦蹦跳跳。我總是到得太晚。我想在陽光朗照之下親眼觀看的事情已經結束。

正如我猜測的那樣，卵蓋在沈沈黑夜中裂開。唉，由於缺少良好的照明，這個令我驚訝不已的問題，它的解決過程被我遺漏了。獵椿象將繼續保守牠的秘密。我會什麼也看不到……不，我會看到的，因為堅持不渝、鍥而不捨，就會使人具有料想不到的智慧和本領。一個星期過去了，我一無所獲。一天早上九點鐘晨光熹微時，獵椿象突然要打開牠們的盒子——卵殼。這時即使家裡起火，也許我也不會受到干擾。當時的景象使我驚訝得目瞪口呆。就讓人們來評斷一下吧！

獵椿象的卵蓋上沒有椿象身上那種帶著纖毛的鉚釘。這卵蓋僅透過並列、上膠，黏附在卵殼上。我看見它在一端微微掀起，緩慢地在另一端上旋轉，慢得讓放大鏡都無法看出這個動作。看來，卵裡發生的事情是漫長而艱難的。現在蓋子的半開動作加大，我從打開的隙縫中隱約看見有個東西發出亮光。這是一個發出虹色的薄片，它突出隆起，並以同樣的力道把封蓋往前推。現在一個球形囊泡從卵殼裡逐漸顯露出來。這個囊泡一點一點擴大，就像用麥稈尖吹大的肥皂泡那樣。卵蓋被這個囊泡逐漸往後推，最後終於落下。

這時，這個炸彈似的東西爆炸了，也就是說，這個囊泡鼓脹到超過了它自身抵抗力的限度，在頂尖上撕裂了。這個囊泡是由極纖細的薄膜構成的，一般依附在罐口的邊緣，並在邊緣上形成一個高而白的圍欄。另外有幾次，爆炸讓它脫離了卵殼，被拋到卵殼之外，成了一只精巧細緻的杯子，呈半圓形，邊緣被撕殘了。這只杯子的下端並帶有一根精巧的、彎彎曲曲的柄。

事情現在完結了，道路暢通了。獵椿象幼蟲或者弄破嵌進出口的薄膜，或者推倒這張薄膜，或者當爆裂的燈泡脫離卵的時候找到暢通無阻的通道，用這種種方式外出。這是多麼自然而又多麼奇妙啊！椿象發明了三稜煙囪帽和水壓機。獵椿象發明了爆炸器械。前者緩慢行動；後者粗魯急邃地使用炸藥炸掉監獄的屋頂。

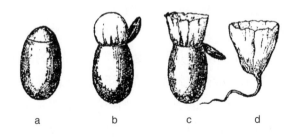

a   b   c   d

面具獵椿象的卵：a.未孵化　b.正在孵化　c.爆炸　d.孵化後

用來解脫的炮彈用什麼炸藥、什麼方式裝填自己呢？在爆裂的時刻，沒有任何看得見的東西從囊泡裡湧出，沒有任何液體弄濕撕裂的邊緣，因此囊泡的內盛物肯定是氣體，如果不是我遺漏了，我肯定沒看見其他什麼東西。一項我無法重複的觀察不足以弄清這件微妙的事情。如果我不得不簡單地假設一些可能發生的情況，我就作下面的解釋吧！

這個小傢伙的身體裹著一張膜被。這張膜密不通風的，把小傢伙緊緊裹住。這是新生幼蟲離開卵殼時將脫去的外套。一個在卵蓋下面的囊泡和這個外套相通，這個囊泡附屬在外套上，而被扔到卵殼外時出現的曲柄則是連接的通道。

隨著小傢伙逐漸成形、變粗，這個囊泡儲藏室非常緩慢地收納在膜被遮護下所進行的呼吸作用產物。二氧化碳——生命呼吸不斷產生的氣體，不是經由卵殼在外面消散，而是在這個類似煤氣罐的器物中儲存起來，並且使這個器物鼓起、膨脹，向封蓋施加壓力。當獵椿象幼蟲成熟到即將出殼時，增多的呼吸活動完成了鼓起動作。這種鼓起動作可能從卵的最初發育階段起就在作準備。最後，封蓋在囊泡不斷增大的壓力下頂不住了，打開了。在蛋殼中的雛雞有著自己的空氣室。在卵殼中的獵椿象幼蟲也有牠的二氧化碳炸彈。牠透過呼吸的活動來得到解脫。

　　椿象和獵椿象奇特的孵化方式，顯然不是孤立的個別情況。有活動卵蓋的卵殼肯定也常被其他一些半翅目昆蟲運用，這種卵甚至相當普遍。每種昆蟲都用某種方法打開牠的卵殼，都有著牠自己的彈簧和槓桿系統。在椿象卵中，這部有大量令人吃驚的構件的機器，是部什麼樣的機器啊？有了耐心，有了好眼力，就會獲得多麼有趣的收穫啊！

　　現在讓我們來觀看小獵椿象怎樣離開卵殼。卵蓋掉落了一段時間。這隻小蟲子渾身白色。牠原來被裹得緊緊的，現在暴露了出來。牠讓腹部末端插穿在卵殼口，這個洞口用薄膜狀圍欄，即炸彈爆炸後的碎片爲小蟲子形成一條支撐帶子。小蟲子騷動，掙扎，搖擺，向後傾斜。做這種柔軟體操的目的是讓有接縫的緊身衣破裂。臂章、脛甲、護腿套、胸甲、帽子都慢慢被撕碎了。這裡當然少不了受到束縛的小傢伙使出的勁。一切都被壓蛻，一切都像破布那樣碎了。

　　新生的幼蟲得到解脫，現在自由了。牠跳躍著離開卵殼遠去。牠用細長的、振動著的觸角探詢廣闊的世界。當封蓋還緊緊貼在卵殼口上時，牠往往把這個封蓋帶在背上和尾巴上，就像拿著古代的圓凸盾牌奔赴戰場一樣。牠身披這副甲冑做什麼呢？牠把它當成防禦性物品收集起來嗎？一點也不是。罐子的蓋子碰巧和這隻幼蟲接觸，一下子就被黏附起來，甚至黏附得

很牢固，要脫去圓盤似的卵蓋需要等待下次蛻皮。這個細節告訴我們，小椿象滲出一種能夠黏附和攔留行走時在路上遇到的小微粒的體液。我們過一會就會看到這種能力產生的結果。

獵椿象的新生幼蟲離開卵殼的門檻時，脊柱上有個圓盾或者什麼都沒有。牠腳長、角長。牠急遽跳躍，到處遊蕩，體態姿勢就像隻很小的蜘蛛。兩天以後，在進食之前，牠經歷了一次蛻皮。一般而言，狼吞虎嚥的傢伙吃飽了肚子後，就解開衣服上的結，爲遲遲才端來的甜食留點肚子。然而獵椿象幼蟲什麼都還沒吃，便讓衣服裂開，把它扔掉，換上新皮。牠甚至在入席用餐之前就已經換了個胃。牠過去有個小而圓、已經大大減縮的腹部。牠現在有個圓滾滾的肚子。進食恢復元氣的時刻來到了。

我是個在制訂合適的菜單上缺乏經驗的飯店老闆，我爲獵椿象幼蟲端去什麼菜呢？我回憶起林奈的一段關於獵椿象的話。這段話說：「……牠那沒有成形的和戴著面具的幼蟲吸吮床上的臭蟲。」

現在這隻臭蟲獵物在我看來似乎大的不合適。我那短頸廣口瓶裡的這群吵嚷喧鬧的幼童又小又弱，可能不敢攻擊這樣一隻獵物。此外，即使我需要臭蟲，我也不敢肯定能找到。還是

讓我們來試試別的獵物吧！

　　獵椿象成蟲的胃口沒有選擇性。牠獵捕各種各樣的獵物，獵椿象幼蟲的情況也可能相同。我給牠們端去小飛蟲，但卻遭到斷然拒絕。在糧倉——我的蟲群的始源地裡，牠們在這樣小小的年紀，不經過危險的鬥爭，會找到什麼容易得到的東西呢？牠們可能會找到動物脂肪、骸骨、皮和其他什麼。讓我們端去動物脂肪吧！

　　這次的菜肴很合小傢伙們的胃口。我的這些小傢伙在動物油脂上安營紮寨，把口器插到裡面，大口大口吸飲發臭的油精，然後退走，在適合牠們的沙土上慢慢消化，繁衍興旺。我看見牠們一天天粗大起來。在半個月內，牠們長得胖嘟嘟的，讓人認不出來了。牠們整個身子，包括腳，還蓋著沙土。

　　獵椿象蛻皮變形後，礦質的皮層立即顯露出來。這隻小蟲用泥土碎屑稀稀疏疏、隨隨便便地裝飾自己，身上好像布滿了虎斑。隨牠的便吧！這件女用短斗篷即將變成一件令人厭惡的粗布長罩衫。到時，獵椿象的蛹就真正配得上牠的外號，即用面具蓋住自己的面孔，變成一隻穿著沾滿灰塵、帶有風帽斗篷的可怕蟲子。

　　如果我們想要在這套襤褸的服裝上，找出一個刻意製作的東西、一種鬥爭的詭計、一種爲了接近獵物而掩飾自身的方法，那就讓我們醒悟過來吧！獵椿象笨手笨腳地爲自己縫製外套。牠穿上這件外套，目的並不在於把自己隱藏起來。這件衣服是非常呆板的、自然而然縫製而成的，毫無技藝可言，黏在上面的卵蓋則被充作圓盾使用；這件衣服或許是牠食用的動物油脂的衍生物，被踏越過的塵土，不經過動物的其他加工，就被固定在這塊橡膠上面。獵椿象不穿衣服。牠弄髒身體，牠流出有黏性的液汁，將自己變成塵土團——移動的垃圾了。

　　再談談這種昆蟲的飲食制度。林奈在我不知道的什麼地方取得了有關這種制度的資料，而將獵椿象當成我們對付臭蟲時的幫手。自從那時以來，書本——單調、千篇一律、彼呼此應的東西，對牠讚揚有加。傳統的看法認定這種戴著面具的昆蟲可以和我們的夜間吸血者作戰。這當然會是我們感謝牠的一個冠冕堂皇的理由。但是，這準確無誤嗎？我冒昧地質疑這個傳統的說法。如果真的有人突然發現獵椿象扼殺床上的臭蟲，那就再好不過了。我的獵椿象囚徒滿足於得到臭蟲，而且接受牠，但不那麼需要牠。相較之下，牠們更喜歡蝗蟲或者其他任何昆蟲。

　　因此，我們不要迫不及待地歸納結論，不要把獵椿象看成

是受到我們床上發出臭味的蟲子吸引的耗食者。我發現如果獵椿象想要耗食床上臭蟲，則有個主要的障礙。相對說來，獵椿象個子太魁梧強壯，無法鑽進狹窄的縫隙——臭蟲的庇護所。更重要的理由是，對獵椿象幼蟲來說，在狹窄而骯髒的住所裡狩獵是不可行的，因為牠穿著滿是灰塵的寬袖上衣，除非獵椿象幼蟲在臭蟲爬到我們身上選擇食物的時刻侵入我們的床上。沒有誰可以肯定獵椿象與睡覺的人有什麼聯繫。據我所知，沒有任何人突然發現獵椿象或者牠的幼蟲出現在我們的床上。

面具獵椿象的幼蟲不應因為偶然幾次捕獲到臭蟲而受到讚揚。牠的飲食制度和林奈所說的，以及那些編書者人云亦云地鸚鵡學舌，完全是兩碼事。正如我的昆蟲飼育工作所明確肯定的那樣，這種幼蟲小時以脂肪物質為生，等到牠身體強壯後，就像成蟲那樣讓食物多樣化起來，吃任何一類昆蟲。對牠來說，屠戶的倉庫是個極樂世界。牠在那裡可以找到動物脂肪食物，之後又可以找到屍體上的蒼蠅、皮蠹以及其他死屍的開發利用者。在很少受到我們住宅裡的掃帚攪擾的陰暗角落裡，面具獵椿象幼蟲搜尋廚房裡的油膩碎片。牠對半睡半醒的蒼蠅和無家可歸的小蜘蛛進行突擊，這樣做便足以使牠的家族繁衍興旺了。

還有一個有待從我們的書本上刪除的傳統說法，刪除這個

說法不會對昆蟲的榮譽產生多大的損害，因為如果獵椿象在歷史上不再是臭蟲的屠夫，那麼牠將以「用炸彈炸開卵殼的發明者」，而更具尊嚴地在歷史上留名。

第七章

隧蜂與小寄生蠅

　　您知道隧蜂嗎？也許不知道。不過這也不是什麼大缺點。人們可以不知道隧蜂而照樣充分領略、品嚐生活的甜蜜和樂趣。然而這些卑微的、沒有歷史的蟲子經過我們堅持不懈的、尋根究底的研究，卻告訴了我們一些十分奇特的現象。如果我們渴望擴大對這個世界上使人不得安寧的、喧嚷嘈雜的群體的認識了解，既然我們現在有空閒，就讓我們來了解隧蜂吧！牠們值得我們花點力氣去研究。

　　如何辨認隧蜂呢？牠們是蜜的釀造者。一般說來，牠們比我們蜂房裡的蜜蜂長得更加纖細、更加苗條。牠們的身材和體色千差萬別，組成了龐大的群體。有些隧蜂個子超過了普通胡蜂，另外一些的個子與家蠅差不多，或者比家蠅小些。在隧蜂這個繁雜的品種，這個令缺乏經驗的新手一籌莫展、深感絕望

的蜂種中，有個特徵是恆久不變的。所有的隧蜂都非常醒目地攜帶著牠們那個公會的證書。

瞧瞧蜂類的腹部末端，也就是背部的最後一個體節。如果您抓到的是隻隧蜂，在這個體節上就會有條光滑發亮的線，有條細巧的溝槽。當這隻昆蟲採取守勢、進行防禦時，牠的螫針就循著這條溝槽滑行、再度上升。這道拔劍出鞘的溝槽明確地標示出隧蜂族類的所有成員，不分體色和身材。在其他任何地方，在帶螫針的昆蟲族群裡都沒有這道獨特的溝槽。這是隧蜂的特殊標記，是隧蜂家族的紋章。

三種隧蜂將在這個歷史片段出現。其中兩種是我的鄰居、我的熟人。每年牠們極少忘記來我的荒石園定居。牠們在我之前已占領了這裡。我小心翼翼地避免剝奪牠們占有的土地，相信牠們會回報我的寬容大度。和牠們比鄰而居，使我能夠每天隨意探望牠們。這種鄰里關係對我來說是個好運道，讓我們來加以利用吧！

居於我這三個實驗對象之首的是斑紋隧蜂。牠那長長的腹部，由黑色和淡紅色相間的肩帶形成優美環形條紋。牠那苗條的身段、牠那胡蜂般的身材、牠那簡樸而雅致的服裝，使牠在這裡成了這個昆蟲族類的主要代表。

　　斑紋隧蜂在堅實的土地裡修築地道，在地道裡不必擔心那種會在修築蜂巢時期干擾工作的崩塌事故。在我的荒石園裡，路上踩壓得很緊實的泥土是細小的卵石和紅色黏土的混合物，這對斑紋隧蜂來說非常適合。每年春天牠都與同類集體地、而不是孤單地占有這種泥土。這個群體的成員數目千變萬化，有時多達一百來隻，這樣就建立起一些隧蜂小鎮。這些小鎮涇渭分明，彼此遠離；共同的場地絲毫沒有產生共同的產物。

斑紋隧蜂（放大3½倍）

　　每隻斑紋隧蜂都有自己的住所。這是除了宅主之外，任何人都無權擅自進入的宅邸。兇狠的推擠會提醒膽大妄為、想要冒險鑽入別人家裡的不速之客循規蹈矩，不得輕舉妄動。這種輕率魯莽的行為在隧蜂之間是不被容許的。每隻隧蜂都在家中，每隻隧蜂都為自己。在這個由鄰居，而不是由合作者組成的社會中，開始時會籠罩著一片完美的安定和諧氣氛。

　　四月，工程開始。這些工程十分隱蔽，毫不起眼，只透過一些新土堆成的小丘顯露出來。工地上沒有一點鬧哄哄的場面。很少有隧蜂工人露出身子，因為牠們在自己的井坑裡忙得

不亦樂乎。有時挖掘出的泥屑形成的小土堆在這裡、在那裡震動了起來，土堆頂傾塌在錐形土堆的斜坡上。這隻隧蜂工作者帶著牠挖起的那一小堆泥屑上升，並把這些泥屑往後推到外面而不露出自己的身子，這是牠為了保護隧蜂小鎮不受路人侵犯，必須採取一項預防措施。路人行走時的漫不經心，可能會踩踏到這些小鎮。我用蘆竹稈編成的柵欄把小鎮包圍起來，在中心安放一個警示信號。這個信號是一根掛著狹長紙條旗的小木椿，標上記號的小路禁止通行。我家裡的人誰也不去那裡。

五月來到了，陽光朗照，鮮花盛開，到處一片歡樂景象。隧蜂挖土運泥工這時轉變成採集工。我無時無刻不看見這些工人在像火山口般的小土堆上，渾身上下滿布黃色花粉。首先讓我們了解一下住所的情況。住宅的布局會向我們提供有用的資料。鏟子和三齒耙讓我們對這種昆蟲的地下室一覽無餘。

一個盡可能垂直的井坑循著滿是卵石碎屑的土地，或者筆直地、或者彎彎曲曲地下降到三十公分的深處。這個長長的前廳是條簡單的過道，高低不平。隧蜂在那裡來來去去，可能很容易就可以找到攀爬的支撐物。整齊的形狀和光滑的表面在這裡並不合適，這些細緻精巧的技藝將留到以後用來修建隧蜂孩子的房間。容易下降和上升、容易快速攀登和再下降，對隧蜂母親來說，這就是全部需求。因此牠讓進出的地道粗糙、磨

損。這條地道的直徑差不多像粗鉛筆那樣大。

　　隧蜂的蜂房一間間以不同的高度橫著層層疊起，占據住所的底部。這是一些挖掘在大土堆裡長兩公分的橢圓形洞穴。這些圓洞終止於一條短短的細頸，這個細頸口擴大成雅致的雙耳尖底甕口，好像是只小巧玲瓏、橫放著用來進行順勢療法[1]的小玻璃瓶。在地道裡什麼都大大敞開著。

　　在這些小室內部，拋光層很亮，光滑得連我們技術精湛的泥水匠都會嫉妒。纖細的菱形標記閃閃發光，這是對製作品進行最後加工使之臻於完美的拋光器留下的痕跡。這件拋光器可能是什麼呢？除了舌頭外，它不可能是別的什麼。隧蜂使牠的舌頭成為抹刀。牠為了把牆壁弄得亮光光的，很有節奏地一下一下細細舔抹。

　　最後的平坡雅致而完美，在修築之前進行過粗切加工。在還缺少儲備食物的蜂房裡，內壁布滿了好像針孔似的小洞，這裡可以辨認出是用大顎製作的。大顎用顎尖壓實黏土，向後推，讓黏土沒有一顆沙質細粒。大顎製作的產品好似細粒狀軋

① 順勢療法：根據現代醫學之父希波克拉提斯所提出的理論，依照每個病患的特性給予最適合的處方。──編注

花滾邊，拋光的一層會在滾邊上找到結實的黏附基礎。這個基礎是用很細的黏土修築的。這種黏土經過隧蜂細心選擇，經過純化，經過拌合，然後一小塊一小塊地黏貼起來。當吐出的唾液使糊狀物具有彈性，而且這些唾液最後乾燥成防水漆時，隧蜂就使用這把軋紋和拋光的抹刀，將之拋光、壓紋而成。

春雨驟降時節，土地的濕度會讓小小的泥土凹室脫落，然後化為泥漿。唾沫塗層能夠有效地對付這種危險。它非常細微，以至於人們只是猜測它的存在，而不是看見它存在。但是，它的效能並不因此而不明顯。我用水灌滿一個巢室，液體在那裡儲存得很好，沒有任何滲漏痕跡。

小巧玲瓏的罐子似乎漆著粗粒方鉛礦粉。陶瓷工用烈火熔煉各種礦物使陶器不透水；隧蜂用牠那被唾液潤濕的舌頭做為柔軟的拋光器，也同樣能做得很好。即使在雨水浸濕的地下，隧蜂幼蟲受到這樣的保護，也能生活在乾燥衛生的環境裡。

我如果願意，至少很容易用破布就可以隔離開防水薄膜——唾沫塗層。我們把挖了蜂房的小土塊底部浸入水中，水慢慢浸濕了泥土，把它化為泥漿。我們很容易用刷子尖把泥漿掃淨。如果我們耐著性子細心清掃，就會讓一種像非常纖細的緞子那樣的東西脫離它粗糙的外表。這就是透明、無色、防濕的

帷幔——唾沫塗層。如果它不構成網，而構成布料，那麼只有蜘蛛的布料可以與之相比。

我們發現隧蜂房間的修築是項耗費大量時日的工程。這種昆蟲先在黏土地上挖掘一個橢圓弧形的窩巢。牠把大顎當作鎬，把長著小爪的跗節當作耙。一開始的工程不管多粗糙，肯定也會發生困難，因為它是經由一個狹窄的細頸完成的，這個細頸剛好只夠挖掘機械通過。

挖出來的泥屑很快就堆積成一大堆，占據很多地方。隧蜂將這些泥屑集中。然後，牠向後退，前腳合攏，放在一堆土上。牠從進出的通道將泥屑運到上面，向外推壓到挖洞時形成的小土堆那裡。這個土堆在巢穴的門檻上逐漸加高。接下來的工作是進行細緻的修飾：內壁的細粒狀軋花滾邊、優質黏土拋光塗層，舌頭在各個部位耐心地拋光，塗上防水塗料，加上雙耳尖底甕口。這些都是陶瓷製造術的傑作。封閉蜂房大門的時刻到來時，還應該在這件傑作上嵌上關閉塞子。所有這一切都需要幾何學般的精確無誤。

不，隧蜂幼蟲的房間修建得十分完美，不可能是隨著成熟的卵脫離卵巢後，逐日臨時修建的。三月末到四月，在這個死氣沈沈的季節裡，當百花凋零，氣溫驟降，隧蜂就長期做著修

建房屋的工作。驟雨頻降、不適於生產的時期往往就用來修建住所。隧蜂母親在井穴底部深居簡出，孤孤單單地建造著子女的房間。牠會不吝惜精力、時間，細心地修飾房屋內部。

當五月陽光燦爛，百花盛開，姹紫嫣紅時，房間的修建工作差不多已經竣工。隧蜂母親在四處採集食物之前修築好洞穴，這準備工作是多漫長啊！這裡有著一打左右已經完全竣工的蜂房，但仍空空蕩蕩，無蜂居住。預先修建好完整的小間，是個正確的防禦措施，如此一來，隧蜂母親在之後忙碌的採收和產卵工作中，就不用分身從事地下礦工的粗活了。

五月來到了，氣候溫暖宜人。草坪綻開了微笑，一梯一梯地、一層一層地長著成千上萬朵小花——蒲公英、向日葵、委陵菜和雛菊。在這些花上，正在採收的蜂類昆蟲歡愉地打著滾。隧蜂的嗉囊被蜜鼓脹起來，腳上也塗滿了花粉。牠飛回牠的小鎮。牠飛得很低，幾乎掠過地面。牠突然拐彎，迷失了方向，身體左右搖擺，猶豫不決起來。這隻昆蟲似乎因為弱視而歷經千辛萬苦，好容易才在迷路之後，在村子的那些茅屋中間，重新找到了路。

這麼多的小土堆外貌相似，相互毗鄰，哪一座是牠的呢？牠的小土堆具有只有牠自己才認識的細小標記，因此，只有牠

才能夠準確無誤地認出。因此，牠在飛行中一邊曲折地翱翔，一邊察看地點，最後找到了住所。這隻隧蜂把腳擱在房舍的門檻上，然後迅速地鑽進地裡。

井坑底部發生的情況不應該與其他蜂類昆蟲的行為有什麼區別。隧蜂收穫者後退著鑽進蜂房，在那裡讓負載的花粉落下，然後轉過身來在滿是塵土的糧食堆上咳出嗉囊裡的蜜。做完這件事後，這隻孜孜不倦、勤奮工作的昆蟲又飛回到花朵上。經過多次往返，蜂房裡的糧食堆得已經足夠，製作糕餅的時刻來到了。

隧蜂母親揉捏麵粉，並摻進蜂蜜。用這種混合物製作成的圓麵包有豌豆大。這種麵包和我們的麵包相反，它裡面是麵包皮，外面是麵包心。當隧蜂的蠕蟲形幼蟲以後有了力氣時，就能耗食這個麵粉小圓球的中部——最後那份只由乾燥的花粉構成的口糧。嗉囊為圓形大麵包的外部保存甜食，身體虛弱的小蟲將在這個部分吃牠的頭幾口食物。這是柔軟的麵包心，是塗滿蜜的、美味可口的麵包片。丸狀食物根據隧蜂幼蟲的發育成長狀況，各層包含的成分並不相同。最表面的是含蜜的粥狀物，而最裡面的則是乾燥的小骰子。節儉的隧蜂就喜歡這樣精打細算。

一枚彎曲成弓形的卵橫臥在丸狀食物上。根據一般的習俗，剩下要做的事就是把小間封閉起來。蜜的收集者——條蜂、壁蜂、石蜂以及其他昆蟲，首先堆存足夠的食物，然後產下卵來。牠們把蜂房緊緊關閉，以後就不再需要去照料了。

各種隧蜂的方法迥然不同。牠們的蜂房堆著圓麵包，放著一枚卵，門戶洞開，暢通無阻。由於這些小屋全都通向洞穴裡那條狹長的公共通道，隧蜂母親很容易每天去探望孩子，了解家庭的變化情況，而又不致過分放棄手頭的其他事務。我設想牠會不時再向幼蟲分發糧食，因為在我看來，開始時的圓形麵包和其他蜂類昆蟲的食物相比，非常微薄。但是，關於這個想法我沒有確切的證據。

某些膜翅目昆蟲獵人，例如泥蜂，習慣將食物分成幾份供應給孩子。為了端出保持新鮮的野味（雖然是死的），牠每天都讓幼蟲的食盤裝得滿滿的。然而由於食物比較容易儲存，當幼蟲食慾最旺盛的時候，隧蜂母親能夠不按照這樣的家庭需要行事，而是每天給孩子供給植物花粉。除此之外，我看不出有什麼其他原因能夠解釋只要食品供應時期持續，蜂房就可以自由進入的這個現象。

最後，隧蜂幼蟲由於受到精心的呵護，吃得很飽，長得很

豐滿。牠們即將轉變為蛹了。這時，而且只在這時，小屋才關閉起來。隧蜂母親在喇叭形口那裡製作一只黏土蓋子。從此以後，母親就不再去關心牠的孩子了。剩下的事會自然而然地完成的。

到現在為止，我們只觀察到庭園裡的溫柔和平、關懷呵護。然而，我們回過頭來看看，就會目睹一場瘋狂的搶劫。五月，每天將近上午十點鐘，糧食供應的工作正進行得火熱時，我探查隧蜂居住得最稠密的小鎮。麗日當空，陽光朗照，我坐在椅子上，彎著背，手臂擱在膝蓋上，將這個姿勢一直保持到吃中飯。我靜靜地觀看，動也不動。一隻小寄生蠅引起了我的注意。那是一隻無足輕重的小飛蟲，但牠對隧蜂來說卻是個膽大妄為的暴君。

這個為非作歹之徒有個什麼名字嗎？我相信有的，但對此我不太關心。我不願意把時間花費在對讀者來說味同嚼蠟的資料上。敘述得清清楚楚、明明白白的事實，比用專業詞彙來表述的一些枯燥無味、拖延冗長的詳情細節更加令人喜愛。但願對我來說，三言兩語談談這個罪魁禍首的體貌特徵就足夠了。這是一隻五公釐長的雙翅目昆蟲。牠眼睛暗紅，面部灰白，前胸灰暗，有五行細微的黑斑。昆蟲尾部粗糙的纖毛就從這裡長出。牠那淺灰色腹部的下部蒼白，腳呈黑色。

這種小飛蟲在我觀察昆蟲的移居地裡滿坑滿谷。牠在陽光下，在洞穴附近躲藏起來等待時機。隧蜂一旦採集花粉後返回，腳被花粉染黃，牠就向前撲去，緊緊追隨在隧蜂身後。隧蜂遊移不定、迂迴曲折地飛行，牠總是在後面窮追不捨。最後，這隻膜翅目昆蟲突然俯衝進牠自己的家裡。這隻小蟲同樣突然地撲向隧蜂那低矮的小土堆，離入口近在咫尺。牠的身子動也不動，把腦袋轉向隧蜂住所的大門，等待隧蜂辦完事。隧蜂終於再度出現，在住宅的門楣上停留了一些時候，頭和胸伸在洞外。這時這隻小飛蟲仍然完全不動。

牠們面對面，頻頻互相觀望，彼此之間隔著一段比一根手指頭還狹窄的距離，誰也不動一下。隧蜂對窺伺牠的這隻寄生昆蟲並不理睬，至少牠安靜的神態使人相信這一點。而這隻寄生昆蟲也沒有因膽大妄為而顯得擔心遭受懲罰。這隻矮子小寄生蠅在一腳就會把牠壓垮的龐然大物面前，始終沈著冷靜、鎮定自若。

我白費力氣地等待這些蟲子身上出現恐懼的徵象。而隧蜂呢？沒有任何跡象表明牠已認識到牠的家庭所面臨的危險。這隻雙翅目昆蟲呢？也沒有任何跡象顯露出牠會懼怕遭到嚴厲懲罰。偷竊者和被偷竊者在一段時間內你望著我，我望著你，別無其他。

這隻溫良寬厚的隧蜂如果願意，就可以用腳捅破毀壞牠房屋的小強盜的肚子。牠能夠用大顎把牠鉗得粉碎，用匕首刺穿牠的身子。但牠卻按兵不動，讓那個近在眼前、動也不動、紅著眼睛瞄準牠住宅門楣的強盜安然無事。牠為何如此寬容大度，這樣愚蠢透頂呢？

這隻隧蜂一離開窩，小寄生蠅就馬上進去，就像進入自己的家那樣大搖大擺、無拘無束。現在，牠隨心所欲，在儲藏著食物的蜂房裡東挑西選。我已經說過，這些蜂房全都門戶洞開，因此牠從容不迫在那裡安置牠產下的卵。直到隧蜂歸來，誰也不會去干擾牠。用花粉塗抹腳爪、用糖漿鼓脹嗉囊，隧蜂做這些工作要花費一些功夫，因此入侵的小寄生蠅有充裕的時間在隧蜂家裡為非作歹。這個侵略者的計時器調得極精確，把隧蜂不在家的時間計算得分秒不差。當主人從田野返回時，這隻小寄生蠅已經做完壞事逃之夭夭，蹤影全無。不過，牠並沒有離開主人的洞穴太遠，牠停在適當的地方，準備伺機而動，再幹壞事。

如果這隻寄生昆蟲在做牠那壞事時被隧蜂忽然撞見，會發生什麼呢？倒也不會出現什麼嚴重的情況。我看見一些膽大包天的傢伙，在隧蜂製備花粉和蜜的混合食物的時候，尾隨牠到了洞穴底部，在那裡停留了一段時間。當收穫者隧蜂拌和食物

時，這些傢伙因無法得到這些食物，於是再度飛上空中，飛到隧蜂住所的門楣上等待主人外出。牠們從容不迫，邁著平穩的步子回到陽光下，沒有絲毫驚惶失措的樣子。這清清楚楚證明，牠們在隧蜂工作的地下深處，什麼令人不快的事情都沒有遇到。

如果一隻矮子小寄生蠅在隧蜂蜂巢周圍過分大膽妄為，隧蜂為了驅趕這個討厭鬼，大概會做的，就是拍打一下這個矮子的頸項。在劫匪和被搶劫者之間沒有發生激烈的鬥毆。從在洞穴底部幹活的巨人那裡再次上來的侏儒，步伐篤定，這個矮子沒有損壞一根毫毛，這就是最好的證明。

當隧蜂返回住所時，不管是否負載著食物，都會猶豫一會，然後迅速地、蜿蜒曲折地飛翔，時而前進，時而後退。牠緊貼著地面來來回回地飛行。這種紊亂無序的飛行首先會使人產生這樣一種想法：這隻膜翅目昆蟲企圖利用正反兩個方向前進所形成的錯綜複雜網狀路徑，使牠的迫害者迷失方向。的確，這樣做對牠來說會是審慎之舉。但是，看來牠並沒有這麼聰明。

牠掛念操心、思慮關切的並不是敵人，而是尋找住所時會遇到的重重困難。牠的住所坐落在蜂房搭蓋得亂七八糟的小土

堆中，在混亂不堪的小巷弄中。這些小巷弄由於新近挖出來的成堆崩塌的泥屑，天天改變面貌。牠顯然遲疑不決，因為牠經常弄錯，撲向並不是牠自己的洞穴的入口。

牠像盪秋千那樣飛翔，重新開始搜尋。在探尋過程中，每隔一段時間牠都會暫時失蹤。最後，牠終於認出了牠的洞穴，於是猛然地鑽進去。但是，不管牠在地下消失得多快，小寄生蠅仍在住所的門楣上，神氣活現，轉向洞穴入口，等到隧蜂外出後輪到牠去檢查蜜罐。

當業主再度上升時，小寄生蠅就稍稍後退，剛好讓出主人通過所必需的空間。這就是牠要做的一切。這隻小寄生蠅為何自己要挪動位置呢？牠們相遇非常和平，以至於如果人們沒有其他的情報，就根本料想不到隧蜂是這隻和牠擦肩而過的小寄生蠅的犧牲品。隧蜂的突然到來遠遠沒有嚇住小寄生蠅。相反的，小寄生蠅壓根就不理會牠。同樣的，隧蜂也忽略了牠的迫害者，除非這個強盜追逐牠，在飛行中打擾牠。這時，這隻膜翅目昆蟲就會突然轉個急彎，向遠方飛去。

當彌寄生蠅緊跟著以蜜蜂為食的大頭泥蜂和其他昆蟲捕獵者，以便把卵放在即將儲存起來的收穫物身上時，大頭泥蜂和這些捕獵者就是這樣行事的。大頭泥蜂回到家裡，內心十分平

和，不會粗暴地對待突然在洞前撞見的寄生昆蟲；但是，牠在
飛行中發現自己受到尾隨跟蹤時，就瘋狂地飛翔逃走。然而，
彌寄生蠅不敢貿然下到狩獵蜂類堆積獵獲物的蜂房。牠小心翼
翼，在門口等待大頭泥蜂的到來，恰好就在獵物即將在地下消
失的時刻將卵貼附上去。

然而，寄生在隧蜂那裡的昆蟲，處境困難重重。歸家的隧
蜂把採集的蜜裝入嗉囊裡，把收集的花粉塗在後腳的毛刷上。
對小寄生蠅竊賊來說，蜜無法接近，花粉沒有穩固的支撐物。
而且，隧蜂若要積存揉捏圓麵包所需要的東西，必須一再來回
往返，等到獲得必要的數量後，隧蜂就用大顎攪拌，用腳把原
料加工成小球。小寄生蠅這種雙翅目昆蟲的卵如果混在揉捏材
料中，肯定會在隧蜂的攪拌中處於險境。

因此，外來的小寄生蠅的卵將置放在現成的圓形大麵包
上。由於準備工作在地下進行，小寄生蠅必須下到隧蜂的家
裡。牠的膽大包天真是令人難以想像。甚至當隧蜂在那裡時，
牠也敢闖入。遭到搶劫的隧蜂或者由於膽小怕事，或者由於愚
蠢容忍，聽任入侵者胡作非為。

小寄生蠅目不轉睛地長時間窺伺，大膽地侵擾別人的住
宅，其目的並不在於損害隧蜂收穫者以便自己享受美食。比起

小偷的行為，牠可是少花很多的力氣，就能找到維持生命的物質。牠在隧蜂的小地下室裡有節制地品嚐食物，了解這些食物的品質。我想這就是牠能夠讓自己得到的一切。對牠來說，唯一的大事，就是安置家小。牠偷竊、搶劫東西，並不是為牠自身，而是為牠的子女。

讓我們來挖掘花粉餅塊。我們往往會發現餅塊被弄成了碎屑，大量浪費。在撒布於蜂房地板上的黃粉裡，我們會看到兩三隻尖喙蠅蛆動來動去。這是小寄生蠅這種雙翅目昆蟲的後代。真正的隧蜂幼蟲，有時和這些蠅蛆混在一起。隧蜂幼蟲由於戒絕食物，孱弱不堪，極度消瘦。貪吃的共食者——小寄生蠅蠅蛆倒也不大折磨這個主人，只是把最好的食物從主人那裡搶走。飢腸轆轆的可憐蟲衰竭、萎縮、乾癟，很快就消失得無影無蹤。牠的屍體——一個微粒，和剩下的糧食混雜在一起，成了小寄生蠅蠅蛆的一口食物。

隧蜂母親在這場災禍中做些什麼了呢？牠時時刻刻都很容易探望到牠的幼蟲。牠只要把頭擱在隔巢的細頸那裡，肯定會把災禍的情況了解得一清二楚。浪費掉的圓形大麵包，亂鑽亂動、亂成一團的害蟲，牠都一目了然。牠為什麼不抓住這些闖入者的肚皮呢？對牠來說，用大顎把這些闖入的傢伙咬得稀爛，把牠們扔出門外，只不過是舉手之勞嘛。但是，這個蠢傢

伙卻壓根就沒想到這樣做。於是，那些使別人餓肚子的傢伙不僅安然無事，還做出更荒唐的事來呢！

蛹期來到後，隧蜂母親用泥土塞子像關閉其他蜂房那樣，謹慎小心地把被小寄生蠅搶劫一空的那些蜂房封閉起來。當小間被一隻正在蛻變的隧蜂占用時，這道最後的壁壘是極好的預防措施。但當小寄生蠅穿過那裡後，它卻變得非常荒誕可笑。在這樣前後不一致、不合邏輯事理的情況下，隧蜂出於本能毫不猶豫地把空室封閉。我說這是空室，因為糧食一旦吃光耗盡，狡詐的小寄生蠅蠅蛆就匆匆忙忙溜之大吉，彷彿牠能預見未來的成蠅會遇到一道無法逾越的障礙似的。牠在隧蜂關閉蜂房之前就趕快離去了。

小寄生蠅除了居心叵測、詭計多端之外，還行動狡詐。一旦黏土小屋的細頸部分即將堵塞，牠們全都拋棄這個會變成牠們滅亡之地的地方。只要還有這種住所，牠們就拋棄。黏土凹室由於那波紋織物的粗塗灰土層對敏感的表皮十分柔和，由於那防水塗層而免遭濕氣侵襲，似乎是個很好的隱居之地，可是小寄生蠅蠅蛆卻不願接受。牠們擔心蛻變為幼弱的小寄生蠅時會受到監禁，於是離開，在井巷附近分散開來。

我挖掘搜尋小寄生蠅的蛹，從來沒在蜂房內部，而總是在

蜂房外面找到。我發現這些蛹一個個鑲貼在黏土內部，在移居的蠅蛆爲自己營造的狹窄窩巢裡。下一個春天，當外出的時刻來到時，小寄生蠅成蟲只需要通過成堆的崩塌物鑽出去，這可是件容易事。

另外一個理由同樣急迫，要求小寄生蠅這樣搬遷。七月時隧蜂會生育第二代。而只生一代的小寄生蠅這時正處於蛹的狀態，等待來年春回大地時變態。蜜的收集者隧蜂在牠出生的小鎮上又開始工作。牠利用之前的深井和蜂房——春天的工程，這樣就可以大大節省時間。精心修築的宅子，仍保持著良好的狀態，老房子只需要修飾修飾就可以再用。

然而，隧蜂非常注意清潔。牠如果在清掃隔間時發現了小寄生蠅的蛹，那會如何呢？牠會像處理灰泥碎片那樣處理這些礙手礙腳的東西。對牠來說這是一種廢棄物、一粒砂礫。這粒砂礫被大顎抓住，也許會被壓得粉碎，被扔到外面挖出來的泥屑中。小寄生蠅的蛹在泥土外任憑風吹雨打，必然死亡。

爲了來日的安全而拋棄一時的幸福，我對這種小寄生蠅的遠見十分欽佩。牠處於兩種危險之下：不是囚禁在一個成蠅無法從裡面出來的小匣子裡；就是當隧蜂清掃牠修復的隔間時被丟出，任憑雨淋日曬、霜襲冰凍，死在外面。牠爲了避開這雙

重危險，就逃之夭夭。

讓我們來看看小寄生蠅的結局吧！六月當隧蜂的蜂房一片安寧的時候，我對最大的隧蜂小鎮進行了一次全面徹底的搜索。這個小鎮包括五十多個巢穴，地下發生的災難一絲一毫都逃不過我的眼睛。我們四個人用指頭篩檢挖出的泥土。第一個人檢查過的，第二人再檢查。統計清單真是令人沮喪，我們沒有找到隧蜂的蛹，一隻也沒有找到。隧蜂稠密的「城市」整個消失了，被小寄生蠅這種雙翅目昆蟲占據了。小寄生蠅處於蛹的狀態，繁衍興旺，滿坑滿谷。我把這些蛹收集起來，以便跟蹤觀察牠們的發育生長狀況。

一年過去了。褐色的小筒——小寄生蠅蛹沒有任何動靜。在這些蛹裡，原先的蠅蛆收縮、變硬。這是潛在的生命種子。七月的夏日烈焰沒有使牠們從麻痺狀態中甦醒過來。這一個月——隧蜂的第二代經歷的時期，上帝似乎暫時停止了活動：小寄生蠅停工休息，隧蜂安安靜靜做工。如果戰爭接連不斷，夏天也像春天那樣造成大量的死亡，那麼隧蜂的族群由於過分受到損傷，也許就會瀕臨滅絕。第二代的暫時平靜恢復了事物的秩序。

四月，當斑紋隧蜂為了尋找一個好地方挖洞穴，在荒石園

裡的路上到處遊逛,遊移不定地飛翔時,小寄生蠅已經迫不及待、急急忙忙地羽化了。迫害者和受迫害者的兩種日曆協調一致,多麼精確,又多麼可怕啊!正好在隧蜂開始活動時,小寄生蠅也準備妥當。牠那使用飢餓手段消滅別的昆蟲的行動又即將開始。

假如這只是個別情況,人們就不會花費時間去思考這個問題了。多一隻或少一隻隧蜂對世界的平衡來說無關緊要。但是,唉!各種各樣的搶劫在世間芸芸眾生的搏鬥中成了一條定律。從最卑下的到最高等的,所有的生產者都遭到非生產者的剝削利用。人本身由於自己的特殊身份地位,原本應當置身於這些苦難之外,應該超越這些殘忍的豺狼虎豹行為。但是人們自言自語地說:「辦事嘛,就是弄來別人的錢。」正如小寄生蠅自言自語地說:「辦事嘛,就是弄來隧蜂的蜜。」為了搶劫找個更好的藉口,人類發明了戰爭——大規模地殺人以及光榮地殺人的藝術。因為如果只是小規模地殺人,殺人者往往會被推上絞架。

我們永遠也不會看見,禮拜天在村子的小教堂裡歌頌的這個最崇高的夢想實現:榮譽屬於高在上天的上帝,和平歸於下在塵世的凡人的善良心地。如果戰爭只涉及人類,也許未來會為我們將和平保存下來,因為心地豁達、慷慨大度的才智之士

為之而努力。但是，戰爭的災禍也在蟲子那裡猖獗為害呀！頑固的蟲子永遠不會聽從理智的支配。既然災禍普遍強加於人，它就或許是無法根治的。令人擔憂的是，未來的生活將會是今天這個樣子，是一場永無休止的屠殺。

於是人們拼命想像，終於想像出一個能夠用行星來耍雜技的巨人。他力大無窮，不可抗拒。他也是正義和權力。他知道我們的戰爭、屠殺、縱火、毫無理性的野獸般的勝利。他知道我們的炸藥、炮彈、魚雷艇、裝甲車以及所有的死亡機器。他連上帝最小的創造物中那產生於慾望的可怕競爭都瞭若指掌。唉，這個正義的人、強大的人，如果他把地球放在他的大拇指下，他會對把地球砸爛這件事猶豫不決嗎？

他是不會猶豫不決的……他會聽其自然，讓事物遵循它們自身的進程。他會對自己說：「古代的信仰是有道理的。地球是個生了蟲的、被罪惡的害蟲咬壞了的果核。地球是個未經開化的粗坯，是邁向更加溫良寬容的命運的階段之一。我們放任它吧！秩序和正義最終會到來的。」

第八章

隧蜂守門人

　　對童年來說，離開出生的村子並不是件大不了的事，這甚至還是個值得慶祝的喜事呢！人們會因此看到一些新鮮的玩意——我們夢想的幻燈。但是隨著年齡一天天增長，遺憾產生了。生命在激發對往事的回憶時結束了。這時，在思想的幻影中，我們喜愛的村子重新出現，最早誕生的清新思想改變和美化了村子的面貌。這時，村子的理想形象像浮雕那樣高於現實，突顯出來，令人驚奇。古老的、非常古老的並不久遠。人們看見它，談到它。

　　至於我自己，在三分之一個世紀之後，我閉著眼睛也能夠逕自走到那塊平坦的石頭處，我曾經在那裡聽見鈴蟾清脆悅耳的鈴聲。如果破壞一切，甚至破壞鈴蟾蝸居的時光，卻沒有移動和粉碎這塊石頭，我肯定可以再度找到牠。是的，我甚至肯

定可以再度找到癩蛤蟆的住宅。

我看清楚了赤楊在小溪畔的確切位置。赤楊在水下糾纏盤結的根，成了蝦子的避難所。我會說：「正是在這棵樹下，那種難以形容的、釣上最肥美的蝦子的樂趣和幸福降臨到我身上。這隻蝦子有著這樣的長角，有著大大的、豐滿的像枚卵的螯腳，牠的臀部十分肥美。」

我也會毫不遲疑地重新找到那棵白蠟樹。在春天一個風和日麗、陽光朗照的早晨，在這棵樹的樹蔭下，我的心怦怦直跳。我剛剛在雜亂的枝杈中瞥見一種毛茸茸的白色小球。一個戴著紅色遮陽寬邊軟女帽的小腦袋驚惶不安，退到絨毛中，能隱約看見這是金翅雀的巢。孵蛋的親鳥正坐在蛋上，這真是個無與倫比的新發現。

在有了這樣的好運後，其他事就無足輕重了。讓我們把這些事擱在一邊吧！在我對父親的園子回憶的面前，這些真是相形見絀、黯然失色。父親的園子是個懸空的小花園，有三十步長、十步寬，就在那上邊，在村子的最高處，那裡只有一小塊空地可以俯瞰四野。空地上矗立著一座古城堡，城堡四角的小塔已變成了鴿舍。一條小巷一直通到小城堡，我家就坐落在小巷的盡頭。沿著漏斗形窪地的斜坡，各家各戶的小園子呈階梯

狀遞進，從山谷層層疊疊直至坡頂。我家的園子位置最高，但面積最小。

　　園子裡沒有什麼樹，僅有的一棵蘋果樹幾乎就把園子塞滿了。園子裡種植著甘藍、蘿蔔和萵苣，菜畦之間長滿了酸模。小園子簡直就是個菜園了。緊靠後院的擋土牆有一排拱形的葡萄架，好似綠色的長廊。即使陽光充足，這個葡萄架也要很久才能結出半筐麝香白葡萄。這是我們的奢侈品，很令鄰居眼紅。因為除了這個隱蔽的角落，這個接受陽光最多的角落之外，村子裡壓根就沒有一棵葡萄樹。

　　一排醋栗籬笆，一道防禦可怕的土方坍塌的屏障，在前院的土臺上形成了一排欄杆。當父母親對我們放鬆監督的時候，我和弟弟就趴在籬笆邊觀看鄰家院子牆腳下的深溝。牆受到泥土的推壓，鼓突出來。牆內是公證人先生的花園。

　　牆邊種植著黃楊木，還有梨樹。據說這些梨樹能結出梨，結出名副其實的梨。當晚秋這些梨儲放在草墊上成熟時，差不多就可以吃了。在我們的想像中，這是個至福之地，是天堂，然而是被人顛倒觀看的天堂。我們不是從下面，而是從上面俯瞰它。有這樣廣闊的空間和這樣多的梨，人們該多開心啊！

我們觀看蜂房。蜜蜂在蜂房周圍幹活，形成一股橙黃色的炊煙，掩映在一棵大榛樹下。一株小灌木孤零零地從牆縫裡長出，差不多和我家的醋栗圍籬平齊。它雖然把茂密的樹葉鋪展在公證人先生的蜂房上面，但把根延伸到我家的田土下面。它屬於我們，但最困難的是如何採收。

一根粗壯的樹枝橫伸在空中，我騎在樹枝上向前挪動身子。如果我滑落掉下，如果支撐物斷裂，我就會在瘋狂的蜂群中摔斷骨頭。我沒有滑落掉下，樹枝也沒有斷裂。我用弟弟遞給我的鉤形竿子把最大的一串果子引到我搆得著的地方。衣袋裝滿果子後，我仍在樹枝上騎著後退，回到堅實的地面上。這是人生多適意而又充滿自信的美好時光啊！那時竟然爲了幾顆榛果騎在搖搖晃晃的樹枝上，而面前就是萬丈深淵。

讓我們就只談談這些吧！這些模模糊糊的回憶，對我的想遐想來說是那麼的親切，而對讀者來說卻漠不相關。爲什麼還要去喚醒一些諸如此類的回憶呢？但願對我來說，突出這一點就足夠了。最先透進思想暗室的微光，在那裡留下無法抹除的印記。歲月加深了這些印記，而不是使之淡漠。

現在的時光被每天的憂慮煩惱掩沒、模糊了。對我們來說，其細節比過去的時光被人知道得更少。童年的光輝使過去

的時光變得更加美麗。我在記憶裡可以清清楚楚地看見，我那雙不老練的、稚嫩純真的眼睛過去見過的東西，但我卻無法同樣精確地重新描繪出這個星期我眼睛見過的東西。我深深地了解我那已經被拋棄很久的村莊，但對生命偶然把我捎去的那些城市，我卻幾乎一無所知。

　　一根美麗輕柔的帶子把我們和故鄉的土地連接在一起。我們是棵不斷裂就不會離開最初生根地點的植物。我親愛的村子不管多麼貧困，我都喜歡再見到它。我想在那裡，把我的骸骨留下。

　　昆蟲也從牠最初見到的東西那裡得到恆久不滅的印象嗎？牠對開始時見到的地方保持著誘人的回憶嗎？讓我別管牠們當中的大多數吧！這個大多數像到處流浪的波西米亞人那樣，只要某些條件得到滿足，牠們就到處居留。其他定居的、成群結隊生活的昆蟲，保持著對牠們出生村子的記憶嗎？牠們像我們一樣偏愛自己的出生地嗎？

　　是的，牠們當然記著，牠們當然認識母親似的住所。牠們回到那裡，修復它，住滿它。在許多例子中，讓我們來引證斑紋隧蜂的例子。我們會在牠身上看到對出生的村子的熱愛，完美地表現在行動中。

　　差不多在兩個月內，隧蜂在春季出生的子女就發育成成蟲形態了。將近六月末，牠們離開了家。當這些新手第一次跨越洞穴的門檻時，會在牠們身上發生什麼事呢？顯然有些可以和我們童年印象相比擬的事。在牠們那空白的記憶裡，形象鑴刻下來，非常準確，永不磨滅。儘管歲月流逝，我總是看見小癩蛤蟆蹲踞的石板、醋栗圍牆、公證人先生的樂園。這些不值一提的瑣事構成了我生命中最美好的部分。

　　隧蜂同樣會看到牠初次飛翔時在那裡停歇過的某株小草，牠初次攀爬出洞穴時腳所碰到的某粒沙礫。牠牢牢地記住牠出生的地點，正如我牢牢地記住我出生的村子一樣。在一個充滿歡樂和陽光朗照的上午，牠熟悉了某個村子。

　　牠出發前往附近的花上進食休養，探尋牠下次將在那裡收穫的田地。遠距離沒有使牠迷路，因為牠第一次巡遊時得到的印象非常可靠。牠將重新找到部族的臨時營地。在為數如此之多，而彼此之間差別又如此之小的隧蜂小鎮的洞穴中，牠認出了自己的那個洞穴。這是出生的房屋、珍愛的房屋、給人以無法抹滅的記憶的房屋。

　　但是，隧蜂回到家裡之後，牠並不是這個住宅的唯一主人。孤獨的隧蜂母親在春天開始時單獨挖掘的住所，在夏季到

來時便成了家庭成員的共有產業。地下有一打左右的蜂房。然而，在這些蜂房裡只有雌蜂。在我要照料的三種隧蜂中，這是一條定律。如果說這並不是所有隧蜂的定律，至少也可能是很多種隧蜂的定律。隧蜂每年出生兩代。春天的一代只有雌蜂。夏天的一代既包括雌蜂，也包括雄蜂。我們將另闢專章來敘述這種奇怪的現象。

隧蜂家庭成員的數量不是由於意外事故，而主要是由於讓人挨餓的小寄生蠅而減少。這個家庭有姊妹一打左右（只有姊妹），牠們全都勤奮工作，全都能在沒有婚配對象的情況下生殖。另一方面，隧蜂母親的住宅絕對不是一座破破爛爛的房屋；出入的地道——住宅的主要部分，在清除瓦礫之後還能加以利用。這對隧蜂異常寶貴的時間來說，是個大收穫。至於洞底的蜂房，那些黏土小間，也似乎原封不動。要使用這些巢室只需用舌頭的拋光器更新一下拋光層就行了。

在倖存的、有同等繼承權的雌蜂中，誰將繼承隧蜂母親的住宅呢？根據死亡率的高低，有六、七個或者更多的繼承者。隧蜂母親的房屋將歸屬誰呢？在有關的雌隧蜂之間，對於這個問題並沒有爭執。大廈被認定是共同財產，沒有誰對這點提出異議。隧蜂姊妹們安安穩穩從同一個入口來來去去，忙著做牠們的工作。牠們經過並且也讓他人經過。

在井底，每隻隧蜂都有自己的一小份地產——這是當舊蜂房（現在數量不夠了）已經被全部占用時，另外花費力氣挖掘的新蜂巢群。在這些凹室——個人產業裡，每個隧蜂母親都在一旁工作。牠們極其珍視自己的財富和獨居生活。洞穴內的其他各處都通行無阻。

當工作進行的如火如荼時，隧蜂進進出出的景象饒富趣味。一隻採集花粉的雌隧蜂從田野歸來，後腳的羽毛撣子上塗滿了花粉。如果大門洞開，出入自由，牠就潛降到地下。在門檻停留很浪費時間，採蜜工作是刻不容緩、分秒必爭的。有時好幾隻隧蜂突然飛回來，一隻來後不久，另一隻又接踵而至。對兩隻來說，通道過於狹窄，特別在需要避免不適宜的輕微碰擦時，更是如此。碰擦會使花粉掉落，於是最靠近洞穴的那一隻迅速進入，其他的則按照到達的先後次序排列在門檻上，十分尊重別人的權利，等待自己的輪次。第一隻隧蜂一旦消失，第二隻就立即跟上，第三隻又迅速敏捷地緊隨其後，然後其他的一隻隻緊緊跟上。

有時，即將外出的隧蜂和即將回巢的隧蜂相遇。這時後者就略微後退，給外出的那隻讓出路來，相互之間彬彬有禮。我看見一些隧蜂在即將從井坑裡露出時又再降下，為剛剛到達者讓路。這種相互之間的殷勤、體貼，維持著房屋內有秩序的來

來往往。

　　讓我們密切注意、仔細觀察吧，還有比進出的良好秩序更棒的事呢！當一隻隧蜂在花間巡遊之後返回，我們看見一扇關閉住宅的翻板活門突然沈降，使通道暢通無阻。到來的隧蜂一旦進入，這扇翻板活門就上升到原來的位置，差不多與地面平齊，重新關閉起來。對離去的隧蜂來說，活門的運轉情況也一樣。翻板活門在被從後面推頂時，便下降，大門因此打開。隧蜂飛離，大門再度關閉。

　　每當隧蜂離去或到達時，這扇在井坑裡像活塞那樣沈降或者上升、打開或者關閉住宅的活門，是個什麼東西呢？這是一隻已經變為住宅守門人的隧蜂。牠用粗大的腦袋在前廳上面形成一道無法逾越的障礙。如果洞穴裡的某隻隧蜂想進出，牠就「拉繩」，也就是說，牠後退到一個地道變寬能夠讓兩隻隧蜂同時通行的地方。想進入的那隻隧蜂進去後，牠立即再上升到井坑口，用腦袋把它堵塞起來。牠靜止不動，高度警惕，只在捕捉不知趣的傢伙時，牠才會離開崗位。

　　讓我們利用一下牠在外面短時間出現的這個時機吧！從身材看來，這隻隧蜂與其他正忙著收穫的隧蜂並無區別。但是，牠的腦袋光禿禿的，衣服沒有光澤。在牠那脫掉了一半毛的背

上，美麗的褐色和暗紅色相間的斑馬紋帶子幾乎消失淨盡。牠穿的這身破舊衣服，是在工作時磨損的。這一切都有助於我們把情況了解得更加清楚。

在井坑口守衛站崗、恪守守門人職責的隧蜂，比起其他隧蜂年長。牠是這個家的創建者，是隧蜂工作者的母親，也就是隧蜂幼蟲的祖母。三個月前，當牠青春年少、風華正茂時，牠孤零零、單槍匹馬地工作，做得筋疲力盡。現在牠的卵巢已經枯竭，牠休息了。不，「休息」這個詞用在這裡並不恰當。牠還在工作嘛，牠要盡牠的餘力助這個家一臂之力。牠已經不能擔任母親的角色了，於是當起守門人來。牠為家人開門，把不速之客擋在門外。

顧慮重重、疑神疑鬼的小山羊從門縫觀望，對門前的狼說：「讓我瞧瞧你的白爪子。不然，我不開門。」[1]這隻隧蜂祖母和小山羊同樣多疑，牠對來人說：「讓我瞧瞧你的隧蜂黃爪子。不然，就不准你進來。」誰如果沒有被認出是家庭成員，牠就不會得到准許進入居所。

的確，你瞧瞧吧！一隻螞蟻從隧蜂的洞穴附近經過，這是

---

[1] 這個故事見法國寓言詩人拉‧封登的《寓言集》中的〈三隻小羊〉。——譯注

個肆無忌憚的亡命之徒。牠想一探蜜味從地窖底部傳出的緣由。守門的隧蜂動了動頸背,意思是說:「喂,走你的路吧!不然,你得當心。」在平時,這個威脅就夠了,螞蟻會趕快溜之大吉。如果牠賴著不走,這位隧蜂警察就會走出牠的崗哨,撲向這個膽大妄為的傢伙,推擠牠,驅趕牠。牠懲罰了不速之客之後,就馬上回到警衛隊,值勤站崗。

現在輪到談談切葉鋒了。切葉蜂挖掘洞穴時笨手笨腳的,於是牠以同行為榜樣,使用其他昆蟲挖掘的舊地道。當春天可怕的小寄生蠅因為沒有繼承者而讓斑紋隧蜂的地道空出時,這些隧道對切葉蜂來說非常合適。當切葉蜂尋找堆放牠用刺槐小葉製作的羊皮袋似的住所時,牠們經常在飛行中仔細視察我的隧蜂小鎮。牠發現某個洞穴似乎很合適,但是,牠下地之前發出的嗡嗡嚶嚶聲已經被守護洞穴的隧蜂聽見。守護者突然向前衝去,在牠家的門檻上做幾個手勢。這已足夠,切葉蜂明白了,於是離開遠去。

有時切葉蜂猛然撲下,把腦袋插進井坑口裡,守門人這時正在那裡。牠略微爬升,築起路障,接著便發生一場倒也不很激烈的爭執。外來者很快就承認了洞穴原有者的

白腰帶切葉蜂(放大2倍)

權利，於是不再賴在那裡，牠轉往別處去尋找住所。

　　一個老賊——切葉蜂的寄生昆蟲媚態尖腹蜂，在我眼前受到了猛烈的推撞。這個冒失鬼誤以為牠鑽進了切葉蜂的家裡。牠弄錯了，牠遇到了守門的隧蜂。這個守門人把牠狠狠懲治了一番。牠於是急忙逃走。其他那些或者因為忙中出錯，或者因為野心勃勃，企圖鑽進隧蜂洞穴的蟲子也都落得如此下場。

　　就連隧蜂祖母彼此之間也同樣互不容忍。將近七月中，正當隧蜂小鎮熙來攘往、熱鬧非凡時刻，兩種隧蜂很容易區分出來，牠們分別是年輕的隧蜂母親和年邁的隧蜂祖母。前者數量大得多，步態活躍，衣著鮮麗，不斷從洞穴到田野，又從田野回到洞穴，來來往往，川流不息。後者容貌枯槁，無精打采，懶洋洋的，從一個洞穴遊蕩到另一個洞穴。牠們似乎迷了路，再也找不到家在哪裡。這些無家可歸的遊蕩者怎麼樣了？我看見牠們萬分悲痛。由於春天可恨的小寄生蠅胡作非為，在很多

尖腹蜂（放大1½倍）

洞穴裡，一切都完了。夏天甦醒時，隧蜂祖母孤苦伶仃，於是牠離開空蕩蕩的房屋，出發前去尋找一個有搖籃要守護，有崗要站的住宅。但是，這些幸福安樂的窩巢已經有了這樣一位監護者、創建者。這個監護者珍視自

己的權益，冷冰冰地不願接納牠失業的鄰居。一個哨兵就足夠了。如果有兩個，守護場所就會因此堵塞。

有時我會看到兩位隱蜂祖母爭吵。當漂泊流浪的那個祖母突然來到住宅門口尋找職業的時候，這個住宅的合法占有者沒有離開崗位，在通道裡寸步不退。牠決不會讓出通道，而是用腳和大顎進行威脅。另外那一隻也進行反擊，仍然巴不得進入。於是牠們雙方互相推擠。這場鬥毆以外來者的失敗告終。外來者於是到別處找碴，跟人吵架鬥嘴。

這些很小的場景，讓我們隱約窺見了斑紋隱蜂的習性中某些饒有興味的細節。在春天造窩築巢的隱蜂母親一旦工程竣工就足不出戶。牠或者隱居在狹窄而骯髒的洞穴底部，做些細小瑣碎的家務，或者無精打采，昏昏沈沈，等待女兒外出。炎夏酷暑期間，當隱蜂小鎮再度熙熙攘攘，熱鬧起來的時候，牠身為收穫者卻在外面沒有工作可做，於是在前廳入口處站崗放哨，只讓住宅的工作者——牠的女兒進入。牠把居心叵測、不懷好意的傢伙擋在門口。未經守門人許可，誰也不得入內。

沒有任何跡象顯示，高度警惕的守門人有時會離開崗位。我從未見過牠離開自己的房屋去花朵上進食，恢復體力。牠的年齡以及牠擔任的不很勞累的家庭職務，使牠擺脫了對食物的

需要。也許牠的女兒採集歸來後，隔一段時間就會把嗉囊裡的東西吐出一滴來給牠。這個守門老者不管是否被餵食，都不再外出。

但是，這個守門人卻需要家庭的歡樂。牠們當中大多數失去了這種歡樂，雙翅目昆蟲小寄生蠅的搶劫破壞了牠們的家庭。牠們衣衫襤褸，憂心忡忡，流落市鎮。牠們短途飛行、遷居，但更常見的是待在老巢裡。牠們性情乖戾，逼迫鄰居，力圖把鄰居趕走。牠們一天天數量銳減，年邁力衰，最後終於消亡。牠們變成了什麼？小灰蜥蜴一直在窺伺牠們，輕而易舉地就一口把牠們吞下肚子。

在自己地產內定居的雌隧蜂，即那些守護著女兒（隧蜂母親住宅的繼承者）的製蜜工廠的定居者，全都高度警惕，令人讚嘆。我和牠們接觸越多，對牠們越欽佩。早上空氣清新時，當收集花粉的雌隧蜂不外出，找不到被太陽曬得夠熱的花粉時，我看見牠們待在自己的崗位上，待在地道入口，動也不動，腦袋與地面平齊，築起一道屏障來抵禦入侵者。如果我過於逼近觀察，牠們就稍稍後退，在陰影中等待我這個不速之客離開。

在上午八點到中午之間，當隧蜂採花粉採的如火如荼時，

我再來觀察。這時，隨著隧蜂進進出出，監護者連續不斷地迅速後退把門打開，迅速上升又把門關上。

下午，暑熱過分酷烈，隧蜂工作者不再飛往田野。牠們退到住宅底部，粉光新的巢室，製作即將收納蟲卵的圓形麵包。隧蜂祖母始終在那上面守護著，用牠那光禿禿的腦袋把門關上。即使在熱得令人窒息的時刻，牠也不午睡，因為這是安全上的需要。

夜幕下垂時，甚至還更晚些，我回到家裡。我借助燈籠的光亮，又看見和在白天同樣辛勤工作的監護者。其他隧蜂正在休息，而這個監護者卻仍在守護著大家。顯然的，牠是擔心會發生什麼危險，這些危險也只有牠才知道。然而，牠最終會進到寧靜的洞底嗎？情況讓人相信會是這樣。

顯然的，隧蜂洞穴受到這樣的監護，就可以免於遭受像五月使隧蜂數量銳減那樣的災難。讓盜竊隧蜂麵包的小寄生蠅現在來吧！牠膽大妄為，不斷窺伺，也逃不了保持警惕的隧蜂守門人的注意。這位守門人威脅恐嚇把牠嚇跑。如果牠賴著不走，守門人就用鉗子把牠的身子夾得稀爛。可是牠不會出現了，理由我們很清楚。直到春回大地為止，這些小寄生蠅都在地下處於蛹態。

　　但是，即使沒有牠，在蠅類這種卑下的動物中，並不乏開發利用他人財富的傢伙。什麼工作都做，什麼樣的偷盜搶劫都敢的傢伙，大有人在。然而，七月我每天巡查時卻沒有在隧蜂的洞穴附近撞見過任何一隻。這些惡棍多麼擅長做那卑鄙的事啊！牠們多麼了解在隧蜂洞穴門口的那個守護者啊！今天不再可能做壞事了。什麼蠅類昆蟲都沒有出現，春天的苦難一去不復返了。

　　隧蜂祖母由於年事已高，免除了當母親的憂慮煩惱，在住宅入口站崗守衛，負責家庭的安全。牠讓我們了解到在本能的起源中突然誕生的事物，牠讓我們看到了一種突然產生的才能。牠自己過去的行為也好，牠的女兒的行為也好，連一點可以讓人猜測出這種本能來的蛛絲馬跡都沒有。五月，牠年輕力強、精力充沛時，膽小如鼠。但當牠在遲暮之年，年邁力衰，孤孤單單、孑然一身住在洞穴裡時，卻變得十分輕率、魯莽。牠病殘老弱，卻敢做牠年輕力壯時不敢做的事。

　　從前，當牠的暴君小寄生蠅當著牠的面鑽進牠的家宅，或者常常與牠面對面留在洞穴入口時，這隻愚不可及的隧蜂紋絲不動，甚至不去嚇唬這個紅眼強盜。牠本來能夠輕而易舉地懲治這個矮子的。牠能夠讓這個傢伙畏懼嗎？不會，因為牠總是規規矩矩、老老實實做著自己的工作；不會，因為強者不會讓

弱者驚嚇到牠的。這是對危險一無所知，這是愚不可及。

今天，這隻三個月前還愚昧無知的雌隧蜂，甚至還沒經過初步的見習，就對面臨的危險瞭如指掌。所有出現的陌生人，不論個子大小，不論屬於哪個種族，都被擋在門外。如果威脅恐嚇的姿勢無濟於事，這個守衛者就走出門外，向頑固的傢伙撲去。膽小怕事的傢伙這時已然變成了大膽勇為的守衛兵。

這個改變是如何辦到的呢？我喜歡假設隧蜂經歷了一場春天的苦難教育之後，學會了提防危險。我很想讚揚牠經過經驗教導後，終於學到了守衛的技巧。然而，我必須放棄這個假設。如果說隧蜂慢慢進步，終於有了守門人那了不起的方法手段，那麼對竊賊的恐懼怎會時有時無呢？沒錯，五月時牠形隻影單，家務羈身，不能長時間守門。但自從牠的種族遭受迫害以來，牠至少應該對寄生昆蟲有所了解，而且當牠幾乎無時無刻不在自己腳下，甚至就在自己住所裡遇到這隻蟲子時，牠就應當加以驅趕。然而，牠卻對此漠然置之，無動於衷。

因此，隧蜂祖先受到的深重苦難，並沒有教會隧蜂子孫改變沈著平靜的性格。從那時起，牠親自經歷過的艱難困苦與七月時警戒性的突然覺醒，是風馬牛不相及的。昆蟲也和我們人類一樣，有牠自身的歡樂和苦難。牠積極地享受前者，對後者

卻不大關切。總之，這畢竟是一種最好的、野獸般地享受生活的方式。本能的啓發可以減輕苦難和保護種族，但是這種啓發只會讓隧蜂有個守門人，而不向牠們傳授經驗、出主意。

糧食供應工作結束後，當隧蜂不再外出忙著採集花粉，不再負載花粉歸來時，老隧蜂仍然堅守崗位，和往常一樣保持警戒。最後的準備工作在那裡進行，這可是攸關一窩的小蜂。巢室關閉起來了。直到一切都已結束，大門始終把守得很嚴密。這時，隧蜂祖母和隧蜂母親離開了房屋。牠們畢生忠於職守，耗盡生命後，去到一個不爲人知的地方，並且死在那裡。

從九月起，出現了第二代隧蜂。這一代既有雌蜂，也有雄蜂。我曾碰見兩種性別的隧蜂在花朵上歡天喜地，樂不可支。這些花主要是菊科植物——矢車菊和飛廉。隧蜂現在不做收集花粉的工作。牠們進食恢復體力，嬉戲玩樂，這是婚嫁時刻。再過兩個星期，雄蜂就會蹤影全無，之後牠就成了廢物，懶漢扮演的角色也就完結了。留在世上的只有勤勞的、生殖力強的雌蜂。牠們將度過冬季，來年四月再開始工作。

我不知道牠們在氣候惡劣的季節裡準確的避難所。我料想牠們回到了出生的洞穴，這種洞穴似乎是最好的越冬營地。我一月所作的搜查，使我明白我的猜測是錯誤的。隧蜂的老房子

空空蕩蕩。長期連綿的陰雨把這些洞穴弄得破敗不堪。斑紋隧蜂現在的住宅比這些泥濘不堪的廢墟好些——牠在碎石堆上有個掩蔽所；牠在陽光朗照的牆上有個躲藏處。此外，牠還有很多其他偶然找到的住所。因此，一個隧蜂小鎮的本地隧蜂隨便到處分散。

四月，四處分散的隧蜂聚集起來。牠們來自四面八方。牠們在花園的小徑上，在被踩踏得結結實實的土地上，選擇將共同開發的工地。工程很快開始了。第一隻隧蜂挖掘了一個井坑，第二隻也馬上在附近挖掘一口井。第三隻到來了，接著，其他的隧蜂也到來了，以至於挖出的泥土形成的小土堆互相鄰接。有時在一步寬的地面上甚至有多達五十來個的井坑。

人們首先會以對出生地的記憶來解釋這些隧蜂群體：牠們經歷多天的分散後，返回了牠們的村子。然而事實並非如此。隧蜂現在對過去適合牠的土地根本不屑一顧。我從未看到牠連續兩年占用同一片土地。每年春天，牠都需要一些新奇的東西，而這種東西又十分豐足。

隧蜂聚集的原因是為了延續和鄰里過去的交往嗎？屬於同一個洞穴、同一個隧蜂小鎮的隧蜂彼此認識嗎？牠們天生傾向和大家一起工作，而不願與外來戶共事嗎？

　　雖然並沒有什麼可以證明這點，但也沒有什麼不讓人們相信呀。隧蜂為了這個理由或者其他理由，牠們是喜歡串門子和鄰里來往的。

　　在愛好和平的昆蟲中，這種習性屢見不鮮。牠們食量很少，不擔心彼此競爭。然而其他食量大的動物，則會將田產獨占並隨時儲備獵物，牠們拒同行於門外。關於這點讀者可以去問問狼，牠對在牠的領地偷獵的同行有什麼看法。人本身是最高級的消費者，他為自己設置了一條大炮邊界，並在邊界上樹起樹柱。樹柱下寫著：「我在邊界這邊，你在邊界那邊。我們用機關槍互相掃射，就這樣吧！」經過改良的炸藥連續不斷的爆炸，結束了這場爭論。

　　愛好和平的隧蜂多幸福啊！牠們聚集一起會得到什麼好處呢？在牠們那裡沒有什麼共同防禦體系——大家為了驅逐共同的敵人一齊努力。隧蜂不關心鄰里的事。牠很少拜訪別人的洞穴，也不容忍別人常來牠的洞穴。牠有自己的苦難。牠獨自忍受這種苦難，牠對別人的苦難也漠不關心，無動於衷。當牠的同行聚眾鬥毆時，牠離群遠避。各人打掃門前雪，僅此而已。

　　但是，結伴而聚自有它誘人之處。參與他人的生活，是雙倍地生活著。從共事的鄰居之間會散發出一種競爭的刺激，讓

個體活動在集體活動更加發展擴大，也讓個人的激發動力在眾人的激發動力的爐灶中燃燒地更加熾烈。工作是巨大的歡樂，是真正的滿足，它使生命具有某種價值。隧蜂非常了解這點，於是聚集起來以便把工作做得更好。

有時牠們聚集一起的數量龐大，範圍寬廣，在我們腦中喚起巨大的蟻穴的形象。如果我們能夠忘掉事物相對的宏偉，並且在一小撮泥土裡辨認出一個巨大土堆來，巴比倫和孟斐斯②、羅馬和迦太基城、倫敦和巴黎——瘋狂而繁忙的工作場所，就會在我們的腦海裡浮現出來。

現在正值早春二月，杏樹鮮花盛開。在樹汁突然的催促下，這棵樹甦醒了。它那黑而廢朽的樹皮已經枯死，枝幹變成了白緞似輝煌的穹形。我一直喜愛春天甦醒的這種魔法，在悲愁的樹皮上初放花朵的微笑。因此，我去原野中用眼睛欣賞杏樹的節慶。

另外一些昆蟲已經先我前去。一隻穿著黑色絲絨短上衣、淺紅色呢絨袍子的壁蜂和帶角的壁蜂正在訪查花冠的玫瑰色芽眼，尋找一滴甜甜的漿液。有種隧蜂個子很小，衣著樸素，數

② 孟斐斯：古埃及首都，位於開羅以南，尼羅河畔。——編注

量更多，工作更忙，靜靜地從一朵花飛到另一朵花。正統的科學稱牠為軟體隧蜂。在我看來，這種小巧玲瓏的蜜蜂的命名者缺乏靈感。被「軟體」這個詞突顯出的臀部柔軟性在這裡發揮了什麼作用呢？「早熟隧蜂」這個名稱或許更能夠描繪杏樹上的這個小訪客。

至少在我家附近地區，在產蜜種族中，在早熟方面沒有誰能夠與杏樹上的這個昆蟲小訪客匹敵。牠在二月便開始挖掘洞穴。二月是個寒冷的月份，冰凍頻頻襲擾。甚至在這個小訪客同屬的昆蟲當中，也沒誰敢離開冬季隱蔽所時，這個勇敢的蟲子不管日照多麼稀少，就已經著手工作了。牠和斑紋隧蜂一樣，更加喜愛在鄉村道路上，在被踩踏得結結實實的泥土上築巢定居。

牠挖洞時形成的小土堆（一個雞蛋殼就能夠包藏兩個這樣的土堆）矗立在羊腸小徑上，不可勝數。今天，我依隨我做為博物學家的好奇心，在這條小徑的杏樹叢中閒逛。這條小徑是條三步寬、被騾子的蹄子和有篷小推車輪子壓硬了的帶子，一片綠橡樹矮林保護著小徑不受北風襲擊。在這個用結實堅硬的泥土修建的溫暖而寧靜的樂園裡，這隻小隧蜂讓牠的小土堆成倍增加，以致我走一步路就可能會踩踏到幾個。意外事故並不嚴重。這個隧蜂礦工在地下沒有受到什麼傷害，之後牠會越過

成堆的崩塌物爬上來，修理好受到踐踏的門檻。

　　我試著測量隧蜂群體的密度。我在一平方公尺的地面上數出了四十到六十個小土堆。這座巨大的昆蟲建築有三步寬，延伸到一公里以外。在那裡，總共有多少隻隧蜂呢？這點我不敢估算。

　　關於斑紋隧蜂，我提到過「隧蜂村莊」、「隧蜂小鎮」，這種說法是合適的。但在這裡，就算使用「城市」這個詞也顯得有點不夠。有什麼理由可以解釋這住著無數個隧蜂居民的市鎮呢？我只看到一個理由：共同生活的引誘力，這是形成社會的始源。同類之間雖然不互相幫助，但彼此擦肩而過，往來接觸，這就足以把早熟隧蜂召引到同一條小路邊，模仿那些聚集在同一海域內的沙丁魚和大西洋鯡魚，共同生活著。

第九章

隱蜂的單性生殖

隱蜂使我們想到了另外一個問題，一個關於生命最難於理解的問題之一。讓我們回到二十五年前。當時我住在歐宏桔。我的住宅孤零零地坐落在草原中間。在院子圍牆的南邊，有一條鋪著絆腳草的羊腸小徑。那裡陽光朗照。陽光被牆面的粗塗灰泥折射，讓這條小徑成了一個酷熱的小角落，免遭乾旱而猛烈的北風強勁吹刮。

圓柱隱蜂（放大5倍）

貓來這裡睡午覺，半閉著眼睛。孩子們在家犬布林的陪伴下來這裡玩耍。割草的人在一天中驕陽似火、酷熱難熬的時刻來這裡吃午餐，把長柄鐮刀插在懸鈴木投下的陰影裡。

耙乾草的女人一再經過這裡,她們收割牧草後來到這裡,在剪
平的草地上拾穗。只要一家子來來去去,就會使這裡成為一條
熱鬧的通道。這似乎是條不大適合隧蜂和平工作的通道。然
而,那裡陽光如此溫暖,環境如此寧靜,土地如此適宜,以致
每年我都看見圓柱隧蜂將這個場地代代相傳。沒錯,牠們很早
就起身工作,其中有些甚至早在夜裡就開始工作,這讓這種昆
蟲避免了土地被踩踏得過於結實的缺陷。

圓柱隧蜂的洞穴占地十多平方公尺,小土堆約有一千個,
彼此相距很近,甚至互相接觸,平均距離至多十公分。那裡的
土地非常粗糙,混合著石匠、泥水匠工作時丟棄的廢料和一些
植物性泥土,絆腳草的根形成一張厚網把這些東西固著起來。
正因為如此,這片土地相當有利於排水,而這正是擁有地下蜂
巢的膜翅目昆蟲一直企求的環境。

讓我們暫時把斑紋隧蜂和早熟隧蜂剛才讓我們了解到的現
象擱在腦後。讓我們不怕重複囉唆,如實地敘述一下最初對圓
柱隧蜂所做的觀察中,所獲得的那些事實。

圓柱隧蜂五月開始工作。除了胡蜂、熊蜂、螞蟻和蜜蜂等
群居昆蟲之外,用蜜或者用捕獲物來供養自己的幾窩幼蟲的膜
翅目昆蟲,都單獨在育兒室裡工作著。這是一條普遍的定律。

同類昆蟲往往彼此相鄰，然而，工作的成果卻是單獨完成的，而不是合作得來的。例如蟋蟀的獵捕者黃翅飛蝗泥蜂，雖然牠們成群結隊定居在軟性砂岩的懸崖峭壁下，但是牠們每隻都單獨挖掘自己的洞穴，並不接納鄰居來和牠合作鑽鑿修建蜂巢。

條蜂結成數不清的小蜂群，開發利用有著被燒灼過的泥土陡坡。牠們每隻都在自己的通道上鑽孔，並且妒火中燒，把任何敢在那裡出現的蟲子全都趕出牠們探測的洞穴。三齒壁蜂在一段荊棘上挖掘，牠在那裡興建隔室的通道時，用推擠的動作接待冒險前來其領地落腳的任何同類。

啊，但願在道路兩側的陡坡上選擇了住所的螺贏，沒有一隻把門搞錯，鑽到了鄰居家裡，不然牠會受到粗暴的接待。但願用腳挾著圓葉片歸來的切葉蜂，沒有一隻搞錯地道，不然牠會馬上被攆出來。其他蜂類昆蟲的情況也是這樣，各有住所，他人無權入內。甚至在同一個稠密的移居地定居的膜翅目昆蟲之間，情況也是如此，毗鄰而居沒有出現任何親密的交往。

因此，面對圓柱隧蜂的做法，我沒有感到驚訝。對這種昆蟲而言，沒有昆蟲學上所說的「社會」。在這種昆蟲那裡，家庭不是共有的，大眾的關切照料不是為了整體的利益。每個圓柱隧蜂母親都只照顧自己的卵，為自己的幼蟲修築窩巢，收集

糧食，決不插手養育其他母親的幼蟲。這些巢室只共同擁有進出的門和通道。通道在地裡分岔，通向不同的蜂巢群。每個蜂巢群是一個圓柱隧蜂母親的產業。我們的都市住宅也同樣是由一道大門、一個前廳、一道樓梯通往不同的樓層和不同的套房。每間套房就是一個家庭，相對封閉，自成一體。

通道是公共的，這點我們很容易從蜂巢的食物供應上觀察到。讓我們注意一下同一個入口孔穴的情況。這個孔穴開鑿在一個剛翻過土的小山崗頂上。這個山崗很像是螞蟻堆積起來的。我們遲早會看到隧蜂負載著在附近的菊花上採集到的花粉飛來。

牠們往往一隻隻分別突然來到。但是，三、四隻，甚至更多同時出現在同一個孔穴口的情況也不鮮見。牠們停落在一個小山崗頂上，沒有絲毫仇人相見分外眼紅的跡象。牠們依次下降進入通道。只需觀看一下牠們平靜的等待、安寧的下降，就可以認出這裡正是牠們共有的通道。每隻隧蜂都擁有相同的權利，有權使用這條通道。根據對同一條通道所通達的各個蜂巢群作出來的統計，我估計一條通道的物主平均爲五隻或者四隻隧蜂。

當土地第一次被開發利用，當井穴慢慢從外到內挖掘時，

這些圓柱隧蜂會輪流參與牠們將來會從中得益的工作嗎？我根本不相信這一點。正如之後斑紋隧蜂和早熟隧蜂會告訴我的那樣，每隻挖土的圓柱隧蜂都單槍匹馬投入工作，獨自挖掘一條屬於個人財產的通道。之後，當這個地下隱居所通過時間的考驗，代代相傳時，前廳便成了共同財產。

讓我們假設第一組蜂巢修建在一塊處女地的地道盡頭，蜂巢和地道都是單獨一隻圓柱隧蜂的工作成果。當離開地下住所的時刻來臨時，在這個窩巢裡出生的圓柱隧蜂就會在牠們面前找到一條暢通無阻的，或者至少找到一條只被粉末性材料堵塞的道路。這些物質的阻力比鄰近那些還沒有被掀動過的材料的阻力小。外出的通道是條簡單粗糙的路，是在修建洞穴時圓柱隧蜂母親開闢出來的。所有的圓柱隧蜂都在這條路上行走，沒有絲毫猶豫，因為所有的蜂巢都直接通到那裡。所有的圓柱隧蜂也都從蜂巢走到井道，又從井道回到蜂巢，牠們在為了下一次離開地下住所的方便下，參與了清掃場地的工作。

地下的圓柱隧蜂因徒同心協力，牠們共同工作，以求更加易於解脫。作這樣假設純屬徒勞，因為每隻蟲子都只顧自己。牠們之所以在休息後總是返回修築那條阻力最小的道路，那條之前由母親修築、今天已經或多或少被填平了的通道，完全是迫不得已的。

在圓柱隧蜂群中，在合適的時刻不等其他同類就先行一步走出蜂房的圓柱隧蜂，已經外出了。這是因為集結成小堆的蜂巢都有自己的出口，並且通向共同的通道。這樣的布局，使得同一個洞穴的圓柱隧蜂居民可以為了自己的那份產業，同心協力清掃洞穴出口井。如果工作者筋疲力盡，就退回自己的蜂房，另一個勞動者跟著頂上，但不是來助一臂之力，而是因為這個接替者心急如焚。最後，道路暢通了，圓柱隧蜂去到了地面。只要陽光燦爛，牠們就在鄰近的花上分散開來。一旦氣溫降低，天氣轉涼，牠們就回到洞穴過夜。

短短幾天過去了。對卵的照顧已經勢在必行。地道從沒被拋棄遺忘。陰雨連綿或者狂風大作的日子，這些膜翅目昆蟲就回到地道躲避。牠們如果不是全部，至少也是大多數，在每天傍晚夕陽西下時分都會回到那裡。毫無疑問的，每隻蟲子都回到了自己出生的蜂巢。這些蜂巢仍然完好無損。這些蟲子對這些蜂巢仍然準確無誤地記得。也就是說，圓柱隧蜂定居一地，而不外出漂泊流浪。

這些足不出戶的習性必然會產生一種後果：膜翅目昆蟲為了產卵，就在牠出生的地方選擇洞穴。進入的地道是現成的。如果需要把這條地道挖到更深的地方，把它引到新的地層，只需要根據修築者的意願加以延長就行了。舊蜂巢略加修繕，便

還能派上用場。

　　膜翅目昆蟲就這樣爲了後代，重新占有出生的洞穴。那裡有個獨一無二的供所，有返回老屋的隧蜂母親使用的大門，有個獨一無二的前廳，因此，儘管隧蜂各自埋頭苦幹，卻也形成了一個社會的雛形。在進行沒有共同利益的合作的情況下，從表面上，卻也好像建立了一個共同體。在這個共同體裡，各人的權利相同，都擁有相同的家庭遺產。

　　共同繼承者的數量很快就必須加以限制，因爲進出地道裡熙來攘往，過於喧鬧嘈雜，將妨礙工作的進度。於是地道內部開闢出了新路。新路往往和老路縱橫交錯，以致最後地下到處被彎彎曲曲的狹長通道穿孔，形成錯綜複雜的迷宮。

　　挖掘蜂巢和開鑿新地道的工程主要在夜間進行。每天早上，在隧蜂巢穴門楣上都會聳立起一個圓錐形新土堆，這證明了工作是在夜間進行的。這個圓錐形土堆的體積表明了有好幾個隧蜂挖土工參與了這項工程，因爲一個隧蜂挖土工單槍匹馬不可能挖出土來，不可能把這樣一堆挖掘出來的泥屑運上地面，並且在短短的一段時間內把它堆積起來。

　　旭日初升，鄰近的草原還掛著露珠，圓柱隧蜂就已經離開

地道，開始採集食物了。工作的情況並不怎麼熱烈，這或許是清晨涼爽舒適的緣故。在洞穴上空沒有絲毫活躍歡樂的氣氛，沒有一點嗡嗡嚶嚶的聲響。一些隧蜂低低地、懶懶地、悄悄地飛來後，腳被花粉染黃，在挖出來的泥屑形成的圓錐形土堆上站穩腳跟，接著又潛下陡直的狹長通道。另外一些又重新攀爬通道，出發採集花粉。

為了儲備食物，隧蜂來來往往，持續到將近上午八點或九點。這時暑熱開始酷烈起來，小路恢復了熙來攘往、穿梭不停的熱鬧景象，時時刻刻都有過路的隧蜂來到。牠們來自家裡或者別處。在這塊沒有被過分踩踏壓實的土地上，一堆堆泥屑小丘很快就在人們的腳下消失得無影無蹤，就這樣隧蜂地下隱蔽所的標記消失得一個不剩。隧蜂整天都不再露面。牠們回到自己的家裡，可能在那裡忙著製備食物和拋光蜂巢。第二天，地面上又出現了新的圓錐形土堆，這是夜間工作的成果。採集花粉的工作重新開始，進行了幾個小時，然後一切又都停頓下來。白天停工休息；夜間和早上工作幾個鐘頭，直到全部竣工。整個工程就是這樣進行的。

圓柱隧蜂的狹長通道下降到地下二十公分的深處，然後再分成幾條叉路。每條叉路都通向一組蜂巢。每組蜂巢有六到八個蜂房，一個挨著一個，與主軸線平行。主軸線的走向接近水

平線。蜂巢的基底呈卵形，頸部縮小變窄，長約二十公分，最寬處有八公分。它們不是結構簡單的洞穴，相反的，它們有自己的內壁，整個蜂巢乾淨俐落到可以整塊脫離包裹它的泥土。

這些蜂巢的內壁由相當纖細的材料構成。這些材料肯定選自附近的粗土堆，並摻進了唾液。蜂巢內部被細心地弄得光滑，並蓋上一層薄薄的防水膜。讓我們略而不談這些蜂巢的細枝末節吧，關於這些，斑紋隧蜂已經讓我們了解得夠清楚了。讓我們擱下這個住所，談談圓柱隧蜂最突出的特徵。

五月一到，圓柱隧蜂就開始忙碌起來。這種膜翅目昆蟲的雄蜂從不參與辛苦勞累的築窩造巢工作。修建蜂巢、積存糧食等事務與牠們完全無關。這條定律似乎沒有例外。隧蜂像其他膜翅目昆蟲一樣遵循這條定律。因此，不見雄隧蜂把從地下挖出的泥屑推出地道，也就順理成章了。這壓根就不是牠們要做的事嘛！

但是，當人們的注意力被吸引到這一點時，他們若發現在隧蜂的洞穴附近壓根就沒有一隻雄蜂，肯定會驚得目瞪口呆。如果說雄隧蜂是些飽食終日、無所事事的懶散傢伙，那麼這些二流痞子在修建中的地道附近閒逛，在一扇門和另一扇門之間晃蕩，在工地上空飛翔盤旋，死皮賴臉地糾纏未婚的雌隧蜂，

也是合乎情理的。

　　然而，儘管隧蜂人口稠密，儘管我無時無刻不密切觀察，但對我來說，哪怕發現一隻雄隧蜂也是不可能的。隧蜂的性別很容易分辨出來的。雄隧蜂即使沒有被抓住，甚至是隔著一段距離觀察牠，但從牠那比較瘦小纖細的形體，從牠那狹長的腹部，從牠的紅色披巾，也可以辨認出來。雄雌兩種性別的隧蜂好像分屬於兩個不同的種類。雌蜂身體呈淡褐色；雄蜂身體呈黑色，牠的腹部有幾個紅色體節。在五月的工作期間，沒有出現一隻身穿黑衣、腹部細長、有紅色體環的膜翅目昆蟲。總之，沒有出現一隻雄隧蜂。

　　雄隧蜂如果沒有在洞穴周圍探查，那就可能是在別處，特別是在雌隧蜂探蜜的花上探查。我沒有忘記帶著捕蟲網到田野裡搜尋。但我的研究工作沒有取得什麼成果。相反的，後來在九月，這些現在無法找到的雄隧蜂，在小路旁邊，在刺芹的頭狀花序上卻比比皆是。

　　這個奇特的族群現在只剩隧蜂母親了。這讓我猜想牠們可能每年繁殖好幾代，其中至少有一代具有另外一種性別。因此，研究工作結束後，我每天繼續對圓柱隧蜂的住宅進行監視，以便抓住能夠證實我的猜測的時機。在六個星期內，洞穴

的上面萬籟無聲、一片沈寂，沒有一隻隧蜂出現。羊腸小徑被行人踩得結結實實，失去了泥屑形成的小丘——昆蟲地下隱居所的唯一標記。地面上沒有什麼可以表明地下的溫熱會使群集的蜂群孵出。

七月來臨，地面出現了幾個新的小土堆，這說明了地下正在進行開闢解脫之路的工程。一般說來，在隧蜂這種膜翅目昆蟲中，由於雄蟲比雌蟲早熟，先於雌蟲棄巢遠去。因此，在現場觀看第一批隧蜂出走離去，以便消弭哪怕一丁點懷疑的陰影，也非常重要。強制性的挖掘比起自然的離去，有個很大的優點。這種挖掘在兩種性別的隧蜂離去以前，可以將洞穴裡的蜂群直接置於我眼前。這樣，什麼都逃不過我的眼睛，省去進行監視的心力了。無論我多認眞，都不能擔保監視萬無一失，毫無疏漏。因此，我毫不氣餒地用鏟子探尋。

我一直挖到地道的盡頭，挖出一些大土塊來。我仔細地把這些土塊放在手中弄碎，以便仔細觀看所有可能有隧蜂蜂巢的部分。狀態良好的隧蜂占絕大多數，牠們大都關閉在完好無損的蜂房裡。蜂蛹雖然數量略少些，但也隨處可見。我收集了各種體色的隧蜂，從沒有光澤的白色到煙褐色（不同齡期的幼蟲）都有。

少量幼蟲補足了我的這次收穫，牠們處於蛹化之前的麻痺狀態。

我用鋪著新鮮細土層的盒子收容隧蜂幼蟲和蛹。我把幼蟲和蛹置放在用指頭按壓成的蜂房裡。我等待變態以便最終判定出牠們的性別。身體已經發育完全的隧蜂，經過辨認、計數後便立即釋放。

我假設（這種假設不大可能是事實）隧蜂的性別分配可能在各個隧蜂移居地之間會有所不同，所以進行了第二次挖掘。這個挖掘點離另一個幾公尺遠。這次挖掘向我提供了另一組隧蜂。在這組隧蜂裡，隧蜂、蛹以及幼蟲數量相同。

晚生的隧蜂的變態（這需要很少幾天）完成後，我進行總清點。這次清點出二百五十隻隧蜂。然而，在還沒有一隻隧蜂離開的洞穴裡所收集到的大量隧蜂中，我只看見雌蜂，清一色的雌蜂。或者根據嚴格的數學統計，我只發現了一隻雄蜂，獨一無二的一隻雄蜂，而且牠又虛弱、又瘦小，還沒有完全脫掉蛹的襁褓就已經死亡。這隻獨一無二的雄蜂肯定是偶然出現的。一個有兩百四十九隻雌蜂的群體的存在，必須以除去發育不全的雄蜂之外的雄蜂為前提。說得更確切些，什麼前提都沒有。因此，我把這隻雄隧蜂當作毫無價值的偶然事物排除了。

我的結論是：圓柱隧蜂七月的一代是由雌蜂組成的。

築巢工程在七月的第二個星期重新開始。地道修復了、延長了。新蜂巢修築了，舊蜂巢修復了。隨之而來的是供應糧食、產卵、關閉蜂房。七月還沒結束，就出現了第二次單性獨居現象。讓我們添上這一點：在工程進行期間，沒有一隻雄隧蜂出現。在我的挖掘工作提供的證據之外，這又為我添加了大量的證據。

由於這個時期天氣炎熱，隧蜂幼蟲迅速發育成長。對變態的各個階段來說，一個月的時間就足夠了。從八月二十四日起，圓柱隧蜂的洞穴上空又熱鬧起來，但這時的情況卻迥然不同。雄雌兩種隧蜂首次同時出現。雄蜂從牠們的黑色外衣，從牠們裝飾著紅色體環的細長肚腹，非常容易認出。牠們搖擺不定地幾乎貼著地面飛行。牠們來來去去，從一個洞穴飛到另一個洞穴，忙得不亦樂乎。寥寥幾隻雌隧蜂出來一會兒，接著又回去。

我著手用鏟子挖掘。我不加區別，能蒐集到什麼就蒐集什麼。隧蜂幼蟲十分稀缺，而蛹卻俯拾即是。我捕獲的隧蜂清單歸結起來有雄蜂八十隻、雌蜂五十八隻。以前在附近的花上和在洞穴周圍都不可能找到的雄蜂，今天我如果願意，卻可以成

百成百地弄到手。牠們比雌蜂更多，兩者數量的比例差不多為四比三。根據一般的定律，雄蜂更加早熟，因為大部分晚熟的蜂蛹只為我提供了雌蜂。

一旦兩種性別的隧蜂同時出現，我就期待會有第三代誕生。這個第三代將以幼蟲的形態度過冬季，五月又重新開始每年的循環。然而，我的期待卻落了空。整個九月，當陽光照射洞穴的時候，我看見大批雄隧蜂從一個井穴飛到另一個井穴。有時一隻雌隧蜂從田野返回，突然飛來，但腳上卻沒有花粉。牠尋找自己的地道，找到後就潛降下去，消失得無影無蹤。

雄隧蜂對這隻雌隧蜂的到來十分冷漠，不接待牠，也不糾纏著向牠求愛。牠們繼續搖搖擺擺、曲曲折折地飛行，搜尋洞穴的大門。我在兩個月內追蹤觀察牠們的發育生長情況。牠們如果鑽入地下，那是為了即時下降到適合牠們的某條地道待一陣子。

好幾隻雄隧蜂聚集在同一個洞穴的門檻上，這種現象並不罕見。牠們每隻都等候自己的輪次進入。牠們之間的互動，和同一個洞穴裡的那些女主人之間的互動同樣和平。有一次，一隻雄隧蜂走出洞穴，而另一隻想進入。這次突然的碰頭並沒有引發任何爭執齟齬。出來的一隻稍稍靠邊，讓出能容下兩隻的

空間，另一隻盡力鑽進去。如果人們以為屬於同一物種的雄隧蜂之間會經常怒目相對、劍拔弩張，這些和平的相遇就會最令人驚訝不已，給人留下深刻的印象。

在井穴的出口處沒有聳立起任何挖出的泥屑堆成的小土丘，這是工程還沒有重新開工的跡象，最多只有幾片泥屑堆積在外面。請問，這是誰堆積起來的呢？是雄隧蜂堆積的，而且是由牠們單獨堆積的。懶散怠惰的雄隧蜂開始想工作了。牠們成了挖土的工人。牠們把那些會妨礙牠們進出的泥屑擠到外面。我第一次看見雄隧蜂比造窩築巢的隧蜂母親更加勤勞地頻頻來到洞穴內部，這是任何一種其他膜翅目昆蟲都沒有讓我見過的特殊習性。

這些奇特反常的行為的原因立即顯露出來。被人看見在洞穴上空飛行的雌隧蜂寥若晨星，牠們大多隱居地下，或許整個秋末都足不出戶。牠們即使冒險外出，外出後也立即返回。這樣一來，牠們當然採集不到什麼。而雄隧蜂這邊始終沒有獻媚求愛的舉動，牠們當中很多在洞穴上空飛翔。

另一方面，我雖然專心致志、全神貫注，但卻沒有一次撞見過雄雌兩種隧蜂在居所外面交尾。由此可見婚禮是秘密的，是在地下進行的。為什麼雄隧蜂在一天最熱的時候忙得不可開

交，搜尋地道大門呢？為什麼牠們接連不斷地下降到地道的最深處呢？為什麼牠們接連不斷地一再出現呢？這樣一來，這些問題就都能夠得到解釋。牠們原來是在尋找雌隧蜂——蜂房裡的秘密隱居者啊！

我用鏟子翻了幾下土地，我的猜測很快就成了確實可靠的事實。我挖出很多對隧蜂來。這向我證明雄雌隧蜂的交合是在地下完成的。婚禮結束後，身上繫著紅色腰帶的雄隧蜂離開現場，從一朵花到另一朵花，度過牠的風燭殘年後，在洞穴外面死去。另外那隻雌隧蜂則把自己關在隔室裡，等待來年的五月到來。

九月是隧蜂的婚慶時節。每當晴空萬里、豔陽高照的時候，我都看見雄隧蜂在洞穴上空飛來飛去做一系列動作，看見牠們進進出出、絡繹不絕。如果太陽被雲遮沒，天色陰暗起來，牠們就進入通道底部躲避。性子最急的把半個身子潛下井穴中，只把黑色腦袋露在外面，彷彿是為了等待陰雨天的第一次暫時晴朗。這個晴朗時刻使牠們能夠去附近的花上逛一會兒。牠們還是在洞穴裡過夜。早上我目睹了牠們起床的情景。我看見牠們把腦袋擱在天窗上探查天氣情況，然後回到蜂巢，直到陽光照射住處。

整個十月牠們的生活方式照舊。但是，隨著氣候惡劣的季節臨近，以及等待求愛的雌隧蜂逐漸減少，雄隧蜂也一天天少起來。十一月初寒來臨，洞穴上空一片寂靜。我再次用鏟子翻土，在雌隧蜂的隔室裡只找到一種隧蜂，一隻雄隧蜂都沒有剩下。牠們蹤影全無，都已死亡，牠們是縱情狂歡和惡劣天氣的受害者。對圓柱隧蜂來說，一年的循環就這樣結束了。

二月，經過冰封雪飄的凜冽季節後，大雪剛剛覆蓋大地半個月，我渴望再次了解我那些隧蜂的情況。我當時正染上肺炎，臥病在床，瀕臨死亡。謝天謝地，我這次生病，很少或者壓根就沒有感到什麼痛苦。但是，要活下去卻極端困難。我神志還有一點清醒，但身為觀察者的我這時根本做不了什麼事，只是眼睜睜的看著自己行將就木。我好奇地注意到我可憐的身體器官逐漸損壞。假如沒有丟下兒女（他們還很幼小）這種痛苦的折磨，我將會心甘情願地離開人世。冥間想必會讓我了解到很多事物、更加重大的事物、更加客觀的事物。但是，我去冥間的時刻還沒有到來。

當思想的燭火悠悠地從無意識的黑暗中顯露出來時，我想向隧蜂──我最甜蜜的樂趣道別，首先是向我的鄰居隧蜂道別。我的兒子埃米爾拿著鏟子去挖掘冰凍的土地。他當然沒有找到任何一隻雄隧蜂。但是，雌隧蜂卻滿坑滿谷，凍僵在牠們

的蜂巢裡。

　　埃米爾為我帶來了幾隻隱蜂。在牠們的小房間裡沒有半點霜跡，而覆蓋的泥土卻被霜凍透。小屋的防水漆效能令人驚嘆。至於隱居修行的雌隱蜂，由於我房屋內的暖氣使牠們脫離了麻痺、昏沈狀態，開始在我的床上遊蕩。我臨終時刻的朦朧目光跟蹤著牠們。

　　五月來到了，我這個病人和隱蜂都心急如焚地等待著這個月。我以患病之身離開歐宏桔前往塞西尼翁，我想這是我的最後一站了。當我搬家時，我的鄰居雌隱蜂又開工了。我看了牠們一眼，這是惋惜的一眼，因為從牠們身上還有很多東西可學。從現在起，我就永遠不會再遇到這樣的隱蜂鄰居了。

　　現在讓我們用一個概述來取代那些關於圓柱隱蜂習性的陳舊的觀察報告。早熟隱蜂提供的最新情況也將成為這個概述的一部分。

　　我從九月開始挖掘到的雌圓柱隱蜂，正如在這之前的兩個月內，雄圓柱隱蜂的殷勤獻媚所證實的那樣，正如我挖掘時遇到的一對對隱蜂以最明確的方式所肯定的那樣，很明顯的已經大腹便便了。這些雌隱蜂像很多產蜜昆蟲，如條蜂和石蜂，那

樣行事。這些產蜜昆蟲在蜂巢裡過冬，春天築巢，夏天成長到完整狀態後，直到下一年的五月都把自己關閉在小房間裡。

但是，圓柱隧蜂與牠們有個巨大的差別：秋天，雌圓柱隧蜂暫時走出牠們的蜂巢，到地面接待雄圓柱隧蜂。交尾後，雄蜂死去，只剩下孤零零的雌蜂。牠們回到隔室，在那裡度過氣候惡劣的季節。

至於斑紋隧蜂，我先在歐宏桔，然後又在塞西尼翁較好的環境裡，在我的荒石園裡觀察過牠們，牠們沒有這些地下生活的習性。牠們是在光線、太陽和鮮花帶來的歡樂中慶祝牠的婚禮的。將近九月中，我看見第一批雄斑紋隧蜂出現在矢車菊上。牠們往往好幾隻追求同一隻正值婚齡的雌斑紋隧蜂。一會兒這一隻，一會兒另一隻雄蜂突然撲到一隻雌蜂身上，摟住牠，纏住牠，離開牠，再摟住牠。牠們藉由打架鬥毆來決定誰將占有女伴。其中一隻雄蜂被雌蜂接受後，其他雄蜂就逃之夭夭。牠們快速地從一朵花飛到另一朵花，不在花上停落片刻。牠們振翅遨翔。牠們仔細觀察。牠們進食。比起吃食來，牠們更忙於交尾。

早熟隧蜂沒有向我提供準確的資料。這既因為我的過錯，也因為布滿石子的土地有挖掘上的困難。挖掘這塊土地需要鐵

鎬，而不是鏟子。我猜測這種隧蜂也有圓柱隧蜂的婚配習性。

秋天，雌圓柱隧蜂很少或者壓根就不離開牠們的洞穴，即使外出也決不會忘記只在花上短暫停留便返回。牠們全都在出生的蜂巢裡過冬。相反的，雌斑紋隧蜂遷居離巢，在外面和雄斑紋隧蜂相遇交合，不再返回洞穴。我在秋末初冬挖掘，總是發現這些洞穴蜂去樓空，已經廢棄。這些雌斑紋隧蜂在牠們最先找到的藏身處越冬。

到了春天，這些雌隧蜂因為已在去年秋天受孕，於是外出。雌圓柱隧蜂走出牠們的蜂巢；雌斑紋隧蜂走出牠們各種各樣的隱藏處；雌早熟隧蜂也像雌圓柱隧蜂那樣走出牠們的蜂巢。這三種雌隧蜂都像胡蜂那樣，在沒有一隻雄隧蜂的情況下修築窩巢。胡蜂整個種族這時都已死亡，只有幾隻也在秋季受孕的胡蜂母親除外。在一種或另一種情況下，雄隧蜂們的合作幫忙也同樣真實，只不過這種合作先於產卵差不多六個月。直到那時為止，在隧蜂的生活中再也沒任何新鮮事了。但是，出乎意料的事這時發生了。

七月，第二代隧蜂出生。這次沒有雄隧蜂。缺少雄隧蜂的合作幫忙這件事，不再只是個簡單的表象，而是個確切的事實。這個事實已被我連續不斷的觀察，和我在新一代隧蜂出生

之前進行的夏季挖掘工作所證實。在即將到七月的這個時期，如果我的鏟子挖掘出三種隧蜂中的任何一種，總是只有發現雌蜂，而且只有雌蜂，無一例外。

沒錯，人們可以說隧蜂的第二代是那些在秋季與雄蜂交配、能夠在一年之內兩次建窩築巢的隧蜂母親所生。但是，這種說法是不能接受的。斑紋隧蜂向我們證明了這一點。牠讓我們看見不再外出，只在洞穴入口處站崗放哨的隧蜂母親。身兼這種守門人職務，這種需要全神貫注的職務，隧蜂母親就不可能再做任何採集和製陶的工作。因此，即使知道隧蜂母親並沒有耗盡體力，也不會有新的家庭產生。

關於圓柱隧蜂，我不知道是否可以引用同樣的理由。牠們有守門人嗎？過去，當我家門前有這種昆蟲的時候，我的注意力還沒被喚起。因此，我缺乏這方面的資料。不管怎樣，我認為斑紋隧蜂的守門工作對圓柱隧蜂而言，是未知的領域。圓柱隧蜂的雌性工作者數量龐大，可能就是沒有守門人的原因。

五月，斑紋隧蜂母親孤孤單單從冬季避難所來到，單槍匹馬地修築自己的窩巢。當牠的女兒七月接替牠時，牠是這個住宅獨一無二的祖母，守門的職位就非牠莫屬。在圓柱隧蜂那裡，情況迥然不同。好幾個雌性工作者同住在一個洞穴裡，這

裡是牠們共同的冬季宿營地。如果家裡的工作完成了牠們還活著，守門人這個角色會由誰來扮演呢？牠們數量過大，而且還會互相較勁，這兩點可能是產生混亂的原因。但是，在掌握更多的資料之前，我們還是對此打個問號吧！

不過，雌隧蜂，而且只有雌隧蜂從五月產的卵裡孵出來的。牠們兒孫滿堂，形成一個世代。這一點毋庸置疑。雖然在牠們那個時期沒有雄隧蜂，牠們仍然生殖。兩個月後，這個單性的一代生出了雄雌兩種性別的隧蜂。交尾完成了，事情又按同樣順序周而復始。

總而言之，根據我所研究的三種隧蜂的情況，隧蜂每年有兩代。一代是春季的一代，由隧蜂母親秋季受孕，度過冬天後在春天生育。另一代是夏季的一代，這一代是單性生殖[①]的產物，亦即雌隧蜂僅透過潛在性的母性而生育。雄雌兩性隧蜂交配只生出雌隧蜂，而單性生殖卻既生出雌隧蜂也生出雄隧蜂。

隧蜂母親——生殖女神，為什麼第一次生育不需要助理，後來卻需要呢？身體虛弱、遊手好閒的傢伙——雄隧蜂，來這裡做什麼呢？牠是個廢物嘛。為什麼牠現在卻變得不可或缺

---

① 單性生殖：又稱孤雌生殖，或無性生殖。——編注

呢？關於這個問題我們會提出令人滿意的答案嗎？對此，我表示懷疑。我們沒有希望得到什麼結論的。就讓我們去問問蚜蟲吧，關於無法解釋的兩性問題，牠比誰都更加精通。

第十章

篤耨香樹蚜蟲蟲癭

　　就生殖行為的古怪奇特而論，蚜蟲是出類拔萃的。人們除非去探尋大海的秘密，否則在別處是找不到比這更加稀奇古怪的事的。我們可別期望蚜蟲在本能上有什麼了不起的行為。這些卑微的蟲子，看上去好似蝨子，腹部略呈圓形。這些足不出戶的蟲子，對牠們來說，連抬抬腳也顯得奢侈。牠們是做不出什麼了不起的事的。然而，牠們卻將告訴我們，什麼樣的實驗可以顯示出一個主宰生命遺傳的普遍定律。這個實驗因狂熱和多變而令人驚異。

　　在這之中，我更喜歡探尋篤耨香樹蚜蟲。牠們是我的近鄰，這對我密切的觀察來說是不可或缺的條件。牠們具備某種技藝。我將牠們關在荒石園裡。如果園子裡的情況不過於混亂，我就可能跟蹤、觀察蚜蟲家族的發育成長過程。

　　篤耨香樹——餵養蚜蟲的小灌木，在塞西尼翁的丘陵上漫山遍野，觸目皆是。這是一種畏寒的植物，喜愛長在受烈日灼燒的碎石堆上。它那普普通通、微不足道的花開過之後，長出的是一串串美麗的小漿果。漿果先呈玫瑰色，然後呈淺藍色，帶有篤耨香味[1]。這些小漿果是秋季遷居的紅尾蟲珍愛的美味。初次看見這種植物而又不了解它的歷史的人，甚至會發現它第二次結果的果實與漿果迥然不同。

　　在篤耨香樹的枝杈梢或者孤零零地，或者成群地矗立著彎彎曲曲的角。這些角是惟妙惟肖的辣椒仿製品。這些辣椒呈淡淡的草黃色，而非珊瑚紅。此外，一些像杏子似的果實比我們果園裡的杏子更新鮮、更光亮，懸掛在葉叢中。人們被其外觀迷惑，打開這些假冒品。多可怕啊！多噁心啊！果實裡面包藏的竟是數不勝數的蝨子似的蟲子。這些蟲子在粉質的細屑中亂鑽亂動。

　　前往聖地的朝聖客告訴我們，在索多姆近郊的某些小灌木上，可以摘到一些外觀很美但內部全是灰粉的蘋果。那美麗的杏子和篤耨香樹上有角的辣椒，就是索多姆的蘋果。這些東西在雅致的外表裡只包藏著灰粉。這些浪潮般翻滾的灰狀物，是

---

① 篤耨香味：類似松節油的味道。——編注

有生命的，是蓋滿灰塵的寄生蟲。這是癭瘤和蟲癭。蚜蟲豐滿肥胖的子女就生活在這裡，與外界隔絕。

　　為了從容不迫地跟蹤觀察這些稀奇古怪的樹癭是如何發展變化的，一棵便於我經常檢查的篤蒡香樹是必不可少的。離我家門幾步遠正好有一棵這樣的樹。當我在荒石園裡補種一些木本植物時，我高興地想到要種一棵篤蒡香樹。一棵有收益的樹，一棵將結出令人滿意的果實的樹。我原本以為這棵樹也許會在貧瘠的土地上死去，然而它呢，除了當柴燒以外，什麼用處也沒有的樹，卻枝繁葉茂，生長迅速，亭亭玉立。它每年都肯定會蓋滿樹癭。我現在非常走運，成了一株生滿蝨子似的蟲子的樹的擁有者。就讓我們用它的普羅旺斯名字來稱呼它吧：蝨樹。

　　我被荒石園裡發生的事所吸引，幾乎沒有一天不去那裡看看。讓我們來逼近觀察吧！這棵長滿蝨子的樹可是也有它的優點呢。它包藏著千奇百怪的秘密。冬天它光禿禿的，那些將近夏末數量太大、使樹葉不堪重負的蚜蟲小屋和樹葉一起消失得無影無蹤。現在除了有角的隔室外，什麼也沒有剩下。這些隔室現在是些破破爛爛的黑房子。

　　小灌木上那巨大的蚜蟲群到哪裡去啦？這個蟲群如何重新

占有篤耨香樹呢？我仔細觀察樹皮、樹幹、樹枝和枝枒，但白費了力氣。我沒有發現任何能夠向我解釋爲何會發生下一次入侵的東西，沒有處於麻痺狀態的蚜蟲，也沒有等待春天孵化的卵。在附近，特別在樹下腐爛的枯葉堆裡，什麼都沒有。然而，蚜蟲這種小傢伙肯定不可能來自千里之外。一個微乎其微的東西，正如我看見牠的那樣，在想像中應該不會穿越田野到處漫遊。牠肯定就在向牠提供食物的樹上。但是，這棵樹又在哪裡呢？

　　一月的某一天，我徒勞地搜尋後，感到十分厭倦。我想把地衣——牆上的梅花衣成片成片地剝掉。這種地衣用它那黃色的玫瑰花結薄薄地鋪蓋在那棵篤耨香樹的粗大枝幹上。我在工作室裡用放大鏡仔細觀察我收集來的地衣，這是什麼呀？

　　這可真是個了不起的發現啊！在這一小片地衣裡，在這片還沒有指甲大的地衣裡，我發現了一個世界。在地衣裏層的表面，在彎彎曲曲的鱗片中，鑲嵌著大量紅棕色小體。這些小體不到一公釐長。有的完完整整，呈卵形；有的則被截去一段，而且像尖頂形小袋子那樣半開著。這些小體全都清清楚楚分成幾節。

　　在我眼前的東西是蚜蟲的卵嗎？其中，一部分又舊又空；

一部分又新又滿，是胚孢。但是，這個想法很快就被排除了，因爲卵是不會有像昆蟲腹節那樣的分節的。更重要的原因是，這個東西在前端露出了腦袋和一些觸角，在下端則可以辨認出腳來。牠們整個身體脆弱而乾燥。這些小身體已經結束了生命，已經走完了自己的路了嗎？牠們現在已經徹底死亡了嗎？沒有，因爲在針尖的按壓下，牠們身上出現了微量體液，這是生命的標誌。這些小體只是表面上看起來死亡了。

這隻微小的昆蟲剛開始一動也不動。牠有腳和觸角。牠在地衣的掩護下遊蕩了一會兒。然後，牠在變得沒有活力以前適當地定居下來。這時牠用硬化了的、變爲金黃色的薄皮製作一個木乃伊匣子。這只匣子是新生命的加工廠。在需要的時刻，我們會看到這種稀奇古怪的物體的起源。這個物體過去是隻昆蟲，現在則配得上「卵」這個名稱。

我熟悉的那棵篤藤香樹，荒石園裡的那棵篤藤香樹，剛才讓我看到的東西，我大概也可以在田野裡找到。我的確又看到了，但這次不是在地衣下面，因爲小灌木的樹皮往往裸露著，這樣的掩蔽場所並不短缺。一些篤藤香樹的莖幹已經被拾取枯樹枝的女人笨手笨腳地用小枝剪砍掉。這些莖的截面是個裂口。木頭裂開，裂縫很深，樹皮被折斷，有點像捲起的破布。廢棄物一旦乾燥就成了寶貝。

　　在莖收縮得最厲害的部位，在木頭的裂縫和破樹皮下面，都有不計其數非常令我關切的小物體。根據顏色，這些小物體至少有兩類：一些呈紅棕色；其他的都呈黑色。後者在我那棵篤蓐香樹的地衣下面十分稀少，但是在這些破樹皮和裂縫裡卻占大多數。兩種小物體我都收集。現在讓我們耐下性子來吧！我期待謎底的揭曉。

　　四月中旬，在我的玻璃試管──我的昆蟲種子倉庫裡，黑色的卵首先孵化。兩週以後，紅棕色的卵也孵化了。卵殼前部被截去，匣子大大張開。除此之外，卵沒有什麼其他的改變。從這只匣子裡出來了一隻小昆蟲，這是個黑點。用放大鏡可以辨認出這是一隻已經長得完整成形的蚜蟲。一個標準的針狀口器緊緊貼著牠的胸部下方。我最初的猜測是正確的：在地衣下面和枯枝的隙縫裡找到的紅棕色的或者黑色的謎一般的小體，實際上是孵化蚜蟲的「種子」。

　　從有腳和腦袋的卵殼看來，這些種子是一隻隻的小昆蟲。牠們最初十分活躍，之後變得死氣沈沈，最後轉變成卵的樣子。最初的小體幾乎是完整的，現在則以另外一種形態重新誕生。小蟲的皮長成了殼、分節的匣子、琥珀色或者煤玉色的薄膜，而身體的其餘部分則縮成卵的樣子。

觀察這個奇特創造物的根源和行為的時機還沒有到來。時間順序和觀察的時機是對立的。讓我們回到這些蟲子身上吧！這是很小、很小呈粒狀的黑色蚜蟲，腹部凹進，體節清晰，表皮粗糙。用放大鏡仔細觀察，可以看出牠們身上覆蓋著少量灰塵，那灰塵令人想起李子的青綠色。牠們在寬敞的監獄──玻璃試管裡碎步小跑，顯得忐忑不安。牠們想要什麼？牠們在尋找什麼？毫無疑問的，牠們想要一個坐落在一棵理想的樹上的宿營地。

我來幫助牠們吧！我把一根篤蓐香樹枝放進試管裡。細芽開始在枝梢把鱗片外衣微微打開。這正是蚜蟲們所企求的。牠們攀登枝杈，在絨毛狀芽尖的廢毛上定居下來。牠們留駐在那裡，安安靜靜，心滿意足。

直接觀察篤蓐香樹，和在工作室裡進行實驗，這兩項工作齊頭並進。在四月十五日時還屈指可數的小黑蝨，十天以後就變得數不勝數。我僅僅在一個芽尖上就數出了二十多隻。大多數芽，至少位置最高的和最粗大的芽，都住得滿滿的。這些芽的占有者，在剛剛萌生的小葉那層微薄的絨毛上蜷縮成一團。這些小葉才剛綻露出來呢！

每個傢伙停留幾天後，當樹葉開始長出時，就開始為自己

修建一所獨門獨戶的小院。牠用口器加工一片小葉。葉尖被染
成了紫色，鼓脹起來，邊緣合攏，形成一個扁平的、不規則半
開著的小袋子。每只袋子差不多都有一粒麻籽那樣大，像頂帳
篷。一只袋子只住一隻蚜蟲，從不多住一隻。

　　這隻蝨子似的蟲子，在牠那與世隔絕的隱蔽所裡會做些什
麼呢？進食，特別是生殖時期。短短幾個月後，當牠們成千累
萬時，事情就會變得緊迫起來。這裡沒有蚜蟲父親，這些浪費
時間的多餘傢伙。有多少隻蚜蟲，就有多少個蚜蟲母親。牠們
也不再產卵，因為卵發展變化得過於緩慢。只有直接的、擺脫
一切準備階段的生殖，才適合這些蟲子的狂熱激情。蚜蟲幼蟲
出生後生氣勃勃、充滿活力，除了身體較小外，和蚜蟲母親一
模一樣。

　　蚜蟲幼蟲一旦呱呱墜地，就插入口器，吸吮一點樹汁，長
得粗胖起來。牠在很少幾天內就變得能夠用同樣快速的方法延
續沒有父親的世代。直到每年的遷移活動終了時，子孫後代，
其中包括關係最疏遠的子孫後代，都透過無性生殖保持香火，
而不會有其他的始源。等更加易於檢查的時機來到後，我們將
會再談到這個令人驚愕的生殖方法。這個方法會搞亂我們的思
緒的。

　　五月一日，我打開幾個在新葉的葉尖上形成的紫色隆起部分。我有時在那裡僅僅只能找到這個壺狀物的製作者——在芽尖上保持原狀的蚜蟲；有時在那裡遇見牠時，牠已經蛻了皮並有個小家庭伴隨著。牠拋棄黑色皮殼以後，身體轉呈綠色，胖嘟嘟的，黏有少量粉末。小家庭裡此時可見一隻幼蟲，最多兩隻。幼蟲身體呈褐色、細長、裸露。

　　爲了了解這個家庭的發展變化，我在玻璃試管裡放置了兩個即將孕育出小家庭的壺狀物。兩天內，我獲得了十二隻幼蟲。這些幼蟲很快就離開牠們出生的小袋子，來到封閉玻璃試管的棉絮團那裡。這樣急迫的遷移，意味著這些幼蟲在別處，在已經舒展開的嫩葉上，有著等待牠們扮演的角色。紫色小隔室脫離了富於營養的新葉後便乾枯了，它所孕育的蚜蟲居民都死亡了。我無法繼續計數的工作，但這已經無關緊要。我剛剛了解到，一天的時間便足夠蚜蟲分娩三次。儘管這樣的出生率只能夠維持兩個星期，小壺裡的蚜蟲技工卻組織了一個數量龐大的家庭。這個家庭的成員逐漸分散到篤耨香樹這個廣闊的拓荒地上。

　　半個月後，當樹的嫩枝漸漸長大，樹葉也慢慢舒展開時，紅棕色的卵孵化了。我在這些彼此之間無法清楚分開的蟲群中猶豫不決地觀察。在觀察允許的範圍內，我發現一個晚生的世

代像早熟的世代那樣開始出現。這個世代在小葉尖疊起了紫色結節，一個形狀和大小可與葡萄種子相比的囊袋。這些隔室和以前的隔室一樣，剛開始時只居住一隻黑色蚜蟲。

兩個世代同樣有著迅速大量繁殖的激情。隱居的蚜蟲很快就有了家庭。這個家庭的新成員拋棄了牠們出生的簡陋住所，到別處墾殖。最後，母腹枯竭了。這隻胎生的小蚜蟲死在牠乾燥的窩裡。

這些蚜蟲共有多少隻來自地衣下面，侵襲篤蓐香樹呢？數以千計。這個數量還遠遠不夠。牠們都急急忙忙用口器加工自己的那張小葉，用小葉腫脹的葉尖為自己修建住宅。牠們在自己的家裡馬上分娩，使子孫後代十倍地、百倍地繁殖起來。樹上現在已經住滿了移居的蚜蟲。這些蚜蟲全都善於建立居民稠密的社會。

應該把這些蚜蟲移民看成一個簡單的職業團體，牠們屬於同一個公會、同一個家族，牠們根據攻擊的部位，用不同的方式開發利用篤蓐香樹嗎？由於工廠是公共的，那麼是否將這些蚜蟲居民當成是彼此之間素昧平生？關於這一點，人們無法判斷。然而，一些嚴肅重大的理由肯定了這個問題的繁複性。

這些蚜蟲除了在製成品上的差異外，還有卵的顏色做爲明顯的區分特點：牠們當中，有的卵呈黑色；有的卵呈紅棕色。理所當然地，與這些迥然不同的卵色相對應的是各自獨立、互不依存的家族，不過也許一次仔細耐心、深入透徹地分析物質的檢查，也能夠在同種顏色的各種卵中找出區別來。我在地衣下面和枯樹枝的裂縫裡進行搜尋的成果，只不過收集到兩個卵殼不同的卵而已，至少從表面看是兩種。然而，我們卻可以在樹上找到五種蚜蟲工人。這些工人彼此相像，但卻修築互相迥異的建築。雖然沒有其他胚孢（牠們逃過了我這個小心謹慎的觀察家仔細認眞的觀察），卵在同樣的殼下（這裡是黑的，那裡是紅棕的），卻似乎有著不同的內容。

最後，形狀——種類最重要的特徵，在將近季節末，顯現出非常突出的差別特徵。直到這個遲晚的時刻，各種形狀的蟲癭裡的蚜蟲群一旦離開牠們的住所，彼此相像得無法區分。當

a   b

a.半月癭綿蚜的蟲癭　b.白癭綿蚜的蟲癭

歲末蚜蟲最後一次成群移居時，另一代蚜蟲出現了。這代蚜蟲
與先前幾代迥然不同。至此，我觀察到蚜蟲有五個種類。

　　這些物種的統稱是癭綿蚜。這個學術名稱牠們是當之無愧
的。篤蓐香樹蚜蟲和其他那些住在榆樹上和楊樹上的蚜蟲，是
製作隆起物的工匠。牠們藉由口器連續不斷的搔癢動作，做成
空心的癭瘤。這種癭瘤是供蚜蟲共同體食宿的大本營。

　　在篤蓐香樹上，最簡單的蝸居是一種小葉的側面褶子。這
個褶子突然向上捲起，貼靠在葉面上，仍呈綠色。這個卷邊是
個低矮的住宅，屋頂幾乎貼著地板了。蚜蟲家庭因此住得很

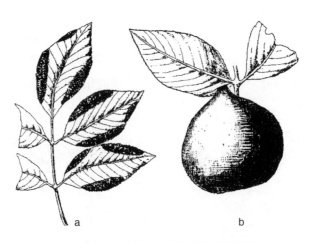

a.菁莢癭綿蚜的蟲癭　　b.胞果癭綿蚜的蟲癭

擠，成員不多。這些羞怯的綠色卷邊縫製者叫做白癭綿蚜。牠體色蒼白，因為牠不懂得為牠的宅子著上深紅色。

在別處，側面褶子也是捲向葉面，但大大增厚，被葉肉鼓起而有了皺紋，而且還被染成了胭脂紅，好似空心的大肚子紡錘。這個芍藥、牡丹和翠雀草一般的居所屬於菁葜癭綿蚜。

還有些褶子先被安放在小葉的向光面，然後向小葉的背光面彎成直角，好似懸吊著的帽子護耳、厚實的月牙小麵包。它主要呈草黃色，是半月癭綿蚜的作品。

小球狀癭位居蚜蟲技藝的更高等級。它是光滑的圓球，呈淡黃色，大小從櫻桃到中等杏子那樣不等，懸掛在葉柄上。這些小葉儘管有著龐大膀胱似的累贅，但色澤和形態等仍是正常的。這些美麗細頸瓶的吹製工人是胞果癭綿蚜。

但是，最傑出的建築物是角。如果想到這些建築者卑微的身份，那麼這些角確實是宏偉巨大的紀念性建築物。其中有些長達一拃，直徑像瓶頸那樣粗。它們三隻三隻地集結在高枝杈梢，好似野蠻人的戰利品，彎彎曲曲、稀奇古怪的角，也像是原山羊的角。

冬天，大多數蟲癭都和樹葉一起落下，沒有在樹上留下一點痕跡。然而角癭卻牢牢黏附在小枝杈上，一直堅持留在那裡。要徹底摧毀它們，還需要惡劣天氣的長期侵襲。它們的根基很難消失，下一年還在原處不動，但已破破爛爛，只剩下一小段。在這個截段上，蠟黃色的絮狀物互相擠壓。這種絮狀物在繁衍興盛時期裹罩著蚜蟲居民。在這些角狀的宮殿裡居住著角狀癭綿蚜。

最初的深紅色小壺，是個臨時的棲所，大規模的遷移活動就在那裡進行準備工作。在這些異常簡陋的小茅屋中，每座都有來自樹下的黑色蚜蟲。出生於一枚卵的單性蚜蟲匆匆忙忙分娩出有生命的小東西。這些小東西在嫩樹葉上逐漸分散、蔓延，而這隻單性蚜蟲母親自己卻死去了。這時開始出現真正的蟲癭——好幾代蚜蟲將在那裡找到居所的大城邦。我剛剛認出的五種蚜蟲專家也都在這裡著手幹起活來，全靠自己努力，讓小屋第一次鼓脹增大。晚些時候會有人來助牠們一臂之力的。

角狀癭綿蚜的蟲癭

　　五月開始。結構最簡單的蟲癭已經開始長出。這是小葉的側面褶子。這些褶子在葉片上翻折起來，變成綠色的卷邊。在黑色蚜蟲那使人微微發癢的穿孔器下，一個狹窄的滾條在小葉邊緣向內彎曲。這條起始線長兩公分。小昆蟲對某個部位進行了足夠的加工後，就移動位置，去別處工作。只要工具還在運轉，牠就動也不動。

　　然而，這個卑微的小東西如何讓平整的葉面翹曲起來的呢？牠並沒有做什麼，只不過插入牠的口器而已。針的刺戳不管多靈巧，都會在保持外形的情況下損壞組織。小傢伙肯定會滴注某些毒素，這種毒素會引起樹汁過度聚集。牠使受害植物中毒。牠刺激受害植物。受害植物作出的反應是受害部位腫大隆起。

　　這裡，滾邊慢慢變寬，慢得使我們的研究工作難以進行。這就像用肉眼追蹤觀察一根草萌芽一樣。滾邊現在是個傾斜的屋頂、一個半開的褶子。蚜蟲在角上，在牠那供水站管理員的崗位上，用精巧的探測器激發、引導樹汁流動。屋頂在二十四小時內下降完畢，緊緊貼靠在葉片上。這個屋頂原本是個會突然降落的活門，但是由於探測器運轉得非常緩和、適度，以致這隻小昆蟲不會在兩個薄片之間被壓碎，而仍然能夠自由活動，就像在露天一樣，在褶子裡來來去去的活動著。

啊，小黑蝨的穿孔器是個多麼奇妙的工具呀！小孩使用器械時，用指頭緊緊按壓某根槓桿、某個龍頭，使這個龐然大物翻動。同樣的，蚜蟲用牠那精巧的探測器激發出強大的水力，來開動小葉的機翼。牠以自己的方式，成為一項巨大工程的工程師。

至於帽子護耳形或者紡錘形的蟲癭，則以小葉邊緣瘦薄的胭脂紅卷邊做為起點；內壁很快增厚，變得多肉、有節，鼓脹成蟲癭，綠色完全消失。被蚜蟲加工的小葉部分在簡單翻折下，可以保持原有的綠色，為什麼現在卻被自然而然地染成黃色呢？為什麼有的植物組織的厚度不增加，而有的卻增大了呢？為什麼紡錘是置放在葉面上，而帽子護耳卻突然把小葉彎成肘形並垂直下降呢？在這三種情況中，工具一模一樣，然而作品卻截然不同。這是一種因口器的不同，而性質也因此發生變化的毒素產生的效果嗎？人們在這個問題上被弄糊塗了。

談到小球狀的蟲癭，問題就更加難以釐清。這一次黑色蚜蟲建築者定居在小葉的葉柄上，緊靠著主葉脈。牠在那裡停留下來，靜止不動，很有耐心的加工著。用穿孔器加工的部位被挖掘成細小的洞穴，而小葉背光面則出現局部鼓泡的凸紋。這隻小昆蟲下降，被掩沒在一只袋子裡，彷彿支撐物正在逐漸下陷。這只袋子的袋口藉由兩片唇瓣的合攏動作自動關閉起來。

蚜蟲躲在自己家中，與世隔絕。用來飼育蚜蟲的小葉，在形狀和顏色上沒有發生任何變化。胞果被染成淡黃色，由於蚜蟲的刺激性口器引起的離心擴張而一天天變大。目前蚜蟲隱士以及不久之後牠的子女的連續不斷的刺戳，將近夏天時便可以使這個胞果變得像顆大李子那樣大。

角癭一般是附在最小的葉子上。枝杈梢瘦弱的小葉是最後長出的新葉，它剛剛舒展開來，還沒染上綠色——健康的顏色，長不到四到五公分，蚜蟲巨大的角形大廈就建築在這些植物的苦難之上。小葉沒被充分利用，僅僅利用了其中一片，總之，只用了一點，一點微不足道的東西。

蚜蟲開發利用這微不足道的一點東西，就獲得了奇特的能量。角癭和枝杈梢緊緊黏連，合為一體，以致當樹葉落下時，牠卻能夠固著在樹上不會掉下。它還和其他的蟲癭緊緊黏連。其次，牠引發樹木液汁匯流，就好像為筍瓜供給養料的西葫蘆一樣，液汁都匯流向內莖。這個小不點居然建造了龐然大物。蟲癭最初像古代羅馬士兵的角形盔飾，優雅，整齊，綠得很均勻。我們來把它打開吧！它內部呈雅致的肉紅色，像綢緞那樣柔軟。目前只有一隻黑色蚜蟲住在這個美麗的豪宅裡。

從褶子一直到角狀，五種住宅都修建好了。牠們之後只需

要隨著蚜蟲數量增加再把住宅擴大。然而，這些各自根據自己的方式，孤立地被隔離著的蚜蟲在做些什麼呢？牠們首先換裝變形。牠們過去身體呈黑色、苗條，適於在新葉上長途跋涉；現在身體轉為黃色、發胖、靜止不動。牠們在口器插入被篤薅香樹樹脂鼓脹起來的內壁後，安安靜靜地生育下一代。對牠們來說，正如消化的機能一樣，連續進行著。牠們沒有別的事好做了。

我們之後會稱牠們為蚜蟲父親嗎？不，這個詞的意義與生殖這個詞的意義有所抵觸。我們之後會稱牠們為蚜蟲母親嗎？也不，這個詞的準確意義也與之截然相反。牠既不是這個，也不是那個，甚至連中間狀態也不是。我們的語言無法表述這些昆蟲稀奇古怪的行為。必須借助植物，才能對這些行為有了一個近似的概念。

在我們國家，普通大蒜幾乎永不開花。長期被種植使它失去了兩性的區別。它的花朵沒有代表父性的雄蕊和代表母性的雌蕊，產出的種子也就不是真正的種子。然而它仍然繁衍興旺。它的地下莖直接長出粗大多肉的芽。這些芽聚集成小鱗莖，每個小鱗莖就是一個活著的胚芽。胚芽埋到土裡之後，繼續發育生長，長出大蒜。園丁在菜園裡種植大蒜，除了採用鱗莖來繁殖這個辦法之外，便無計可施，因為大蒜本身缺乏一般

意義上的種子。

與大蒜同屬的另幾種植物還做得更好，它們長出一個正常的花莖，花莖從外表看來好似小球狀花序。按理說來這個絨球會開出繖形花。然而情況卻不是這樣。它壓根就沒有開花。花被珠芽——小鱗莖代替了。性別已經消失。這幾株植物並沒有像其他植物那樣開花結果，只是結出胚芽。胚芽聚縮成多肉的芽。地下莖毫不吝嗇，長出大量胚芽。大蒜雖然失去了有性生殖，它的未來卻得到了保證，它不會斷子絕孫。

在某種程度上，蚜蟲的起源能夠和大蒜的起源對照比較。這種奇怪的小昆蟲在牠的腹部也長出珠芽，也就是說，牠擺脫了卵緩慢的發展演變過程，單獨生殖新生命。

洛蒙德[2]說，雄性比雌性更加高貴。這是鄉村學究的格言。這類格言通常都遭到博物學的否定。在昆蟲那裡，工作、技藝、才能等真正的高貴條件是母親的天然屬性。這點無關緊要。讓我們遵循洛蒙德的準則吧！既然准許我們選擇，就讓我們來談談，從語言的角度上看來更加高貴的雄蚜蟲吧！而且如果在這個問題上可以講得清楚，那就沒有什麼可以阻止我們對

② 洛蒙德：1727～1794年，法國語法學家及教育家。——譯注

雌性談論這個準則了。

　　蚜蟲創始者被隔離在牠的隔室裡。牠脫胎換骨，肚子大起來了。牠產下子女。子女用口器為蟲癭的擴大盡一份力，也用大肚子為群體的增多盡一份力。於是出現了雪崩似的現象。最初的小雪球後來變成了大雪堆。

　　將近季節末，在九月，讓我們隨便打開一個蟲癭，把裡面的東西攤開來放在一張紙上。讓我們配備一隻放大鏡。讓我們注意觀察。褶子、紡錘、帽子護耳和角，都讓我們看到了差不多同樣的景象，只有數量除外。一些癭裡數量有限，另一些癭裡數量過大。蚜蟲身體呈很漂亮的橘黃色。最粗大的蚜蟲的肩上有些發育不全的肢爪，這是不久以後就會長出翅膀的胚芽。

　　蚜蟲全都穿著漂亮的、比雪更白的寬袖長外套。這件衣服像長裙後擺那樣長長地向後伸出。這個華麗的裝飾就好像樹皮滲出的一絡蠟質濃毛，經不起畫筆碰觸，吹一口氣就會弄壞。但是，在葉子掉光的樹皮上很快又會滲出另一絡這種濃毛來。然而在阻塞的蟲癭裡，蚜蟲摩肩接踵，擁擠不堪，這件蠟質服飾常像碎片那樣落下，化為粉塵，由此產生了一堆粉質破舊衣服，一床細鴨絨蓋腳被，在這些東西之間可以看見一大群蟲子亂鑽亂動。

　　我們看見另外一些蚜蟲和橘黃色蚜蟲亂七八糟地混在一起。這些蚜蟲數量少得多，容易辨認出來。牠們身材較小，有時呈鐵紅色，有時呈相當鮮豔的朱紅色。牠們總是矮矮胖胖，身上有皺紋。根據年齡和蟲癭的種類，牠們當中一些膨脹成烏龜形，另一些成為鈍尖的三角形。牠們的背部有六到八行白色綏帶，這是像其他蚜蟲的寬袖長外套那樣的蠟質滲出物。想觀看這套服裝的細微部分，必須用放大鏡來仔細檢查。在這些蚜蟲身上，找不到其他蚜蟲遲早會出現的那種不發達翅膀。

　　另外一個特徵比其他特徵都更加重要，它讓這些矮子蚜蟲得以脫穎而出。我不時看見這些蚜蟲的背上有個巨大的隆起物，一直延伸到頸背上，讓這隻蟲子的個子增大了一倍。這個隆起物今天出現，明天消失，之後又再出現，它是未來的腰包。如果沒有什麼障礙，我隨意用針尖挑開任一個腰包，就可以從裡面取出一顆蛋白質微粒。在這顆微粒上可以辨認出兩個黑色眼斑和分節的痕跡，我作的剖腹產手術讓一個胚胎裸露了出來。

　　我在語言的角度上保留了從雄性昆蟲談到雌性昆蟲的權利。我把幾隻雌駝背蚜蟲連同一塊碎癭片隔離在一根小玻璃試管裡。牠們背上的隆起物消失了，為我產出了幼蟲。非常不幸的是，觀察不能繼續進行，因為碎癭片乾了，我的受試者死

了。但是，不管怎樣，實驗證實了這些矮子蚜蟲是生殖者。牠們像背著孵育袋那樣背著一只囊袋。

將近季節末，我在蟲癭裡找到的紅色小龜似的蟲子，是蟲滿為患的共同體的母親，只有牠們分娩生育。在牠們的周圍，子孫後代群集一處，亂鑽亂動。這些子子孫孫都是些橘黃色的胖娃娃。牠們裝飾著雪白的飾物，吸吮著汁液，吸得肚子鼓脹起來。牠們為下次遷移準備好一雙翅膀。

這些駝背蚜蟲母親全是黑色蚜蟲——蟲癭的創造者的女兒？或是牠們組成了一個具有不同等級的世代？在我看來，後一種情況在角癭中是可能的，因為生殖者在那裡數量龐大，單一起源無法解釋為何會有如此龐大的後代數量。至於其他蚜蟲居民少得多的蟲癭，在我看來，只需一代紅色蚜蟲就足夠了。

讓我們引證幾個大略的數字。在九月的第一個星期，我打開一個從那些最粗大的蟲癭中選出的角癭。它有兩公分長，最大直徑將近四公分，裡面的居民主要是體色橘黃、大腹便便、身體光滑並且長著不發達的翅膀的蚜蟲。這是那些矮子蚜蟲母親的後代。這些母親身體呈朱紅色，矮胖，有皺紋，前部減縮，後部截去一段，這使牠們差不多呈三角形。根據我對這樣混亂的群體所能夠作的估算，牠們大概有幾百隻。

　　爲了估算整個蟲群，我把牠們堆放在直徑十八公釐的玻璃
試管裡。牠們形成的圓柱體長六十五公釐，體積爲一萬六千五
百三十二立方公釐。按照一隻蚜蟲差不多有一立方公釐的體積
來計算，這個蟲癭裡將近有一萬六千隻蟲子。我無法一隻隻
數，就進行大略的測量。赫爾歇爾[3]用同樣的方式測量銀河裡
的星星。蝨子就以數量的無限性和銀河裡的星星競爭。在四個
月內，黑色微粒──蟲癭的創造者，留下了這些後代。事情還
沒有結束呢。

---

③ 赫爾歇爾：1738〜1822年，英國天文學家。──譯注

第十一章
篤蓐香樹蚜蟲的遷移

　　九月末，有角的瘰裝得滿滿的，差不多有一小桶魚之多。如果蚜蟲一隻緊貼著一隻插進口器，排成一層，那麼空間就不夠了。因此，蚜蟲依據探測器的長度按層次排列，上面是粗大的蚜蟲，第二行是中等蚜蟲，在中等蚜蟲的腳之間則是小蚜蟲。小蚜蟲們全都動也不動，用口器認真吸吮。在飲水的蟲子上面，是些吵嚷喧鬧的蟲群。這群蟲子在這個小酒店裡尋找自己的位置。蟲群中產生了騷動。上面的蟲子下降；下面的蟲子上升。透過這種連續不斷的更換輪替，每隻蟲子都能夠輪到喝上一小口。

　　在這混雜的蟲群中，白色的蠟質服飾變成粉狀物落滿了隔間，一切都成為一個亂鑽亂動的團塊。蚜蟲就在這個團塊裡完成身體變態。那裡沒有安寧的日子好過，蟲子的表皮擦傷弄

破，蟲子的腳全都扭曲變形。那裡的空間剛剛好讓蟲子寬大的翅膀展開，卻沒有一隻變皺。想在類似的嘈雜中毫無阻礙地改變面貌，必須具備一份在正常狀態時所擁有的優雅。

肚子鼓凸的橘黃色蚜蟲現在變成了美麗的蚊蟲似的蟲子，黑色，瘦長，具有四隻翅膀。隱居生活結束了。現在是在自由的天空飛翔的時刻。但是，怎樣才能出去呢？被牆圍著的蟲子根本無法破牆而出。牠們沒有任何工具。好啦，蟲子囚犯辦不到的事，堡壘自己會辦到的。當蚜蟲群體成熟時，蟲癭也成熟了。小灌木的日曆和蟲子的日曆是多麼吻合一致啊！

褶子稍微撬起上部的薄層，紡錘像襯著玫瑰色綢緞裏子的小包那樣略微打開，帽子護耳分開有很多節瘤的厚嘴唇，門本身只透過汁液的作用向性急者打開。在其他的蟲癭（小球狀的和有角的）裡，運轉機制沒有這樣溫和，門是猛然打開。球癭一天天膨脹起來，在側旁爆裂成具星狀裂痕的裂口；角癭則在頂端裂開。

蚜蟲成批出來活動，值得逼近仔細觀察。我選擇了一些有角的蟲癭，裂開的角尖預示著蟲癭即將整體斷裂。我讓它們在我的工作室裡，在窗子前面，在離開關著的窗格幾步遠的地方做日光浴。我在房間裡豎起一根結實的篤蔣香樹小枝杈。我指

望這個誘餌，至少指望它被當作涼亭以便引誘蚜蟲起飛。第二天，一隻角微微打開。將近中午時分，由於陽光燦爛，天氣平靜而炎熱，長著翅膀的蚜蟲出來了。

牠們一小群一小群從容不迫地出現，就像一股平靜的水流。牠們身上蓋滿粉塵——毛簇的廢殘物。牠們一到裂縫的邊緣就展翅飛離，同時用振動的雙肩拋投一枚細小的灰土火箭。牠們全都作波浪式的起伏飛翔，逕自飛往窗口。那裡的日照比別處更加光耀奪目。牠們撞擊窗玻璃片，在窗櫺上滑動。牠們在那裡沐浴著陽光，駐留下來堆積成一層，根本不打算遠離。

雖然屋裡的其他地方都非常明亮，但離去的蚜蟲總是朝著太陽照射的窗子飛去。成千上萬隻蚜蟲中，沒有一隻走另一條路，也沒有一隻稍微向左或者向右斜飛。在這些小昆蟲筆直的軌道面前，您會感到萬分驚奇。這些小傢伙雖在到處都照得到光線的空間裡自由自在，卻是從第一隻到最後一隻全都奔向陽光帶來的歡樂。一把從高處扔下的鉛粒也不會比這更加準確地落到地面。這些鉛粒受到重力的牽引，而這些有生命的微粒卻服從光的旨意。

我的窗玻璃片擋住了牠們。如果沒有這道障礙，牠們會去哪裡呢？肯定不會飛往附近的篤耨香樹。確鑿的證據就在那

裡，就在我眼前。我把蚜蟲喜愛的小灌木枝豎立起來做爲臨時休息處。在出走的蚜蟲中，誰也不理會這根枝杈，誰也不在那裡停留。如果一隻蚜蟲在這條飛行路線上撞到綠色矮樹叢，跌落在一片樹葉上，牠很快就站立起來跑掉，急急忙忙在窗子上陽光朗照的地方和其他蚜蟲會合。牠們從此擺脫了胃的需求，不再和篤蓐香樹打交道，全都逃之夭夭。

　　遷移活動已經進行了兩天。當最後的那些行動緩慢者離去後，讓我們把蟲癭完全打開。我對這個群體作了嚴格的挑選。這個群體最先混合著紅色的無翅蚜蟲和黑色的有翅蚜蟲；後者全都已經離開，前者則留了下來。堅持留在家裡的和過去一樣個子小，矮胖，有皺紋，呈朱紅色。牠們當中有很多都背著布袋——蚜蟲母親的腰包。我認出這是一群蚜蟲母親，這群母親現在孤零零地待在家裡，牠們還在任憑風吹雨打、寒暑侵襲的蟲癭裡苟延殘喘，半死不活地活著。衰竭程度較輕的蚜蟲母親繼續生殖，但產下的卻是短命的早產兒。孕育時間不夠，住所也破爛不堪。最後，蚜蟲母親們和太遲來到這個世界的幼蟲一起死亡。蟲癭變成了荒涼的廢墟。

　　讓我們回過頭再來談談那些飛行時受到窗玻璃片阻擋的蚜蟲移民。牠們的外貌、體色、身材全都一模一樣，這些群飛的昆蟲是同一種物體，千篇一律的單調重複，沒有任何特點（不

管牠多細微）顯示出牠們之間的區別。然而，人們卻預計會在這群蟲子當中找到雄、雌兩種性別。在這之前蚜蟲仍然處於卑微的幼蟲形態，現在才剛剛獲得完整的昆蟲的屬性。動作遲鈍的和大腹便便的蝨子似的蟲子變得好似纖細的蚊蟲，牠們為有著四隻彩虹色的翅膀感到自豪。對其他蟲子而言，這肯定是婚戀嬉戲的先兆。

怎麼，在蟲瘦的孩子那裡，這些翅膀，這些成熟年齡才有的優美雅致的翅膀，卻違背了婚慶即將舉行的定律。沒有舉行婚禮，也無法舉行婚禮。在蚜蟲群中誰也沒有性別，然而每隻蚜蟲卻都有自己生下的一胎小昆蟲，牠像前輩那樣經由直接生殖產下一胎嬰兒。

我用沾濕唾液的麥稈尖，隨便黏住一隻長著翅膀的蚜蟲。我用大頭釘緊緊按壓牠的腹部。我所施行的粗糙產科手術立即產生了效果。這隻蚜蟲受到強壓的腹部撒落了一串胎兒，共有五、六個。不管我讓誰來分娩，這個現象都會重複發生，一成不變。

其次，讓我們來察看一下自然分娩的嬰兒。兩小時過去了。我的那些在窗戶後面的蚜蟲囚犯在窗玻璃片上、在窗洞灰泥塗層上，以及在窗扇木頭橫框上分娩。什麼位置、什麼姿態

對牠們來說都很合適，因為事情已經刻不容緩。

　　處於產褥期間的蚜蟲抬起身上的兩隻大翅膀，鬆軟地振動下面的兩隻小翅膀。腹尖彎曲起來，接觸到支撐物體。成功了，胎兒垂直地安放到支撐物上，腦袋在上。在稍遠的地方，第二個胎兒同樣迅速敏捷地被安置起來。然後又是另外一個，依次類推。在很短的時間內，這種播種似的工作結束了。一胎的總數平均是六隻。

　　蚜蟲幼蟲豎立著，垂直地固定在支撐物上。這種不穩定的平衡是必不可少的。的確，新生兒被一層十分細薄的膜包裹著。兩分鐘後，這個襁褓裂開，後退。幼蟲的腳跑出來，向四面八方自由地擺動。如果這隻小昆蟲臥倒在地，牠的腳就無法這樣擺動。經過一陣擺動後，第一次發揮作用的關節便有了力量，變得柔軟靈活。這隻昆蟲做了一會兒體操後，就臥倒，然後前去廣闊無垠的世界四處遊蕩。

　　當牠立起身來狂奔亂蹦時，行人（蚜蟲成蟲）不顧牠幼小的年齡，把牠推倒。這時牠的處境岌岌可危。牠被從牠那塗有樹膠的柱座上扔下後，往往死去，不能蛻皮。幾根蛛絲掛在窗角上，幾隻長著翅膀的蚜蟲產在蛛絲上，這些吊掛在蛛絲上形成花環的蟲子一如往常產下幼蟲，但產下的幼蟲卻因掉落在窗

洞邊緣，找不到豎著的棲所而無法蛻皮。

　　窗扇的橫框很快就住滿了十分活躍、快速行走的蟲子。牠們和長著翅膀的蚜蟲亂七八糟地混在一起。在看不見的事物的邊緣，這是一幅多麼嘈雜喧鬧的景象啊！這些忙得不亦樂乎的微小東西在尋找什麼呢？牠們需要什麼呢？我的無知將導致牠們滅亡。在兩三天內，長著翅膀的蟲子死了。牠們扮演的角色完結了，牠們的孩子扮演的角色卻開始了。這些孩子再流浪一些時候也不動了，這群孩子死了。讓我們在用畫筆清掃之前，簡單地敘述一下牠們的體貌特徵。這些昆蟲的身體呈淡綠色、細長，差不多一公釐長。牠們動作靈活敏捷，腳抬得相當高，碎步小跑，忙得不亦樂乎。

　　將近九月中，球癭稍早於角癭爆裂，微微打開牠們的褶子、帽子護耳和紡錘。篤蓐香樹的五種癭棲物有著同樣的用途。蚜蟲成蟲（或者長著翅膀的黑色蟲子）出生於牠們的開放的住所，朝夕之間，每隻分娩少數幼蟲——五隻或者六隻，如角癭的蚜蟲成蟲那樣。

　　帽子護耳蟲癭產出粗短的、蝨子似的蚜蟲，身體後部比前部寬闊，呈深暗橄欖綠色。最惹人注目的是口器。它緊緊貼靠在小傢伙身體下部，向後突出，在某種程度上令人想到螽斯類

的產卵管。這些纖弱的蟲子會用這部機器做什麼呢？這是一把
軍刀、一把利劍。這個刀具豎起時後會妨礙行進。爲了把它插
入滋養牠們的植物裡，小傢伙似乎豎立在牠的腳上，腳長與巨
大的探測器成正比。我喜歡觀看這個大喙似的物體運轉。我的
蚜蟲囚徒拒絕接受我送給牠們的東西——樹葉和新鮮的蟲癭。
牠們在封閉試管的棉花塞子上蜷縮成一團。牠們有事要做。牠
們想走開嗎？去哪裡呢？

　　球癭裡的蚜蟲呈淺黃褐色，小葉褶子裡的蚜蟲呈綠黑色。
這兩種蚜蟲同樣粗短，優雅地蜷縮得像小癩蛤蟆。牠們的口器
都不太大。這種奇怪的口器向後凸出，靜止的時候好似尾巴的
附屬物，這在紡錘形癭的幼蟲身上也可看見。只不過，這一次
小傢伙呈長方形，體色淡綠。

　　讓我們省略這些枯燥無味的東西吧！對我們來說，辨別出
篤耨香樹上的五種共食者不屬於同一個有著多種行業的亞種，
而屬於不同的種就足夠了。如果說在此之前的各代蚜蟲彼此相
似，似乎肯定了特有的單一性這點，那麼，長有翅膀的蚜蟲正
好證明了相反的情況。這些粗短的蟲子和這些苗條的蟲子，這
些有著不同口器的蟲子，這些嫩綠色的蟲子、暗綠色的蟲子、
淡黃色的蟲子，顯然有牠們單獨的形態。

　　透過仔細觀察可以寫出五類特徵。但是，讀者被描寫性的散文弄得十分掃興，感到非常厭膩，會很快把書的這一頁翻過去的。讓我們繼續下去吧！讓我們離開昆蟲實驗室、試管，與短頸廣口瓶吧！讓我們去看看在荒石園裡的篤蓐香樹上發生的事吧！

　　蟲癭在天氣最炎熱的時刻頻頻受到檢查和探視，現在在我們眼前打開了。角癭頂端裂開。一些球癭側旁龜裂，另一些球癭拆開了唇瓣，隙縫立即變得相當寬大。儘管驕陽似火，黑蚜蟲移民仍然一個個不慌不忙地、異常平靜地出現。在我的工作室裡，在陰影中，外出行動並不因此節制一些。牠們在缺口上停留了幾秒鐘，然後從牠們蓋滿塵土的背上拋擲一股粉塵，張開翅膀飛離。稍有風吹，牠們一飛就可以飛到我眼力不能及的遠方。

　　部分的成群移居經常發生。移居分在好幾天內進行。當整群飛行的蚜蟲消失後，還剩下沒有翅膀的蚜蟲。牠們是些駝背的矮子，是離去的粗大蚜蟲的生殖者。牠們當中有幾隻來到出口的邊緣曬一會兒太陽，然後很快返回。接著馬上就有另一些接替牠們。可能這些蟲子也對強烈的光照感到十分驚訝。在這之後就再也沒有一隻蟲子出現了。光線沒有為牠們帶來歡樂。牠們在遭到破壞的蟲癭裡又勉強活了一兩個星期。牠們的末日

臨近了。乾燥的蟲癭使牠們飢餓難熬。精力衰竭的高齡使牠們就地死亡。

直到現在爲止，都沒有出現什麼新的情況。園子裡的篤耨香樹讓我了解到的事物，在實驗室裡使用的妙法巧計也都已經讓我看到了。窗的玻璃片和實驗用的試管，甚至還比篤耨香樹向我提供了更多的情況。它們讓我獲得了關於有翅膀的蚜蟲的那份資料。在自由的田野裡，很重要的一點避開了我的注意，因爲蚜蟲在遠處，在我不知道的地方分娩。正如蚜蟲移民的飛行所證明的那樣，新生幼蟲必定到處撒布，距離相當遠。難道我因此就不能在篤耨香樹上，找到在我工作室的觀察中讓我熟悉的蚜蟲幼蟲嗎？能夠，但是，是在一些值得轉述的條件下。

讓我們重複這一點：篤耨香樹蚜蟲想走出牠們的蟲癭。牠們面對那堅固、沒有出路的掩蔽所，卻沒有任何拆毀圍牆的方法。牠們身強力壯，能夠使植物性組織產生輕微的搔癢感覺，使這些組織鼓脹成癭瘤，但卻對圍牆無能爲力。解脫的時刻到來時，牠們不管多麼迫不及待地渴望外出，卻都必須等待蟲癭自動打開，必須等待角在頂端裂變爲具有稜角的體節，必須等待小球的旁側裂開。堡壘還沒有自行拆毀，就不能外出。

然而，這樣的情況是可能發生的：長翅膀的蚜蟲群已經成

熟，並且準備在圍牆出現缺口之前繁殖。這或者是因為蟲癭還不夠膨脹，或者是因為過早的乾燥侵襲了蟲癭，使它之後不適於打開。

在這場災難中，我的這些蚜蟲囚犯做了些什麼呢？在自由的空中能做什麼，牠們就做了些什麼。事情刻不容緩、不能拖延。緊迫的時刻來到了。牠們一些堆在另一些身上生殖，擁擠不堪，幾乎無法挪動身子。在這堆亂七八糟的在蠟質灰粉間動個不停的翅膀中，在這堆混雜的、總是變化不定的支撐物上尋找平衡的腳爪中，很多幼蟲遭到踐踏，被弄得形體損傷。很多最終無法蛻皮，而乾燥成了塵土小粒。然而，大部分幼蟲因為生命力十分旺盛，能在擁擠不堪、異常混亂的環境中擺脫困境，生存下來。

讓我們在十月時打開一個球癭，或是一個雖然已經乾燥但沒有破裂的角癭。我們會發現它的內部塞滿了黑色蚜蟲。這些蚜蟲全都長著翅膀，全都已經死去。這是一堆生殖者——分娩後的死者。在屍堆下，特別在靠居所內壁處，我用放大鏡發現了幾千隻小蟲，真是令人目瞪口呆、萬分驚訝。這是一個新的群體。這是在過去的廢殘屍堆中躁動不安的未來生命。這是長翅膀的蚜蟲的後代。這是出生在監獄裡的蚜蟲家族的子女。這裡，那裡，在這群動個不停的蚜蟲幼蟲中，有些步伐比較笨拙

但卻生氣勃勃的朱紅色小點。這是蚜蟲群體的祖母。牠們繁衍興旺，據說還能度過寒冬。

我抱持這樣的希望：只要這些祖母外觀還好，我就把牠們保存起來。牠們扮演的角色還沒有完結。我把牠們連同被刀子剖開的蟲癭擱在一邊。牠們在破破爛爛的隔室裡任憑風吹雨打，當惡劣天氣來襲時就會死去。但是，在玻璃的保護下，牠們能夠堅持住嗎？我幾乎預料到了這一點。

的確，開始時情況並不太糟。我的那些朱紅色的小傢伙外觀依然很好。然而，初寒乍到，牠們就動也不動了，但外貌仍舊鮮活，彷彿牠們會在來年春天甦醒過來。這些表面現象使我上當受騙：這些紋絲不動的蟲子永遠不會再動了。早在四月以前，整個蟲群都已死去。我的照顧只是把牠們的死亡延遲了一些時間，但最終仍未能阻止這種不可避免的結局。儘管如此，我仍然十分欽羨小個子紅色蚜蟲祖母頑強的生命力。牠們活了半年，而牠們的女兒只活了幾天。

正如我的那根枝杈證明的那樣，黑色蚜蟲移民，那些長著翅膀的蚜蟲，從此擺脫了攝食的需求，離開了牠們的篤蓐香樹，不必再另尋一棵。這根枝杈擱在蚜蟲出走的路上，卻不被拿來充當臨時休息處。黑色蚜蟲移民似乎同樣不關切家庭住處

的選擇。在我的窗戶前面，蚜蟲幼蟲隨便擱下，隨便擱在牠們偶然飛去的任何地方：窗玻璃片、窗洞灰泥塗層、窗扇木頭橫框。沒有任何情況顯示，陌生的地方被牠們認為不合適。牠們沒有絲毫不安的跡象，沒有任何飛向別處，飛向更為有利的地方的嘗試。這一大群長著翅膀的黑色蚜蟲嚴肅而安靜，分娩、閒逛。

田野裡的情況不會有什麼兩樣。移居的蚜蟲一旦獲得自由，就抖落身上的蠟質灰塵，根據主導的氣流，朝著這個或者那個方向飛去。氣流推動著蚜蟲的翅膀，這與最初帶著沈重的大肚子的蚜蟲形成了鮮明的對照。牠們很快飛到陽光下，在空中翱翔，在空中歡天喜地跳起芭蕾舞來。牠們就這樣離去。只要軟弱的翅膀能夠飛翔，牠們就盡量在空中飄浮。接著，牠們被這樣在陽光下的精彩表演弄得精疲力盡，於是隨便碰到什麼物體就馬上停落，在那裡站穩腳跟，就像我那些關在窗戶後面的蚜蟲囚犯那樣不再飛翔。牠們就在那裡生殖。生殖的地點無關緊要。之後等待牠們的只是死亡。

蚜蟲們這樣急迫地而非耐心地尋找生殖地點，在移居的蚜蟲子孫中，肯定會有大批死亡。在光禿禿的地上，在石頭上，在乾燥的樹皮上，蚜蟲幼蟲必然死去。牠們在短期內需要食物，卻又不能長途跋涉去尋找。牠們的口器有時很大，像尾部

的長劍那樣超過了腹尖，要求重新豎直，要求插入新鮮汁液的源泉中。要嘛飽餐一頓，要嘛死亡一途。在我親眼目睹蚜蟲幼蟲出生的試管裡，我的蚜蟲囚犯由於食物短缺，存活下來的不到十五隻。

在我實驗過的多種讓蚜蟲群度冬的草中，沒有一種成功。但是，我雖然缺少直接觀察，邏輯推理卻助了我一臂之力。毫無疑問的，這些很小的蝨子似的蟲子，此時此刻是牠們種族獨一無二的代表。牠們將度過嚴冬，並且將成為來年春天占有篤蔣香樹的蚜蟲群的始源。這些弱小的蟲子不能暴露在氣候惡劣季節的霜刀雪劍之下，掩蔽所對牠們來說是必不可少的。這個掩蔽所要既可以供應牠們糧食，也要可以供應牠們居處。然而到哪裡去尋找這樣的掩蔽所呢？牠們會找到的。這個掩蔽所位於地下，在那裡冬天時仍有綠色植物存活。

的確，人們推測某些禾本科植物茂盛的葉叢提供牠們避難的地方。這樣的居所深受各種蚜蟲喜愛。牠們在那裡把口器插進甜甜的根狀莖上。那裡雨、雪很難滲進，篤蔣香樹蚜蟲能夠在那裡找到理想的冬季宿營地。關於在這些掩蔽所裡發生的事，我們只能如此地猜測了。

第十二章
篤薅香樹蚜蟲
的交尾與蟲卵

　　小不點蚜蟲幸運地到達了牠的冬季宿營地，牠用口器把自己固定在那裡。牠在那裡喝水，也在那裡創建一塊蚜蟲移居地；但是牠的幹勁卻不及那些享受了夏日炎熱的前輩。牠仍然以同樣快速的生殖方法，即無性的直接分娩法，使一個小小的族群聚集在自己周圍。這個族群的最終形態是長著翅膀的黑色蚜蟲，和我們剛才看到從蟲癭裡遷移出來的蚜蟲一樣。

　　牠們能夠飛翔，也到處旅行，但旅行的方向與祖先相反。牠們的祖先從篤薅香樹飛向田野。而牠們則離開禾本科植物下的多季宿營地到小灌木中居住，並且將在那裡修建蟲癭——夏季棲息所。觀察牠們抵達的情況毫無困難。

　　五月的上半月，我每天都探查荒石園裡的篤薅香樹。小灌

木的葉子已經長得密密麻麻的，但還沒有顯露出成熟的綠色。大多數小葉在葉梢都有個鼓突的胭脂紅小袋子，這是春天的蚜蟲群製作的第一個作品。將近早上十點，如果天空平靜，陽光燦爛，長著翅膀的蚜蟲就會到來。牠們孤零零地來自四面八方。牠們撲向上部枝杈的葉子，之後馬上展開徒步搜尋。牠們聚集一起，滿坑滿谷。

這些蚜蟲眞是忙得不可開交，在樹枝上，在樹幹上依次往來奔跑，絡繹不絕。這支蚜蟲商隊的大部分成員從上向下行進。這說明了搜尋的目標在地下這個方向。這種下降現象非常明顯，十分惹人注目。然而也有幾隻蚜蟲逆向上行，或者漫無目的地東遊西逛。這幾隻蚜蟲通常以被截去一段的身體有別於其他蚜蟲。第三對腳後面的那部分身子好像被切斷，使牠們失去了腹部。我的天啦，這個上帝的創造物多稀奇古怪啊！牠們是用胸部在行走。相反的，那些下行的蚜蟲有著狀態良好、略微肥大、下部呈淡綠色的腹部。我們很快就會發現這些好像被截去腹部的蟲子的秘密。

讓我們暫時目隨這些大腹便便的蚜蟲吧！牠們神情冷漠地在光滑裸露的樹皮上行走，來來往往，川流不息。假如牠們遇到一個玫瑰花結形的地衣，就停留一些時間。地衣在小灌木叢下，在樹幹上觸目皆是。下行的蚜蟲隊伍偏愛在這些著地衣的

地方行走。

梅花衣的黃色玫瑰花結蓋滿了蚜蟲訪客。這些客人將牠們的腹部末端緩慢地、巧妙地插進植物的鱗片之間，然後在一段時間內靜止不動。在這些隱花植物的掩護下發生的事瞞過了我。事情結束了，而且結束得很快。蚜蟲再度行走。但牠們這次卻失去了腹部。牠們再次上升，飛走。下午一點鐘，樹幹上只剩下失去了腹部的蚜蟲，牠們慢吞吞的，落在後面。在半個月內，如果天氣晴美，蚜蟲們又重新開始忙碌起來。

在神秘的地衣裡到底發生了什麼呢？在工作室所進行的觀察會告訴我們的。我用畫筆尖隨意地在一支玻璃試管裡清掃下行的蚜蟲長列，對牠們施行劇烈的產科手術。這個手術曾幫助過我察看秋天的蚜蟲移民腹內的情況。

我用針在一張紙上擠壓牠們的腹部，牠們全都給了我一群有黑色眼斑的胎兒，無一例外。我們再次面對的又是胎生的、失去性別的生殖者。牠們全都毫無區別地生殖，既配不上父親的稱號，也配不上母親的稱號。

牠們是裝載子孫後代的袋囊。牠們扮演的角色是在飛行中把一群身體弱到無法自行去到篤耨香樹上的群體帶到那裡。兩

種長著翅膀的蚜蟲——這個族群在空間的運載工具，也在空中穿梭往來。風和日麗及居住空中木屋的季節來到時，牠們從禾本科植物飛往小灌木。當寒冷及居住地下庇護所的季節臨近時，牠們又從小灌木飛往禾本科植物。

這兩種長著翅膀的蚜蟲服飾衣著相同，形態和身材也差不多，生殖能力都不強。秋季的遷移蚜蟲一胎產下半打左右的幼蟲。春季的遷移蚜蟲一胎產下的也局限於這個數量。

在針的擠壓下被掏空了的蚜蟲肚提供了證據之後，我們讓事物恢復正常的程序吧！我從玻璃試管裡掃除幾隻有翅膀的蚜蟲，牠們來自篤耨香樹的高處。我給牠們一根乾的小灌木枝做為探測場所。結果牠們迫不及待就生產了。在不到一刻鐘內，蚜蟲囚犯分娩了。

這情景和我的窗戶玻璃前面的秋季遷移蚜蟲急切向我顯示的情況相同。牠們一生最重要的時刻來到了。牠們隨便遇到什麼支撐點，不管是否適合，是否有利，就在那裡分娩。因此，到達篤耨香樹上的蚜蟲，迫不急待地去到樹下。樹下鋪著地衣，是最好的避難處。如果牠們遲遲不抵達那裡，就在途中掏空牠們的袋子，那麼無遮無蓋、沒有掩護的幼蟲將會面臨極大的危險。

　　我現在暫時用來布置試管的小柴枝，對牠們來說相當於小灌木。長著翅膀的蚜蟲快速地走遍這根柴枝，在上面留下了一群喧鬧吵嚷的幼蟲。在很短的停留期間，牠將孩子們隨意地棄置在柴枝上。這隻頭腦不清的蟲子，就像一部毫不在乎隨意扔掉自己產品的機器。

　　這些蚜蟲幼蟲正如秋季的蚜蟲幼蟲一樣，生下來時站立著，身體後部貼在支撐表面上，並且裹著十分纖細的襁褓，用放大鏡也幾乎看不見。生下來的蚜蟲胖娃娃在兩分鐘內靜止不動。接著，襁褓撕裂了，腳解脫了，小蟲蛻了皮，跌倒後趴在地上。然後，牠離開這個地方到別處去。於是世界上又多了一隻蚜蟲。

　　在短短幾分鐘內，蚜蟲母親的腹部枯竭了。這隻播種的蟲子一下子就變得難以辨認。最初圓鼓鼓裝著胎兒的袋子，隨著牠拋投出牠所包藏的胎兒，就皺縮乾癟起來，最終變成一個微不足道的小顆粒，只剩一塊長著翅膀的胸膛。這樣我們從這裡得到了關於篤蓐香樹之謎的謎底。

　　在篤蓐香樹上下行的蚜蟲商隊肚子膨脹，牠們到地衣裡卸下牠的重負。在這棵樹上上行的蚜蟲商隊從地衣裡返回，分娩後腹部消縮不見，而牠們在有鱗片的玫瑰花結短暫棲留是為了

安置後代。

　　我的確收集了一些地衣碎片。我在這些碎片中找到了大量
在鱗片的掩護下蜷縮成一團的小蟲。這些小傢伙跟我從試管裡
得到所需數量的小東西一模一樣。讓我們還加上這一點：分娩
完成，肚腹消縮，長著翅膀的蚜蟲第二天或者第三天死亡。牠
們扮演的角色完結了。

　　小蝨子似的蚜蟲在我的試管裡出生，或者從牠們天然的掩
蔽所取出，形成四種很容易從其體色辨識出來的類別。爲數最
多的呈草綠色；牠們的腦袋和透明的腳無色，形態比較輕捷、
細長。其他各類蚜蟲的個子要粗兩三倍，身子鼓突；牠們當中
有些體色很淡，略帶黃色；有些呈鮮豔的琥珀色；還有些呈淡
藍色。

　　一隻長著翅膀的蚜蟲一胎生下六到八隻幼蟲。這一胎既生
下身體纖細的（總是呈綠色），也生下身體圓鼓鼓的（有時體
色蒼白，有時呈綠色）。很可能其他這三類圓鼓鼓的蚜蟲代表
著不同的種類。然而，在產下這三類蚜蟲的長著翅膀的蚜蟲之
間，我看不出外形上有什麼區別。毫無疑問的，我如果用顯微
鏡對細枝末節進行觀察時鍥而不捨、毫不退縮，我就會看出一
些不同。

　　讓我們來觀察一些最饒有興味的現象。幼小的蚜蟲不管體色怎樣，全都沒有口器，有著兩個十分清晰的黑色眼點。因此牠們具有視覺，能夠自己導向，彼此結交，聚集成群。但是，正如牠們沒有口器這個事實所表明的那樣，牠們什麼都不吃。

　　牠們十分活躍，在我用來裝飾牠們出生的試管的篤耨香樹枝杈上東遊西逛。牠們在樹皮的隙縫間停留，潛降到裡面進行探測，然後又忙不迭地遊蕩起來。最後，牠們在被粗魯地截斷的小枝杈兩端躲藏起來。牠們蜷縮在樹枝纖維的間隔中，尾巴露在外邊，腦袋鑽進隙縫中。

　　第二天，我發現牠們大多數聚集在封閉試管的棉花團裡，紋絲不動。這地方就好似地衣裡小小的藏身處。我看見牠們當中有些隔一段時間就悄悄用腳調情。我還看見有些成雙成對配對一起，身子細長的在上面，肚子圓凸的在下面。

　　事情明擺著了嘛！這次我終於親眼目睹了兩種性別、兩種真正的性別，我看見牠們交尾。雄蚜蟲比較細小，總是呈綠色；雌蚜蟲比較粗大，體色根據種類而變換。牠們是凍得多僵的情侶啊！這是什麼樣的婚禮啊！要相隔很久觸角才略微搖擺一下，腳才略微動彈一下。這兩個結成一對的小東西互相纏住，摟抱了一小時左右，然後分開離去。大功告成了。

目睹這樣的苦難婚姻，最初我簡直不敢相信自己的眼睛。按理結婚的時令是開花的季節，這是合乎慣例的。昆蟲為了慶祝自己的婚禮改變形態體貌，讓自己變得更加健壯、更加漂亮。牠長出翅膀，用首飾把自己打扮起來。相反的，我的試管裡的已婚蟲子卻落的最悲慘的地步。

牠們的前輩沒有性別，長著翅膀。這些前輩仍被囚禁在蟲癭裡，牠們豐滿多肉的尾巴基部上帶著像白鼬皮飾帶那樣的長條痕。而現在這族群的精英——試管裡的已婚蟲子，卻沒有翅膀，沒有雪白的飾物，沒有橘黃色的肥大肚子。牠們是整個家族中最可憐的、最瘦弱的。性在其他任何地方都發展壯大，在這裡卻在衰退。這真是對主宰生命的偉大法則的一大嘲諷。

篤耨香樹的蚜蟲移民擺脫了傳統的有性生殖。然而，蚜蟲這個族類卻遠遠沒有因此受到什麼損害，相反的還異常繁衍興旺，以致牠們在一個季節內可以從一隻繁衍成千百隻。那麼為什麼不可以就這樣以我們種植的大蒜、普羅旺斯蘆竹、甘蔗等植物為榜樣，連綿不斷地延續下去呢？為什麼過去獨自一隻就能很有效率地生產出下一代，現在又有什麼必要需要兩隻來一起提供呢？

方法的急遽改變，理由是產品的改變。蚜蟲前輩可以比擬

為被根包圍住的根，牠們產下小小的有生命的東西。這些小生命很快活動起來，把牠們的口器插進蟲癭的內壁。而那些卑微的產婦則變身為蟲卵被保留起來。卵是個精巧雅緻的家，整整一年，生命將保存、潛藏在那裡。過去我們有穗，現在我們有種子。

為了抵抗惡劣氣候的侵襲，為了讓生命的活力一直潛藏到遙遠的未來，蟲卵像種子一樣，需要兩種能量結合起來。這兩種能量將牠們的潛在性互相協調後，就更有效能了。至於這種需求的理由，就讓我們承認自己一無所知，而且可能永遠也一無所知。

現在，讓我們來瞧瞧在蚜蟲身上事情是怎樣發生和發展的。雄蚜蟲——身體染成綠色的蚜蟲，在交尾後緊緊抓住封閉試管的棉絮，朝夕之間就在那裡變得乾燥，化為塵土細粒。牠死了。牠的雌性伴侶仍然待在原處，一動不動。

我心血來潮，想看看這個雌性伴侶的腹內有些什麼變化。顯微鏡讓我看到在牠半透明的皮下有個由微粒形成的乳白色橢圓星形物，差不多占據了這隻微小昆蟲的整個身軀。這個物體是個無限渺小的星雲。在這個星雲裡有一枚卵。這是中心天體。此外，就不再有什麼東西了。沒有卵巢和輸卵管。沒有按

照慣例般在昆蟲身上像念珠飾那樣的胚孢。

　　幾乎全部母性的物質都被分解、融化，並且根據新的定律鑄造出來。這種母性物質過去充滿活力，現在變得死氣沈沈，並且聚集成球形，成了胚孢。未來的生命潛藏在這個胚孢裡。原有的母性物質的生命已經完結。它以後將復活，復活後仍然保持原來的形態。想找到比這更好的、主宰著生命嬗變的高級煉金術的例子真是談何容易。

　　從這只熔爐裡會鑄造出什麼呢？眼前什麼也沒有，因為不見蟲卵。整隻蟲子都變成了卵——僅有的一枚卵。卵殼就是小昆蟲變乾的皮。這枚卵保藏著腳、頭、胸、腹、生殖組織的表皮分節。從表面看來，除了沒有生命跡象外，這就是初始的小蚜蟲。

　　迴圈現在閉合起來，把我們引回出發點，引回我在篤蓐香樹的地衣下面和在樹枝的隙縫裡收集到的謎一般的小體。試管中的棉花團塞裡有著黑色的和紅棕色的兩種小體。這些小體和小灌木直接向我提供的一模一樣。

　　這些小體都和種子一樣，幾乎全年保持穩定不變，等待有利的季節回歸，以便發芽。它們在五月生出後，一直到來年四

月才孵化，於是開始了奇怪的世代。這個世代用幾句話來歸納是不適當的，因為它太複雜了。

出生於蚜蟲卵的小體讓一張新葉的葉尖鼓突成胭脂紅色的小口袋。獨身蚜蟲在這只袋子裡產下一個逐漸分散，並且將在別處一隻隻建立蟲癭的家庭。

住宅的第一個修建者，最初也單獨生育出合作者。這些合作者長大後變的駝背，帶著布袋，用紅色來裝扮自己。牠們是狂熱的種族繁殖者。牠們有著大多數沒有翅膀的、身體呈橘黃色的蚜蟲子孫。這些子孫的身體九月變黑，並且長出翅膀來。

在這個時期，膨脹的蟲癭打開了。長著翅膀的蚜蟲飛往田野。每隻蚜蟲都在那裡撒播牠一胎所生的六到八隻幼蟲。這些幼蟲便在地下，可能還在某些禾本科植物下面度過氣候惡劣的季節。

蟲癭裡的家族會在冬季棲居地繁殖，但很節制。最後的一代是長著翅膀的蚜蟲。牠們和秋天那些長著翅膀的蚜蟲相似，牠們拋棄了地下的窩巢，飛到了篤耨香樹上。牠們在那裡把肚裡的東西——還剩下的六到八隻幼蟲，安放在樹木的裂縫裡或者地衣的遮掩下。

迄今為止，整個蚜蟲家族都在單性生殖的情況下繁衍。然而現在卻出現了性別和牠的產物——卵。春天，長著翅膀的蚜蟲產下的幼蟲雄、雌兩性都有。這些幼蟲是些衰弱的小生命，在整個家族中體型最小。這些矮小的蟲子擺脫了食物的羈絆後，成雙成對地交配。牠們沒有其他事要做。不久以後，雄蟲就死去了，而雌蟲則一動也不動，轉變為卵的狀態。

第十三章

食蚜者

　　將透過食物進入體內的化學成分不經多大的改變聚集成營養物質，是一項細緻的工作，這需要合作者的連續協作，並以各自的方式進行選擇和提煉。這項工作始於植物這座細胞工廠，在這裡，土壤中的礦物成分和空氣在陽光的作用下結合成化合物，成為儲備熱量的倉庫。太陽能在此聚集成為動物生活的家園，動物將靠消耗太陽能維持生命的活動。

　　這項工作在微小的收集者體內持續進行，牠們耐心地一點一點加以完成，把渣滓變成精華，把吸收的點滴食物加工成昆蟲和鳥類的食物，之後又經過一個又一個消費者的加工，變成了大動物乃至我們人類的食物。

　　蚜蟲是這些微小的聚斂財富者之一。牠很渺小，這是事

實，可是牠們那麼多，好幼嫩，好豐滿啊！牠的肚子是個盛著
甘露的水壺，專供別人飲用。雖然要從成千上萬隻蚜蟲身上才
能提取一滴甘露，可是赴宴者有的是時間，而且蚜蟲多得取之
不盡。蚜蟲憑著瘋狂的繁殖力，也根本不在乎這樣被耗食。牠
們的殖民地就像一座座工廠，以飛快的速度大量地為一群更高
一級的動物生產食品。我們來瞧一瞧在篤蓐香樹上工作的蚜
蟲。篤蓐香樹這種灌木生長在被陽光鈣化的岩石縫中，在那裡
它攝取的食物很少，而且受到局限，可是它在那吝嗇的岩石縫
裡卻依然生長旺盛。在這麼貧瘠的地方，它的根能得到什麼
呢？從岩石中分化出來的一些礦物鹽，和偶爾下雨積留下的少
許水分和涼爽。這就足夠了，它枝繁葉茂，把石頭變成了可吃
的東西。

　　但是，要利用這種飽含松脂的篤蓐香樹綠蔭，需要一些特
殊的消費者。牠們得不嫌棄那股怪味，看來愛吃這種植物的昆
蟲很少，至少我還沒見過。沒關係，這種流著樹脂的灌木將免
不了為一般的野炊貢獻一份心力。這種被其他昆蟲拒絕的東
西，最低賤的昆蟲──蚜蟲卻接受了它，把它當作美味佳肴，
並不再奢求其他更好的東西。蚜蟲用牠的柳葉刀切開樹葉，使
葉片鼓起形成一個倉房，躲在裡面大量繁殖，並且把自己養得
胖胖的。

　　蚜蟲對來自岩石並經過植物粗略加工的物質進行提煉，從中吸取精華，把牠變成高級產品。有朝一日，牠肚子裡的產品經過仲介者的傳輸，也許將為鳥尾提供小脂肪球。

　　我企圖認識那些最早開發利用蚜蟲的昆蟲，特別希望看到牠們的活動情況。偶然的機會幫了我的大忙。那些躲在篤蓐香樹上呈圓泡形、角形或凹凸不平的碉堡圍牆裡面的蚜蟲們，只要不留給那些貪戀嫩肉的略食者入侵的裂口，就可以安安逸逸地生活。但是由於乾燥而變得疏鬆的蟲癭難免會有裂口，而且對於處在遷移期的隱居者來說，裂口是必不可少的。這樣，對那些自己不會打開食品罐頭的掠食者來說，也就留下了一個掠奪的有利機會。

　　我那棵篤蓐香樹上最漂亮、最早熟的一些球癭八月底開始爆裂了。幾天後，在炎炎烈日下，我正巧看到一個球癭裂開三條輻射狀的開口，從裡面淌出淚滴似的黏液。長了翅膀的蚜蟲一隻一隻慢慢地出來了，牠們停在門檻上，笨拙地做著起飛前的試飛動作。球癭裡面還有許多蚜蟲擠來擠去，正準備動身去旅行。

　　但是一隻正在捕獵的、瘦弱的黑色小膜翅目昆蟲匆匆地飛向這個敞開的筐子。這是三室短柄泥蜂，我經常在薔薇莖裡發

現牠們的巢房，那裡面的儲藏物有時是葉蟬，有時是黑色的蚜蟲。有八隻膜翅目昆蟲越過篤耨香樹流出的漿液，鑽進蟲癭中，牠們並不在意自己可能會被黏住。

三室短柄泥蜂（放大4倍）

不一會兒牠們就從蟲癭裡叼出一隻蚜蟲，急匆匆地飛走了。牠們要把戰利品送到儲藏嬰兒食品的儲藏室裡。爾後很快又回來，叼住另一條蚜蟲，再飛走。如此往返，採集工作極其迅速地進行著。這是個極好的機會，應該在成群的蚜蟲離開之前盡量多撈一把。

有時牠們不用鑽進球癭，在門口就能逮住鑽出來的蚜蟲，得到滿意的獵物，這樣做既迅速，危險性又小。只要蟲癭還沒被掏空，劫掠就會以這種令人目不暇給的方式持續下去。這八名強盜是如何獲悉食品罐頭已經打開了呢？早來一步的話不可能得手，牠們自己無法攻破壁壘，晚來一步就只會得到一些空殼。牠們知道蟲癭開裂的確切時間，因而蜂擁而至。那一個個蟲癭終於被掏空了，牠們撤走了，也許去搜尋另外的蟲癭了。

許多蚜蟲躲過了大屠殺，因為牠們有翅膀，三室短柄泥蜂每次離開的那段時間給了牠們逃跑的機會。然而，要是遇上後

一種食客——毛毛蟲，牠們就會被趕盡殺絕。這種毛毛蟲，身上間雜著玫瑰紅色和棕色，牠能找到既完好又裝滿了尚未長出翅膀的蚜蟲的蟲癭，牠用牙猛咬蚜蟲住所的肉質隔牆，根本不在乎咬破的地方所湧出的酸澀樹脂，牠小口小口啃下來的蟲癭殼漸漸地在洞眼周圍堆積起來。我饒有興致地看著一隻毛毛蟲工作著，牠把大顎伸進洞眼，又是拽，又是咬，然後彎下頭部，時而向右擺，時而向左擺，把那些黏答答的雜物堆積起來。就這樣，在洞眼的周圍築起了一道黏答答的檻，木質殘渣就這樣淹沒在一片篤薅香樹的黏液中。

不到半小時，蟲癭的外壁就被鑽出一個圓洞，正好和毛毛蟲的腦袋直徑一般大。腦袋能伸進去，身體也一定能鑽進去，毛毛蟲毫無困難地綳直身子，往狹窄的洞中鑽去。牠進去了，馬上掉過頭來，在天窗上織了一個大網眼絲簾，除此之外洞口不再封蓋任何東西。從蟲癭的傷口裡溢出的樹脂流下來滴在網上，凝成一個堅固的蓋子。從此，牠便可以安全地住在一個儲滿糧食的居所裡了。這些糧食足夠牠快快活活地過一輩子。

蚜蟲一隻一隻被扼殺。毛毛蟲吸乾牠們的汁液後，一甩頭就將牠們拋到了身後。蚜蟲屍骸很快堆積起來，毛毛蟲將牠們聚集在一起，用絲黏製成一床毯子，做為聖體盒與活著的蚜蟲群隔開，同時也便於讓劊子手逮住身邊的蚜蟲，隨心所欲地狂

飲大嚼。

　　只要節約一點，這些食物供牠享用一輩子是綽綽有餘的，但是毛毛蟲是個敗家子，揮霍無度，牠殺死的蚜蟲比牠能吃掉的多得多。對牠來說，把這些蚜蟲開膛剖腹，與其說是為了讓牠們盡早與那些死屍相聚，倒不如說是種消遣。因此屠殺進行得很迅速，裡面的蚜蟲無一倖免。

　　直到蚜蟲一條都不剩了，惡魔還沒長大，牠必須再去撬開其他的蟲癭。毛毛蟲離開蟲癭時，不是得捅開天窗的出口，就得重新鑽一個洞，這對牠那好用的大顎來說是件容易的工作。如果毛毛蟲還有胃口，同樣的屠殺將在第二個、第三個、乃至更多的蟲癭裡重演。現在該考慮未來了。在風乾變硬的蟲癭裡，毛毛蟲用發黴的蚜蟲做成一頂大帳篷，把自己圍在裡面，然後在帳篷中間，用漂亮的白絲為自己織了一件襯衣。牠將在裡面度過冬天，蛻變成蛾。

　　毛毛蟲能輕鬆地進入蟲癭，又能輕鬆地從裡面出來，如同鑽孔的工具那麼靈巧。但是變成蛾之後，牠該如何從這樣的保險箱裡出來呢？和其他鱗翅目昆蟲一樣，牠很柔弱，又沒有本領；而且牠出生的這個房間不會自動裂開，因為蚜蟲的死亡中止了蟲癭的膨脹，使蟲癭無法脹裂開來，在不變形的情況下蟲

瘿一直封閉著，並且變得跟核桃殼一樣硬。如果說待在用蚜蟲
屍骸做的被子裡過冬很愜意，那麼當野外舉行節日慶典的時刻
到來時，牠一定會感到囚禁之苦。我簡直不明白一隻柔弱的蛾
怎麼能夠從裡面鑽出來。

　　毛毛蟲早已考慮到了這一點。春天，在蛻變前，牠打開長
期以來被一滴樹脂封住的出口；如果樹脂太硬無法打開，牠就
重新挖一個直徑和第一個一樣大的圓孔，正好足夠腦袋鑽過
去。蟲瘿現在已經乾枯，不會再向外流樹脂了，這個小天窗將
暢通無阻。採取了預防措施後，毛毛蟲重新鑽進死蚜蟲製成的
毯子裡，準備在裡面蛻變。為蛾出殼所做的準備僅此而已。蛾
如何從這個小洞鑽出，而且還不會把衣服弄皺，這問題令我百
思不得其解。七月，蛾從蟲瘿裡鑽出來了，一切都清楚了。毛
毛蟲鑽好的出口綽綽有餘，當然，幸好蛾的翅膀還未張開，而
是彎曲成溝槽狀緊貼在身體的兩側和背部。為了鑽過小孔，蛾
把牠的服飾捲成半圓筒形，做成一個套子。

　　蛾是如何從蟲瘿裡鑽出來的，最終又將如何回到裡面。這
時的蛾不是我們一般熟悉的模樣，牠捲成了一卷綢緞，而且還
是一卷精美的綢緞，這樣一來很節省空間。綢緞上有白色、棕
色和深莧紅色的斑點，一條白線橫貫背部如同一條腰帶，前部
是深紅色的，第二條白線不那麼清晰，在翅膀罩上畫出一條尖

拱指向後部的第三條線，衣服的後襬有條灰色的寬流蘇邊；觸角很長，呈絲狀垂在背上；觸鬚豎立著，像尖尖的冠狀盔頂飾。這隻蛾身長十二公釐。啊！好一個高級強盜，一個蚜蟲的滅絕者！

其他不會打洞的昆蟲就利用複葉合攏形成的蟲癭，這種蟲癭有的扁平呈綠色，有的隆起或呈紡錘狀，或呈月牙狀、疙疙瘩瘩、色彩斑駁。複葉接縫很密，肉眼看不出來，可是這些蠅蛆卻知道哪裡有縫隙，能準確無誤地在接縫處產下一枚卵，一處就一枚，因為一個蟲癭裡的食物不夠養活多條幼蟲。蟲癭隨著裡面蚜蟲的長大而擴張，致使接縫處微微裂開，哪怕只張開一點點，等在外面的幼蟲，這位耐心的觀察家就會馬上插進去，用嘴巴撬開，用臀部拱起，從這裡啟封。現在牠進去了，到了蚜蟲的家裡，房間關得很緊，縫很快又合起來了。牠把蚜蟲全吃光以後，將從裡面出來，以一隻漂亮的小蒼蠅的模樣出現，那時蟲癭也將熟透裂開。稍後我們再來看看牠們在蟲癭裡因飢餓而大肆吞食蚜蟲的偉績。牠們屬於食蚜蠅科，有些在露天工作，這更便於我們的觀察工作。

也因為這樣，讓我忽視了那些在篤蓐香樹上工作的劊子手。那些食蚜蠅明目張膽地在其他植物上下手，先不去理睬牠們吧！我們還是回頭看看，鑽進蟲癭的蠅蛆和在裂開的蟲癭裡

搜捕獵物的三室短柄泥蜂，以及在蟲癭上打洞的毛毛蟲。

即使只是這三種昆蟲，生命的遞轉之術就已經很明顯了。三室短柄泥蜂繁衍的後代一樣帶著翅膀；蠅蛆變成小飛蟲；毛毛蟲變成衣蛾。牠們如果在露天裡蛻變，便很容易被路過的飛鳥叼走。這樣一來，來自岩石的物質，首先經篤蘅香樹的工作者加工，其次經蚜蟲的蒸餾釜加工，之後再經食蚜蟲者的胃加工，最終為燕子精心營造的傑作提供了礫石。

如果真的有份更加完整的倉儲和提貨計畫，那會是什麼情形啊！居住著蚜蟲的一棵小灌木就是一個世界，它既有牛奶供應區，又有野生動物園；既有肢解畜牲的場所，也有糖廠、肉店和罐頭加工場。為了開發物質，所有企業都在運作，所有工藝都用上了。這些工廠和我們的工廠一樣嘈雜，工種更加繁雜，常常極富創意。讓我們停在其中一家工廠門口看看吧！

我寧可先察看一種大型的金雀花。六月，這種金雀花的小樹枝散成絲條狀，看上去像燈心草似的，它使那塊多石子的土地香氣四溢。這是耶穌聖體節①專用的聖樹，那黃色的花瓣配

---

① 耶穌聖體節：這是羅馬教皇烏爾班四世於1264年設立的一個宗教節日，於聖靈降臨節後的第二個星期天舉行，以讚美聖餅，因為聖餅中有耶穌的聖體。——譯注

上鮮紅色的虞美人，裝滿了一個個帶著花邊的小花籃。花匠們從中取出花瓣做爲天然的祭獻物，拋向輔祭搖晃的提香爐冒出的煙霧中。在這個盛大的節日裡，山上金雀花盛開著採擷不盡的花朵；而我家小院裡那朝夕相伴的金雀花，爲我帶來的卻是思想，是知識的小花。

夏天假如稍有一絲涼爽緩解了酷熱，就會生長出無數的黑色蚜蟲，一隻挨著一隻，密密麻麻地覆蓋在金雀花綠色的樹枝上，如同那些生活在露天的同類一樣。金雀花上的蚜蟲腹部末端也長著兩根空心蜜管，這兩根管子裡裝著螞蟻的甜食——蜜露。請注意，在篤蓐香樹上的蟲癭裡，成熟的蚜蟲已喪失了這些器械，這可能是因爲牠們被囚禁在與世隔絕的地方，無人來享用牠們製作的蜜露，因而也就不必白費力氣去製糖了。但是那些生活在露天、面臨垂涎者威脅的蚜蟲，卻從未忘記如何生產蜜露。

牠們是螞蟻的「乳牛」，螞蟻擠牠們的奶，以搔癢來刺激蚜蟲排出甜液，小滴的甜汁剛流到管口，就被擠奶者喝掉了。這是些有著牧羊人習性的螞蟻，牠們把成群的蚜蟲圈養在牧場邊用小塊泥土建造起來的小屋裡，如此一來，牠們足不出戶就能擠奶並把肚子填飽。金雀花下的一簇簇百里香被變成了這樣的羊圈。

　　另一些對牧羊技術不甚精通的螞蟻，則採用自然開採法。我看見一群螞蟻排著長隊往金雀花上爬去，又見另外一群從樹上下來，吃飽喝足了，舔著嘴唇，鼓脹的肚子看起來像是半透明的珍珠。儘管擠奶工人為數眾多並且熱情不減，還是應付不了這麼大一群的乳牛，於是乳牛角質的乳房便會自動排出漲滿的乳汁，任意讓它流淌；下面的樹枝、小樹椏、樹葉沐浴在這甘露下便裹上了一層蜜糖。那些不會擠奶的美食家，成群結隊湧向陽光灼熬著的這些焦糖處。胡蜂和飛蝗泥蜂、瓢蟲和花金龜，特別是蒼蠅和小飛蟲，這些美食家身材各異，色彩繽紛。來得最多的是金綠色的蒼蠅，牠吃完腐屍的膿血之後又來舔食蜜露。無數隻蒼蠅竄來竄去，發出嗡嗡的聲響，來了一批又一批，無休無止，爭先恐後地吸吮、舔食，刮淨殘留的糖漿。蚜蟲是引誘昆蟲的糖廠主人，牠慷慨地把所有那些在酷暑中渴壞了的昆蟲，都邀請到自己的糖廠裡。

　　蚜蟲本身若被當作食物，貢獻就更大了。甜食是奢侈品，而肉類則是必需品，有的昆蟲部落就整個以牠為食。我們來回想一下那些最著名的部落。

　　一些像李子樹的果實那樣裹著一層青綠色粉霜的黑色蚜蟲，密布在金雀花椏杈上，猶如一個鞘套。牠們隻個挨一隻，屁股露在外面，疊成兩層：大腹便便的老傢伙在外面一層，孩

子們則在裡面一層。一隻夾雜白紅黑三色的蠕蟲，以水蛭的步態爬到那群蚜蟲身上，牠用寬大的後部支撐著，豎起尖尖的頭部，突然把頭向前一甩，揮舞著，扭動著，然後盲目地把頭扎向那層蚜蟲，那魚叉般的大顎不管落在什麼地方，都能準確地捕捉到獵物；因為獵物遍地都是，肯定在身邊四周都有，這惡魔瞎了眼也可以逮住牠們。蠕蟲伸出叉子用叉子尖叉住蚜蟲提起後，馬上放進口中，喉塞一伸一縮，像幫浦抽水一樣把蚜蟲吸乾，被逮住的蚜蟲蹬著腿掙扎一會就死了。牠猛一甩頭，把那皺巴巴的皮囊扔在一邊，馬上又轉向另一隻蚜蟲，吸完一隻又一隻，直到吃得腦滿腸肥。這個貪吃的傢伙總算吃夠了，蜷縮起來，打起瞌睡消化肚中的食物。過一會兒牠又重新開始捕食。那麼，在這場大屠殺中那群蚜蟲在做什麼呢？除了一些被拖出去的之外，其餘的誰也不動，被捉走的蚜蟲周圍的鄰居也沒有顯出任何不安。生命並不重要到非讓蚜蟲激動地去捍衛不可，蚜蟲只想把吸盤安置在一個好地方，又何必因為死亡將至而影響消化呢？周圍肩並肩的同伴在消失，一個一個被惡魔抓走，「被吸吮者」們卻無動於衷，沒有一點擔心的表示。這種麻木不仁就如同一根小草面對前來吃草的山羊一樣。

然而，這隻黏答答的蠕蟲爬行時黏起了一些蚜蟲，那些被黏起而後又脫落的蚜蟲疾步小跑，連忙尋找一個地方重新安頓下來。有時牠們爬到敵人的背上讓這個魔鬼馱著走，根本不知

道魔鬼的胃口大得多麼可怕。當其中一隻被蠕蟲的叉子叉住時，另外一些則被這受害者腹部流出來的黏液黏住，成串地掛在蠕蟲的嘴唇上，牠們雖然還完好無損，但已經在吞噬機器的嘴邊了。這些蚜蟲是否會多少做一點努力來擺脫厄運呢？絲毫也沒有，牠們等著下一輪輪到自己被吸乾。

屠殺工作進行得很快，更主要的是屠殺者一點也不知道節制，反正糧食吃光了，還會再有。大肚子蠕蟲抓住一隻蚜蟲把牠開了膛，這塊肉不好，那塊肉瞧不上眼，都被扔在一邊，立即換了另一塊，另一塊也被扔掉了，一塊一塊接連被扔掉。有時牠要從許多蚜蟲中才能挑中一塊合乎口味的，可是對蚜蟲來說，有多少隻被咬到，就有多少隻死掉，因為蠕蟲的大顎每次都會帶給牠們致命傷。因此蠕蟲爬過的地方，總會留下一堆吸乾了的蚜蟲皮，留下一堆死去和正在死去的蚜蟲，這就是屠殺者的行徑。我一時好奇想估算一下遇難者的數量，於是就把屠殺者和一根布滿蚜蟲的金雀花細枝椏裝進玻璃瓶。一夜功夫，屠殺者就把十六公分長的樹枝上滿滿一層蚜蟲都剝下來了，約有三百隻。這個數字表明，這條蠕蟲在兩、三個星期的生長期內，一共要消耗掉幾千隻蚜蟲。昆蟲學裡把這熱衷於開膛剖腹的蟲子蛻變成的美麗雙翅目昆蟲稱作食蚜蠅。這沒有什麼特別的意思，只是表明牠是隻小蒼蠅。雷沃米爾用具象的語言把牠稱作捕食蚜蟲的獅子。

　　離停在金雀花上的那群黑蚜蟲不遠處，豎著一些優美的枝狀裝飾，裝飾上每根絲線端都有一個小綠球，那是一枚卵，是另一個褐草蛉屬食蚜者的卵。那種奇特的產卵方式和晃盪著的卵，讓人想起了黑胡蜂所用的懸索。牠為了使新生的幼蟲不受移動獵物的傷害，把卵懸掛在從蟲穴裡垂下來的線繩末端。褐草蛉恰好相反，牠們的卵不是垂掛下來，而是放在高處，一束纖細的圓柱把卵托起來，卵就產在支架上。建構這種特殊裝置的目的是什麼呢？我和前人一樣欣賞著這優美的束狀，一個產卵支架托著一些卵。我無法理解這種造型有何用途。美觀和實用一樣也有其存在的理由，也許這就是唯一的解釋。

普通褐草蛉（放大3½倍）

　　身為一種可怕的動物，褐草蛉所缺少的僅僅是高大的身材。牠身上長著一束束粗粗的刺毛，足長，踮起腳尖顯出一副非常高傲的樣子。這隻可怕的蟲子用肛門做支撐，是個踩著高蹺的雙腿殘缺者。牠的大顎像尖端彎曲中間空心的鉗子，插進蚜蟲的大肚子，把蚜蟲吸乾，而無需做出其他的動作。蟻蛉和龍蝨幼蟲的管狀鉤也是有著同樣的作用。褐草蛉的第二代殘忍冷酷的程度超出了第一代，就像休倫人將把從戰俘頭上剝下的

帶髮頭皮繫在腰上那樣，牠們也把吸乾了的蚜蟲披在背上，像披著戰袍一樣在蚜蟲堆上挑揀、覓食。牠們每吸乾一隻蚜蟲，就會在自己的外套上添加一件破衣服。

現在我們看到的是高雅的瓢蟲家族。最普通的是七星瓢蟲，紅色的外殼上點綴著七個黑點，俗稱瓢蟲。普羅旺斯農民把牠叫做「卡塔理奈多」。牠的名聲不錯，年輕的村姑把牠放在豎起的手指上，放飛時對牠唱道：

告訴我，卡塔理奈多，
我將去向何方，
我將何時出嫁。

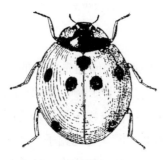

七星瓢蟲（放大4倍）

瓢蟲飛起來了，如果飛向教堂就意味著姑娘要進修道院，飛向相反的方向則表示姑娘將要結婚。天眞的七星瓢蟲占卜術也許是對飛鳥古老崇拜的追憶。這種占卜術肯定不亞於我們所能想像到的其他占卜方法。

令人遺憾的是，這種昆蟲那愛好和平的名聲與牠的習性極

不相符。事實總是破壞詩意。說實話，瓢蟲是個不折不扣的殺戮者，一個大名鼎鼎的殺手，幾乎找不出比牠更兇猛的了。瓢蟲邁著碎步吃掉一群群蚜蟲，騰出一片空地。牠和牠那有同樣食肉習性的幼蟲隨意放牧過的樹枝，一隻活蚜蟲也不會留下。

現在我們來看看金雀花下面的情況，在乾枯的落葉裡有一隻幼蟲，穿著之考究是我從未見過的。牠用皮膚裡滲出的潔白的蠟，為自己做了一件帶有條紋的蠟衣，這讓牠看起來像條鬈毛狗。一條白色的小蟲，並無優雅可言。當人們要抓牠時，牠就碎步小跑，猶如一滴奶滴滾到一粒沙子上。古老的博物學家用一個具象的詞──「長鬈毛獵犬」來讚美牠。

長鬈毛獵犬也是熱衷的食蚜蟲者。由於牠身穿寬袖的長外套不容易保持平衡，所以寧可在地上揀那些在樹上開發密密麻麻的蚜蟲群的瓢蟲及其幼蟲碰落下來的獵物，牠在落下的蚜蟲中間進行圍獵。如果樹上掉來的不夠多，牠也會冒險爬上樹和別人一起獵食蚜蟲。

六月中旬，在監禁中生長的長鬈毛獵犬蜷縮進枯葉的皺壁中，變成了鐵銹色的蛹，一半露在毛茸茸的棉紗外套上。兩週後成蟲出現了，這也是一隻瓢蟲，長著一些短短的柔毛，黑黑的，每個鞘翅上都有個大紅點。我認為這是橄欖樹瓢蟲。

食蚜蠅、瓢蟲、褐草蛉屬都是貪食者和野蠻的屠殺者。我們來看看其他一些儘管也是做著這樣的殺戮勾當，卻懂得用溫文爾雅方式的殺戮者。牠們不是自己享用蚜蟲，而是把卵一個個下在蚜蟲的肚子裡。我觀察到兩個例子：一個在薔薇上，另一個在大戟樹上，這些溫文的殺戮者都屬小蜂科，是攜帶生產探測器的小膜翅目昆蟲。

寄居著大量棕紅色蚜蟲的一根大戟枝梢，被放置於試管中，再放入六隻攜帶生產探測器的小膜翅目昆蟲。我搬動、安置的動作，都不會妨礙牠們的工作。從這個試管裡，我可以輕鬆地觀察到小小腹內探測者的藝術。

這裡有隻殺戮者正十分放肆地在一群蚜蟲背上走來走去，尋找著中意的獵物，牠得手了。蚜蟲在樹莖上密密麻麻的，那殺戮者無法直接靠在樹莖上，便坐下來，應該說是坐在被選中的受害者旁邊的一隻蚜蟲身上，然後把腹部末端挪到前面，以便能看清操作工具的尖頭。機器一開動，探頭就準確無誤地朝精密算好的位置插入，而不會殺死受害者。

短而靈巧的尖銳兵器已出鞘，毫不猶豫就扎進了蚜蟲肚子那軟綿綿的奶脂囊。被刺的蚜蟲沒作任何反抗，利器不聲不響地運作著，嚓！好了，一枚卵被放進了肉鼓鼓的肚子裡。殺戮

者把牠的手術刀收回刀鞘，兩隻前腳相互搓著，用被唾液沾濕的跗節把翅膀擦亮。無疑的，這是心滿意足的表示：穿刺很成功。很快就輪到了下一個，第二枚、第三枚、第四枚……每做完一次僅稍稍歇息一會兒，只要卵巢裡的卵還沒排盡，工作就日復一日地持續下去。

當我一手拿著樹枝，另一手拿著放大鏡觀察時，那些苗條、狹小、對自己充滿自信的矮個子劊子手正在放大鏡下工作。在牠們的眼裡我是什麼呢？什麼也不是。我這個龐然大物大到讓牠無法看清。牠才不過兩公釐，長著長長的絲狀觸角，腹部有一肉柄，肉柄和基部呈紅色，其他部位黑裡透亮。

薔薇枝上的綠色蚜蟲稍大一些，雌蟲胸部以下和足部呈淺紅色，雄蟲較小，純黑色。也許每一種蚜蟲都有專屬牠的小蜂科昆蟲利用牠接種。

當薔薇上的蚜蟲被寄生蟲噬咬肚腸，感到腸絞痛時，便會離開飲水的樹枝，離開群體，相繼到附近的樹葉上安頓下來，牠在那裡枯萎變成空殼。大戟上的蚜蟲則相反，牠們並不離群，以至於群集的蚜蟲慢慢變成了一層乾殼。接種在蚜蟲肚子裡的小蜂科昆蟲，為了從那因乾枯而變成了小盒子的蚜蟲身體裡出來，便在蚜蟲遺骸的背上鑽了一個圓孔爬出來，而把空殼

留在原地。那個空殼蒼白乾燥，沒有變形，甚至比活蚜蟲看起來還胖些。蚜蟲的破衣裳在樹枝上黏得非常緊，用毛刷還無法把它從薔薇枝上刷下來，往往得用針撬開。黏附得這麼牢，真讓我吃驚。這不可能是因為死蚜蟲的小爪嵌入了樹葉，而是其他東西發揮了作用。

把乾蚜蟲剝下來，察看一下底部，這畜牲身上有條像扣眼似的切口縱貫腹部，切口裡鑲著一塊東西，就像我們變胖後為了把太小了的衣服加大拼接的一塊布一樣。原來這是一塊織物，一塊布，從它的結構，一眼就能看出和那張變得像羊皮紙似的皮不一樣。這是一塊絲織品，而不是皮革。

蚜蟲肚子裡的蟲，預感時候到了，便草草地在空殼裡織了一條毯子，然後在寄生的蚜蟲肚子裡從上而下切開一條口，更確切地說是肚子裡不斷增加的填充物把肚皮給撐裂了。蟲子在裂口處吐的絲比別處多，從而在絲與樹葉直接接觸的地方形成了一條寬膠帶。這條膠帶不怕雨淋，也不怕風吹和樹葉晃動，因此，蚜蟲的軀殼可以穩穩地黏在那裡，直至寄生蟲完成蛻變為止。

記錄到此結束，非常簡明扼要。歸納說來，蚜蟲是食品工作坊裡最早的加工者之一。憑著牠堅韌的探器，這位原子的聚

斂者將岩石提供給植物，並經過植物粗加工的基本物質進行提煉，在牠那圓形的蒸餾釜中，微量的湯汁被精煉成了肉這種高級食品。蚜蟲再把自己的產品提供給大批的消費者，那些消費者又把蚜蟲的產品加工成更高級的產品，直到物質完成循環轉移，進入物質堆積站。那裡堆滿了死亡生物的垃圾，而這些垃圾也是構成新生命的礫石。

　　在地球最原始的時期，假如能採用一種植物開發岩石，再採用一種蚜蟲開發植物，這就足夠了，因為提煉成生命物質的基礎一經奠定，高等動物的誕生就成為了可能。昆蟲和鳥可以就位了，牠們將會發現筵席早已準備好了。

第十四章

麗　蠅

　　一生中，我有過的幾個願望，都不會妨礙別人的安寧。我曾經希望在我家附近擁有一個能避開冒失的路人，周圍長著燈心草，水面上漂著睡蓮的水塘。空閒的時候可以坐在楊柳樹蔭下，思考著水中的生活。那是一種原始的生活，比我們現在的生活更單純，在溫情和野蠻之中帶著淳樸。

　　我可以對軟體動物的天堂進行觀察，可以欣賞豉蚜嬉戲、尺椿象划水、龍蝨跳水和仰泳蟲的頂風航行。仰泳蟲仰躺著，揮動著長槳划水，而兩條短短的前腳收在胸前，等著捕捉出現的獵物。我可以研究扁卷螺產卵，在牠那模糊不清的黏液之中凝聚著生命之火，就像朦朧的星雲之中聚集著恆星。我可以欣賞新生命在蛋殼裡旋轉，勾畫出螺紋，也許這就是未來哪個貝殼的輪廓。如果扁卷螺略懂一些幾何學，牠就能勾畫出猶如地

球繞著太陽運轉的軌道來。

　　經常到池溏邊去遊覽可以帶回很多想法。可是命運卻作出了另一種安排，池溏成了泡影。我試著用四塊玻璃建造人工池塘，可是資源卻很貧乏，這個水族實驗室還比不上騾子在鬆軟的泥土上留下腳印後，經陣雨積滿了水、生命奇蹟般地充溢其間的小坑。

　　春天，當英國山楂樹開花，蟋蟀齊鳴時，第二個願望不止一次在我的腦海裡閃現。我在路上碰上一隻死鼴鼠和一條被石塊砸死的遊蛇，兩者均死於人的愚蠢行為。鼴鼠正在掘土，驅除害蟲，農民的鐵鍬挖到牠，將牠攔腰斬死，然後扔在一旁。遊蛇被四月的融融暖意喚醒，來到陽光下，擦破皮膚，換上一層新皮。有人發現了牠，說道：「啊！可惡的東西，我要做一件大快人心的事。」於是，這條無辜的蛇，這條在保護莊稼、在消滅害蟲的激烈戰鬥中幫助過我們的無辜的蛇死了，牠的頭被砸得稀爛。

仰泳蟲（放大 1½倍）

　　這兩具屍體已經腐爛發臭了。誰打那裡經過，都像沒看見，轉身便走開了。觀察家停下來，從腳邊撿起兩具死屍，瞧

了瞧，有群活物在上面鑽動，有著旺盛生命力的蟲子正在啃咬著屍體。還是把牠們放回原處，讓殯葬工繼續處理吧，牠們可以非常圓滿地完成任務。

了解那些清除腐屍的清潔工的習俗，看著牠們忙忙碌碌地分解屍體，仔細地觀察牠們將死亡物質迅速地加工後收進生命的寶庫裡放好，這個願望長久以來一直在我的腦海裡縈繞。我遺憾地離開了躺在滿是灰塵的路面上的鼴鼠，瞥了一眼那具屍體和牠的開發者們，我該走了。這裡臭氣沖天的，不是高談闊論的地方。否則，那些路人會怎麼想啊！

如果我讓讀者身臨其境，他們又會怎樣想呢？關注這些卑下的啃屍者，難道不會玷污我們的雙眼嗎？請你別這麼想。我們的好奇心最主要牽掛的東西，一個是起始，一個是終結。物質是如何積聚而獲得生命的？當生命停止時又是如何分解的？如果有個池塘，那些帶著光滑螺紋的扁卷螺就可以為第一個問題提供資料了；那隻略微發臭、還不十分令人噁心的鼴鼠，則將回答我們第二個問題，牠會向我們展示熔爐的功能，一切都在熔爐裡熔化，重新開始。不必再扭捏作態了！讓外行人離開這裡，他們是不會理解關於腐爛物這個高深課題的。

我現在可以實現第二個願望了。我有場地，有安靜的小

院。沒人會來打擾我，嘲笑我，我的研究也不會得罪任何人。
到目前為止一切都挺順利，但還是有點麻煩事。雖然我已經擺
脫了路人，但我還得擔心我的那些貓，牠們經常閒逛，要是我
的觀察物被發現，準會遭到破壞，被叼得七零八落。預期到牠
們的破壞行為，我建造了空中工作坊，只有那些專營腐爛物者
才能飛抵的工作坊。

　　我把三根蘆竹綁在一起，做成三腳架，安放在院子裡的不
同地點，每個支架上都吊著一個離地面一人高、盛滿細沙的罐
子，罐子底部鑽了個小孔，如果下雨，水可以從小孔流掉。我
把屍體放在罐子裡，遊蛇、蜥蜴、癩蛤蟆是首選物，牠們的皮
膚上沒有毛，便於我監視入侵者的舉動；毛皮動物、禽類和爬
蟲類、兩棲類交替使用。鄰居的孩子在兩分硬幣的誘惑下，成
了我的供應商。每當春夏季節，他們常洋洋得意地跑到我家
來，有時用棍子挑著一條蛇，有時用甘藍葉包著一條蜥蜴。他
們為我送來了用捕鼠器捕到的褐鼠，渴死的小雞，被園丁打死
的鼴鼠，被車軋死的小貓和被毒草毒死的兔子。買賣雙方都很
滿意，以前村子裡從不曾有過這樣的交易，將來也不會有。四
月過去了，罐子裡的動物增加得很快。第一個來訪者是小螞
蟻，為了讓這些不速之客離遠點，我才把罐子吊得高高的，可
是螞蟻卻嘲笑我的用心良苦。一隻死動物放進罐子裡還不到兩
小時，仍是新鮮的，聞不到什麼味，牠們就來了。貪婪的斂財

者順著三腳架的支腳爬上去，並開始解剖，如果這塊肉合牠的口味，牠就會在沙罐裡住下來，在那裡挖一個臨時蟻穴，以便更逍遙自在地開發豐富的食物。

這個季節螞蟻始終是最忙的，牠總是第一個發現死動物，並總是當死屍被啃得只剩下一塊被太陽曬得發白的骨頭時才最後一個撤離。這個流浪漢離得那麼遠，牠是如何獲知在那看不見的高處的三腳架頂上有吃的東西呢？而那些真正的肢解屍體者則要等待屍體腐爛，靠著強烈的臭氣來通知牠們。因為螞蟻的嗅覺比誰都靈，牠在臭氣開始散發之前就趕來了。

當擱置了兩天的屍體被太陽烘熟了，散發出臭氣時，啃屍族突然湧來了。皮蠹和閻魔蟲、扁屍蚲和埋葬蟲、蒼蠅和隱翅蟲都向屍體發起了進攻，牠們消耗屍體，幾乎把牠消耗得絲毫不剩。如果僅僅靠螞蟻每次搬走一點的話，打掃衛生的工作得拖很久才能完成，但是眼前這些蟲子們做起這項工作來，個個雷厲風行，而有些使用化學溶劑的蟲子效率就更高了。

最值得一提的自然是後一類，高級淨化器。牠們是蒼蠅，種類非常繁多，如果時間允許，這些驍勇善戰的戰士每一位都值得我們去觀察。但是，那會使讀者和觀察家都不耐煩。我們只要了解幾種蒼蠅的習性，便可知道其他種類的蒼蠅的習性

了。還是讓我們的觀察範圍限制在麗蠅和肉蠅身上吧！

渾身亮閃閃的麗蠅是人人熟悉的雙翅目昆蟲。牠那金屬般的、通常是金綠色的光澤可以和最美麗的鞘翅目昆蟲花金龜、吉丁蟲和金花蟲相媲美。當我們看到這麼貴重的衣服穿在清理腐爛物的清潔工身上時，著實有幾分驚訝。經常光顧我那些吊罐的三種麗蠅是：叉葉麗蠅、食屍麗蠅和居佩麗蠅。前兩種都是金綠色，為數不多，第三種閃著銅色亮光。這三種麗蠅的眼睛都是紅色的，在周圍還鑲著一圈銀邊。

叉葉麗蠅（放大2倍）

個頭最大的是食屍麗蠅，而叉葉麗蠅似乎是這行的老手。四月二十三日，我碰巧撞見叉葉麗蠅在產房裡，待在一隻羊脖子的頸椎裡，正把卵產在脊髓上。牠在黑漆漆的洞裡一動也不動地待了一個多小時，把裡面裝滿了卵。我隱約看見了牠的紅眼睛和銀白色的面孔。牠終於出來了，我把卵收集起來。這很容易，因卵全都產在脊髓上，只要抽出脊髓就行了，根本不用碰到那些卵。

應該數數有多少卵，不過現在還沒法數：密密麻麻的卵難

以計數。最好是把這一家子養在廣口瓶裡，等牠們在沙土裡變成了蛹再來數。我找到了一百五十七個蛹，這顯然只是全數的一小部分，因為從後來的觀察中，我得知叉葉麗蠅和其他麗蠅分多次產下一包一包的卵，這個超級家族將會成為一個龐大的兵團。

我假設麗蠅分批產卵，是有以下的情景可以作證。一隻經多日蒸曬，有些發軟的鼹鼠平攤在沙土上，肚皮邊緣有一處鼓脹起來，形成了一個穹隆。麗蠅和其他雙翅目昆蟲都不把卵產在裸露的表面，暴曬對脆弱的胚胎是有害的，必須把卵藏在陰暗的地方。死動物皮下是理想的場所，假如可以進入的話。

在目前這種情況下，唯一的入口就是肚皮下的那個皺褶。今天，在那個地方，也只有在那裡才有產卵者在產卵，一共有八隻麗蠅。這塊被開發物因品質上乘而聞名，麗蠅們一個一個潛入穹隆，或者好幾隻一起進去。進去的麗蠅要在裡面停留一段時間，外面的得耐心等待。等待者一次次飛到洞口去張望，看看裡面進行的情形如何，探聽先進去的那批是否已經完事。裡面那批終於出來了，停在死動物身上休息，等著下一輪再進去。產房被新的一批產卵者取代了，這批麗蠅也在裡面待了好一會兒，然後才讓位給另一批產卵者，自己到外面去曬太陽。一個上午牠們就這樣不停地進進出出。

　　由此我們得知產卵是階段性進行的，中間穿插著幾次休息。只要麗蠅感到成熟的卵還未進入輸卵管，就會待在太陽底下，不時地突然飛起盤旋一會兒，然後伏在屍體身上馬馬虎虎喝上幾口湯。一旦卵進入了輸卵管，牠們會盡快到合適的地方卸下重負。因此，整個產卵過程分成了好幾個階段，看來要持續兩天。

　　我小心翼翼地把那隻身下正有蒼蠅在產卵的動物掀起來，蒼蠅照常繼續產卵，牠們是那樣忙碌。牠們用產卵管的尖頭，猶豫不決地摸索著，力圖把卵依次排放在卵堆的更深處。在神情嚴肅的紅眼睛產婦周圍，有些螞蟻正忙於搶劫，許多螞蟻離去時嘴裡都咬著一枚麗蠅的卵。我還看見一些膽大妄為的傢伙公然到產卵管下去搶劫。產卵者並不理睬牠們，由著牠們去，一副無動於衷的樣子。麗蠅心裡清楚自己肚子裡還有的是卵，足以彌補這麼一點小損失。

　　的確，倖免於螞蟻搶劫的卵已足以保證麗蠅有個興旺的大家庭。過幾天我們回來，再掀開那具死屍看一看。在那屍體下惡臭的膿血裡湧動著蟲浪，蠅蛆的尖頭冒出了浪尖，晃動了一下，又鑽進了浪潮之間，好似翻騰的海洋。屍體的中間部位被掀起來了，那情景真是恐怖至極。我們得經受住考驗；往後看到的景象將更加可怕。

　　現在看到的是一條遊蛇，牠盤成渦旋狀，占滿了整個罐子。來了許多麗蠅，而且還不斷有新來者加入牠們的行列。這裡看不到吵架拌嘴的情況，大家都自顧自地產卵。盤纏著的爬蟲類那一圈圈縫隙裡是最理想的產卵處，只有在這窄縫裡才能躲避烈日。金色的蒼蠅排成鏈狀，互相緊靠著；牠們盡量把腹部和產卵管往縫隙裡插，顧不得翅膀被揉皺翹到了頭上，大事當前顧不得打扮了。牠們心平氣和，紅紅的眼睛凝視著外面，排成了一條鏈子，鏈條時而會出現幾處斷裂，幾個產卵者離開了位置，來到遊蛇身邊散步，等待下一批成熟的卵進入輸卵管，然後重新加入這條鏈子，再次去產卵。

　　儘管時有中斷，繁殖的速度還是相當快，僅一上午的時間，渦旋狀的縫隙裡就密密麻麻地布滿了一層卵，可以整塊剝下來，上面一塵不染。我是用鏟子，其實是用紙做的小鏟採集卵的。我採集了一大堆白色的卵，然後將它們擱在玻璃管、試管和廣口瓶裡，再放進一些必要的食物。

　　長度約一公釐的卵呈圓柱形，表面光滑，兩頭略圓，二十四小時內即可孵出。我想到的第一個問題是：麗蠅的幼蟲將如何進食？我很清楚該餵牠們什麼，可是我不知道牠們怎麼吃。從「吃」這個詞的嚴格定義來看，牠們的吃法能稱得上吃嗎？我的懷疑是有道理的。

　　其實，我們可以來觀察一下那些長得肥大的幼蟲。這些是
蠅類的普通幼蟲，頭部尖，尾部爲截狀，整個輪廓呈長錐形，
尾部的皮膚表面有兩個棕紅色的點，那是氣孔。按照語言的引
伸意義，被稱作頭的那個部位，不過是腸道的入口，我稱它作
前部，那裡裝備著兩個黑色的口針[1]，裝在半透明的套子裡，
時而微微向外凸，時而收回去。是否該把它們看成是大顎呢？
絕對不行，因爲這兩個口針不像眞正的大顎那樣上下對生，而
是平行的，永遠也碰不到一塊。

　　這兩個口針是行走器官，是移動口針。口針能發揮支撐作
用，它們反覆地一伸一縮就能使蠅蛆前進，蠅蛆就是靠這個看
似咀嚼器的器官行走的。牠的喉頭像是有根登山拐杖。把蠅蛆
擱到一塊肉上，用放大鏡觀察一下，我們就能看見牠在散步，
一會兒抬頭，一會兒低頭，每次都用口針去搗肉。牠停下來時
屁股不動，前部保持彎曲以探測四周，那尖尖的頭部探索著，
前進，後退，將那黑色的機件一伸一縮，像無休止的活塞運
動。儘管我觀察得很認眞，卻沒見過牠的口器上沾過一小塊撕
下的肉，也沒見牠吞嚥過一塊肉。口針不停地在肉上敲擊，卻
從未從上面咬下一口。

---

[1] 口針：大顎特化的構造。——編注

　　然而蠅蛆卻在長大、變胖。這個奇特的消費者是用什麼方法做到，沒有嚼食卻能吸收食物的呢？如果牠不吃，那牠是喝了。牠的食譜是肉湯。既然肉是固體物質，自己不會液化，就必須用某種烹調方法使它變成能喝的液體。讓我們盡力去揭開蠅蛆的這個秘密吧！

　　我把一塊核桃般大小的肉用吸水紙吸乾水分，放在一個一頭封閉的玻璃試管裡，在肉上面放幾坨從罐子裡的遊蛇身上採集來的卵，大約有二百枚，然後用棉球塞住管口，將管子豎起來，放在實驗室一個避光的角落裡。另一個玻璃試管也同樣處置，只是裡面沒有放卵，我把它放在一旁，做為對照物。

　　卵孵化後才兩三天，結果已是非常驚人。那塊用吸水紙吸乾了水分的瘦肉已經變濕了，以至於蠅蛆爬過的玻璃上留下了水漬，湧動的蠅蛆一次又一次經過的地方出現了一片水氣。相反的，那個對照試管裡卻是乾的，這說明蠅蛆活動的地方留下的液體不是從肉裡滲出來的。

　　此外，蠅蛆的工作也越來越明確地證實了這一點。那塊肉就像放在火爐邊的冰塊般一點一點地融化了，不久之後肉完全變成了液體。這已經不是肉了，而是李比希[2]提取液。假如我把試管倒過來，裡面會全流光，一滴水也不剩。

　　千萬別以為是腐敗導致了溶解，因為在對照試管裡，同樣大小的一塊肉除了顏色和氣味變了之外，看上去仍和原來一樣。原來是一整塊，現在仍是一整塊。而那塊蠅蛆加工過的肉，卻已經變得像溶化的奶油一樣稀了。這裡看到的是蠅蛆所施加的化學作用，這作用將會使研究胃液作用的生理學家心生嫉妒的。

　　我從熟蛋白實驗中得到了更有力的證據。切成榛果一般大的熟蛋白，經過麗蠅蠅蛆加工溶解成了無色的液體，我們的眼睛甚至會把這液體看作是水。液體的流動性非常大，以至於那些蠅蛆失去了倚靠，淹死在湯裡。蠅蛆是因尾部被淹，窒息而死的。牠尾部有張開的呼吸孔，如果在密度較大的液體中，呼吸孔可浮在水面上，但是在流動性很大的液體中就不行了。在另一個試管裡裝進同樣的東西，但不放蠅蛆，將這個試管和那個發生了奇怪的液化現象的試管放在一起比照，結果對照組的熟蛋白保持著原狀和硬度，久而久之，如果蛋白不被黴菌侵蝕，便會變得堅硬。情況就是如此。

　　其他那些裝有四元化合物──穀蛋白、血纖維蛋白、酪蛋

② 李比希：1803～1873年，德國化學家，在無機化學、有機化學、生物化學等方面都做出了貢獻。此處的李比希提取液是一種比喻。──譯注

白和鷹嘴豆豆球蛋白的試管裡，也發生了程度不同的類似變化。蠅蛆因食用了這些物質裡的蛋白長得非常之好，只要能避免在太稀的肉湯裡淹死就行了。生活在死屍上的蠅蛆也不見得能比牠們長得更好。再說，這裡的蠅蛆就算掉進液體裡，也往往不必害怕，因爲這裡的物質僅僅處於半液化狀態；與其說是真正的液體，倒不如說是糊狀流質。

即使已經呈現這種糊狀狀態，顯然的麗蠅蠅蛆還是寧願把食物變成液態。由於無法直接咬食固體物質，蠅蛆首先把食物變成流質，然後把頭埋在流質裡，長長地吸一口，牠們在喝湯。蠅蛆那種有著相當於高等動物的胃液作用的溶液，無疑地來自牠們的口腔。像活塞一樣連續運動的口針不斷排出微量的溶液，所有被口針碰過的地方都留下了微量的蛋白酶，這就足以使那個地方很快地滲出水來。既然消化總的說來就是液化，我們可以毫不違背事實地說，蠅蛆是先消化食物，再進食。

這些用試管所做的骯髒惡臭的實驗，使我從中得到了樂趣。當斯帕朗紮尼神父發現，生肉塊在那沾了小嘴烏鴉胃液的作用下變成流質時，想必也有和我一樣的感受。他發現了消化的秘密，並成功地在試管裡做了胃液作用的實驗，那時胃液的作用還不爲人知。我這個遠方的信徒又重見了曾經使那位義大利學者驚詫不已的現象，不過這次是以一種意想不到的面目出

現。蠅蛆取代了小嘴烏鴉，牠們破壞了肉、穀蛋白和熟蛋白，使這些物質變成了液體。我們的胃是在秘密狀態下進行蒸餾，蠅蛆卻是在體外，在光天化日下完成。牠先消化，然後才把消化物喝下去。

看見牠們一頭埋進屍體化成的湯液裡，我不禁會自問牠們真的不會嚼食嗎？哪怕是以更為直接的方式部分進食。為什麼牠們的皮膚那麼光滑，簡直可以說是舉世無雙，難道皮膚能夠吸收食物嗎？我見過聖甲蟲和其他食糞性甲蟲的卵明顯地變大，因而很自然地認為那是因為牠們吸入了孵化室裡油膩的空氣。但是這裡卻沒有什麼可以說明麗蠅的蠅蛆沒有採用某種生長方式。我認為牠們能靠全身的皮膚吸收食物，除了口器之外，皮膚也協助吸收和過濾湯汁。也許這就是牠們要預先把食物變成液體的原因。

我們再舉最後一個例子，證明蠅蛆預先將食物液化的事實。假如鼴鼠、遊蛇或是其他動物的屍體被置於露天的沙罐裡，套上金屬紗罩以防雙翅目昆蟲入侵，那麼屍體就會在烈日的暴曬下變乾、變硬，而不會像預期的那樣把下面的沙土浸濕。屍體肯定會滲出液體，任何一具屍體都像一塊吸滿了水的海綿，儘管水分的蒸發進行的如此緩慢，最終也將被乾燥的空氣和熱氣蒸發掉；因此屍體下面的沙土能保持乾燥。屍體變成

了木乃伊，變得如同一張皮。

　　相反的，如果不用紗罩，讓雙翅目昆蟲隨便進入的話，情形馬上就會不同了，三、四天後在屍體下面出現了膿液，而且大片沙土被浸潤了，這是液化的開始。

　　我將會不斷地看到那種曾令我震驚的實驗結果。這回實驗對象是條非常棒的神醫遊蛇，長一公尺半，有粗瓶頸那麼粗，由於牠體形較龐大，超出了沙罐的容量，於是我把牠盤成了雙層螺旋狀。當這美味佳肴處於分解旺盛期時，沙罐成了沼澤，無數隻麗蠅幼蟲和更為有力的液化器——灰肉蠅幼蟲，在這片沼澤裡湧動。

　　容器裡的沙土被浸濕了，變得泥濘不堪，彷彿淋了一場大雨。液體從罐子底部那個蓋著一塊扁卵石的小孔滴下來，這蒸餾釜正在運作，那條遊蛇正在這死屍蒸餾釜中蒸餾。一兩週之後，液體將消失，被泥土吸乾，在黏黏的沙土上只會剩下一些鱗片和骨頭。

　　總而言之，蠅蛆是這個世界上的一種能量，牠盡力將死者的遺骸歸還給生命，將屍體進行蒸餾，分解成一種提取液，爾後，植物的乳母——大地，吸取了它，變成了沃土。

第十五章

肉　蠅

　　這裡所見的昆蟲身穿不同的服飾，卻有著差別不大的生活
方式。牠們仍和死屍打交道，同樣具有迅速液化肉體的能力。
這是一種炭灰色的雙翅目昆蟲，個頭比麗蠅大，背部有褐色的
條紋，腹部有銀光點。瞧瞧牠那對眼睛，血紅血紅的，閃著肢
解者兇殘的目光。這是一種食肉蠅，學術語稱牠為肉蠅，俗稱
灰肉蠅。

　　不管這兩種叫法多麼正確，但願別把我們引入歧途。肉蠅
絕不是那種常光顧我們住所，特別是在秋季，在沒看管好的肉
上產下蠅蛆的那些膽大的腐敗物承包商。幹這些壞事的罪魁是
圓形麗蠅，也就是藍蒼蠅，牠長得比較肥胖，呈深藍色，這種
蒼蠅飛到玻璃窗上嗡嗡作響，狡詐地把食品櫃團團圍住，在暗
地裡伺機利用我們放鬆警戒的時候下手。

　　灰肉蠅常常與麗蠅合作。麗蠅從不到我們家裡進行冒險旅行，而是在大太陽下工作。灰肉蠅不像麗蠅那麼膽小，假如在外面找不到東西吃，牠們偶爾也會冒險到住宅裡做做壞事。一做完壞事就趕緊開溜，因為牠在這裡感到不自在。這會兒，做為露天實驗場的一個中等分支機構的這間實驗室，已經變得有點像藏肉室了。灰肉蠅來此造訪，如果我在窗臺上放一塊肉，牠就會飛來享用一番，然後離開。擱物架上用於收藏物品的那些廣口瓶、茶杯、玻璃杯等各種容器都躲不過牠的。

　　鑑於研究的需要，我收集了一堆在地下蜂巢裡窒息死亡的胡蜂幼蟲。灰肉蠅悄悄地來了，發現了那一大堆胡蜂幼蟲，認為是個了不起的新發現。這種食物也許是牠的家人從未曾享用過的，於是牠把一部分家庭成員安置在上面。我把一個煮熟的蛋掰下幾塊蛋白餵養麗蠅幼蟲，剩下的大部分放在一個玻璃杯

藍蒼蠅（放大2倍）

底部，灰肉蠅占有了剩下這部分的蛋，並在上面繁殖。牠其實並不在意這是新東西，只要是蛋白質類的物質都合牠的口味，一切的一切，哪怕是養蠶場的廢物——死蠶，甚至雲豆和鷹嘴豆的豆泥都行。

　　然而最合牠口味的還是死屍，從毛皮動物到禽鳥，從爬蟲

類到魚類牠都吃。有麗蠅做伴，灰肉蠅往我那些沙罐裡跑得很勤，牠每天都來探望那些遊蛇，用吸管品嚐一下，看牠們是否已成熟。牠走了，又來，從容不迫，最後才著手工作。然而我並不準備在熙熙攘攘的來客中觀察牠們的行動。放在我辦公桌前窗臺上的一塊肉既不致有礙觀瞻，又便於我觀察。常來光顧那塊腐肉的兩種雙翅目昆蟲：食屍肉蠅和紅尾糞肉蠅。後者的腹部末端有個紅點，前者比後者略強壯些，在數量上也占優勢，牠承擔著沙罐裡大部分的工作，並且幾乎總是單獨地飛向放在窗臺上的誘餌。

牠會突然到來，起初還有些膽怯，可是很快便鎮靜下來，即使我靠近牠，牠也不想飛走了，因為牠很中意這塊肉。牠工作起來速度驚人，將腹部末端對著那塊肉嚓嚓兩下，就完成了任務。一群擺動著的蠅蛆停落下來，並極其迅速地四下散開，以至於我都來不及拿起放大鏡作精確的統計。用眼睛粗估約有一打。牠們都跑到哪裡去了？

牠們好像一落地就鑽進肉裡，那麼快就不見了。對於這些虛弱的新生兒來說，以這樣快的速度鑽入有一定阻力的物質是不可能的。但牠們到哪裡去了？我發現那塊肉的褶皺裡有些灰肉蠅的幼蟲，牠們單獨行動，已經開始用口器搜索了。把牠們聚攏來數數是行不通的，因為我不想傷害牠們。我們只能用眼

睛迅速地掃視一下，大約有十二隻，幾乎是在感覺不到的一瞬間一次產下的。

　　肉蠅產下的是些活的幼蟲，而不是一般所見的卵，這些幼蟲早已為人所熟悉。我們知道肉蠅不產卵而是直接生孩子。牠們有那麼多事要做，任務太緊急了！對於專門加工死亡物質的牠們來說，一天就是一天，必須充分利用時間。麗蠅的卵再快也要等二十四小時後才能孵化出幼蟲。肉蠅省下了這段時間，取而代之的是從子宮裡迅速輸送出一批工作者，幼蟲剛一降生就投入了工作。對於這些勤勞的清潔工人來說，根本沒有閒暇孵卵，牠們一分鐘也浪費不起。

　　小分隊的成員不多，這是事實，可是牠們的數量還能再增

食屍肉蠅（放大2倍）

加不知多少倍呢！我們來看看雷沃米爾對肉蠅擁有的那臺奇妙的生育機器所做的描寫：這是一條螺形的帶子，天鵝絨般柔軟的渦紋裡滿載著密密麻麻的幼蟲，每一條小蟲都裹著一層膜，一個挨一個聚在一起，像張羊毛皮。

　　這位耐心的博物學學者對這個軍團成員的數量做了統計，

據他說大約有二萬隻。面對這個解剖學上的事實你們一定會目瞪口呆。

　　灰肉蠅怎麼會有時間去安置一大家子，尤其是得一小包一小包地安置，就像牠剛才在我的窗臺上所做的那樣呢？在排空子宮之前牠得找多少死狗、死鼴鼠、死遊蛇啊！牠能找到嗎？在野外有一定容量的死屍，但還沒多到這種地步。好在什麼樣的屍體對牠來說都是好的，牠也將選擇其他一些不起眼的屍體。如果獵獲物很豐富，明天，後天甚至幾天後牠還會再來。在繁殖季節裡，牠不斷地將一包一包的幼蟲安放在各處，最終也許能把肚子裡的孩子都安頓好。但是如果今後這些幼蟲也將全部繁殖的話，那又是怎樣擁擠的景象啊！肉蠅一年要繁殖幾代呢！牠被催趕著，真該讓這種過度繁殖踩煞車。

　　我們先了解一下這種肉蠅蠅蛆的情況。這是一種健壯的蠅蛆，從牠那較大的體型，特別是尾部的形狀很容易和麗蠅蠅蛆區別開來。牠的尾部平切，有個切得很深的溝槽，這個溝槽底部有兩個呼吸用的氣孔，兩個帶琥珀色唇的氣孔。氣孔邊緣有十多條放射狀、稜角分明的肉質月牙飾紋，像個冠冕。蠅蛆可以隨意地經由收縮和放鬆月牙飾紋，使冠冕關閉或打開，這樣當氣孔淹沒在糊狀物中時就能得到保護，不至於被堵塞。如果尾部這兩扇氣窗一旦被堵塞，便會突然引起窒息。當蠅蛆被液

體淹沒時，這頂帶月牙邊的帽子就會關閉，如同一朵收攏了花瓣的花朵，這樣一來，液體就進不到氣孔裡了。

隨著幼蟲露出液面，尾部重新露出，當僅僅剛好與液面平齊時，冠冕重新打開，看上去宛如一朵花冠上帶著白色月牙邊，中間有兩根鮮紅色雄蕊的小花。當蠅蛆互相推擠，將頭拱進臭氣沖天的湯汁時，這裡便形成了一片白洲。看著這些冠冕，不停地一開一合，發出輕微的撲撲聲，幾乎讓人忘記了可怕的惡臭味。它們彷彿就像一片嬌美的海葵。蠅蛆有著自己的丰韻。

顯而易見的，如果事物有一定邏輯，一隻為防止溺水窒息而採取了嚴密預防措施的蠅蛆，想必應該經常出沒於水澤地。牠的尾部戴上帽子不僅僅是為了張開時好看。肉蠅幼蟲的身上這個帶放射狀條紋的器械告訴我們，牠所從事的是冒險的工作，開發死屍時牠要冒著被淹死的危險。為什麼這樣說呢？我們回想一下那些靠熟蛋白養活的麗蠅蠅蛆。食物很合牠們的口味，可是在牠們的胃蛋白酶作用下，食物變得那麼稀，以至於幼蟲被淹死在食物化成的湯汁裡了。牠們尾部和液面平齊的氣孔沒有任何防護系統，當牠們在液體中沒有任何浮木可依托時就完蛋了。

　　儘管肉蠅蠅蛆有著無與倫比的液化裝置，牠們卻不曾經歷這種危險。即使是在屍液的沼澤中，牠那鼓突的尾部發揮了浮木的作用，能使氣孔保持在液面上。假如需要潛入到更深的地方搜索，尾部的海葵便會閉合起來保護氣孔。肉蠅蠅蛆具有潛水裝備，因爲牠們有著卓越的液化裝置，隨時都要爲潛入水中做好準備。

　　在乾的地方，爲了便於觀察，我把牠們放在一片紙板上。牠們剛被放上去，就活躍地爬動起來，玫瑰紅色的氣孔打開了，口器抬起、落下，發揮支撐的作用。紙板就放在離窗子三步遠的辦公桌上，這會兒只靠柔和的自然光照明，所有的蟲子傾巢出動，全朝著背向窗戶方向爬去；牠們匆匆地瘋狂逃竄。

　　我把紙板掉了頭，沒有碰觸這些逃亡者。這麼一搬動就可以讓那些蠅蛆面朝窗口了，可是牠們馬上停下來，猶豫了一下，轉了個彎，又向背光的地方逃去。在牠們爬出紙板前，我再次把紙板掉了頭，蠅蛆第二次轉身往回爬。我反覆多次把紙板掉轉也是枉然，每一次這些蠅蛆都轉身，背朝窗戶的方向逃跑，牠們的執著挫敗了我掉轉紙板的詭計。

　　這裡活動範圍不大，因爲紙板只有三拃的長度。給牠們一個更大的空間看看，我將牠們放在房間的地板上，用鑷子把牠

們的頭轉向窗口。然而，一旦牠們獲得了自由，便馬上掉頭躲開亮光，以雙腿殘缺者行動所能地，全速向前挺進。牠們大步走過房間的方磚，還差六步遠就要碰到牆壁了，這時有的向左爬，有的向右爬，好像是覺得離這個可惡的、光線充足的窗口不夠遠。

牠們逃避的當然是光線，因為如果我用一塊螢幕遮擋住光線後，再掉轉紙皮，牠們就不再掉頭改變方向了，而是乖乖地朝窗邊爬去，但是螢幕一拉開，牠們馬上就會掉頭。

對於一個生來就生活在陰暗處，生活在死屍身下的蠅蛆來說，逃避光線是再自然不過的，奇怪的是對光的感知這件事。蠅蛆應該是個瞎子，在牠那尖尖的、稱之為頭部都有些勉強的前部，絕無任何感光儀的痕跡，在身體的其他部位也沒有，渾身上下長著一樣的皮膚，光溜溜，白生生，滑溜溜的。

這個瞎子，不靠任何視覺器官連接的神經網，卻對光極其敏感。牠全身的皮膚就像一層視網膜，不用說，牠是看不見的，但卻總算能辨別明暗。蠅蛆在灼熱的陽光直射下所表現出的不安，就是個簡單的證明。就拿我們自己來說吧，單憑我們那比蠅蛆粗糙得多的皮膚，用不著眼睛幫忙也能分辨出日曬和陰涼。

　　這裡問題變得格外複雜了，我的那些受試者，僅僅接受了從我工作室窗口透進來的日光，這麼柔和的光線也使牠們不安，使牠們惶恐；牠們在逃避難以忍受的陽光，要不惜一切地逃走。

　　這些逃亡者感覺到了什麼？牠們是否被化學輻射刺痛了？是否受到了其他一些已知或未知的射線的刺激？或許光還隱藏著許多不為我們所知的秘密。如果用光學儀器對蠅蛆進行觀察，也許能收集到一些珍貴的資料。因此，如果手頭上有必需的設備時，我倒很樂意對這個問題做進一步的探索。但我現在沒有，過去當然也沒有過，將來一定也不會有這種幫助我從事研究的充足財力。這些財富只有那些把心思用在從事能獲得高薪報酬，而不是探索美好真理的聰明人才能得到。儘管如此，我還是要在我那點微薄的收入許可的條件下，繼續研究。

　　肉蠅幼蟲長足了身體就要鑽進土裡，在那裡變成蛹。幼蟲埋進土裡，顯然是為了在蛻變時得到所需的安寧。此外，鑽進泥土還有另一個目的，那就是避免光線的干擾。蠅蛆盡可能地離群索居，在蜷縮進小桶之前避開世上的喧囂。

　　在一般情況下，就算土質疏鬆，牠鑽的深度也很少超過一掌寬。這是因為考慮到自己變成成蟲後，纖弱的蒼蠅翅膀會為

破土而出帶來困難。在中等深度時，蠅蛆可以適當地將自己封閉起來。四周可以阻擋光線的泥土厚度不一，最厚的地方約十公分。這層屏障後面極度黑暗，那是隱藏者的樂園，牠可以過得很安寧。如果人為地將土層保持在不能滿足蠅蛆需要的厚度時，會發生什麼情況呢？這回我有解決的辦法，我用一個兩端開口的玻璃管，長約一公尺，寬二‧五公分。這根管子是我給孩子們上化學實驗課時用的，它能使氫氣燃燒的火焰歌唱。

我用軟木塞塞住管子的一端，然後用篩子篩過的細乾沙將管子裝滿後，再把二十隻用肉餵養的肉蠅蠅蛆放在管子裡的沙土上，管子豎吊在我工作室的一個角落裡。然後用同樣的方法在一個一拃寬的廣口瓶裡也裝上細沙和肉蠅蠅蛆。當這兩個不同容器裡的蠅蛆變得相當強壯時，將會鑽到適合牠們的深度裡，只要由著牠們去就行了。

最後蠅蛆埋進沙裡變成了蛹。現在是檢查這兩個容器的時候了，廣口瓶裡的結果和我在野外得到的結果相同，蠅蛆在大約十公分左右的深度，找到了安靜的住所，上面有牠穿過的土層保護，瓶子裡裝滿的沙正好在四周形成厚厚的保護層。找到了滿意的場所後，牠們便在那裡安頓下來。

在管子裡卻是另一種情形，最淺的蛹埋在半公尺深處，其

他的則埋得更深；大部分甚至鑽到了底部，碰到了軟木塞這個
無法穿越的障礙。顯然的，如果容器更深一些，後者還會鑽得
更深。沒有一隻蠅蛆停留在通常所埋的深度，全都鑽到沙柱的
下端，直到力氣用盡為止。由於不安，牠們才向一個無限的深
度逃去。

　　牠們在逃避什麼？光線。穿過的土層在上面形成的保護
層，已超過了牠需要的厚度；可是周遭讓牠們感到不舒服。假
設牠們順著中心軸往下鑽，四周只有十二公釐厚的保護層，這
個厚度使牠們一直感到不舒服。為了擺脫這種惱人的感覺，蠅
蛆繼續下鑽，希望在更下面能夠找到一個在上面沒能找到的棲
息所，直到用盡力氣或受到阻擋時，牠們才停止前進。

　　然而在這柔和的光線裡，哪些輻射能對這些喜好黑暗的蟲
子產生影響？這肯定不單單是光輻射的問題，因為一塊用壓實
了的泥土做成的一公分多厚的屏障是完全不透光的，應該還有
其他已知或未知的輻射穿透進來，這類輻射能夠穿過普通輻射
無法穿過的屏障，讓蠅蛆感到煩躁，提醒牠離外面太近，促使
牠繼續到深不可知的地方尋找隔離所。有誰知道對蠅蛆外型研
究一番可以引出多少發現呢？由於沒有設備幫助，我只能做一
些猜測。

　　肉蠅幼蟲鑽到了泥土一公尺深處，如果器皿夠深，牠們會鑽得更深。這是實驗方式造成的特異現象。如果讓牠們憑自己的智慧行事，牠們永遠不會鑽得那麼深，鑽一掌寬的深度就夠了，甚至連一掌寬都嫌太深了。牠們蛻變完成後，還得回到地面，這可是得花費許多力氣的，可算是被埋藏在地下的挖掘工的工作。牠要與塌落下來逐漸占滿那挖出來的一丁點空間的泥土鬥爭。也許牠得在沒有撬棒、沒有鎬頭的情況下，在相當於凝灰岩的地方，也就是說在被大雨澆實了的土裡，為自己開闢一條巷道。

　　鑽下去時，蠅蛆靠的是口針，然而鑽出來時，這雙翅目昆蟲沒有任何工具。剛出殼時，牠的肉體還不硬實，相當柔弱。牠是怎麼鑽出土來的呢？我們觀察一下裝滿沙土的試管底部的蛹就會知道。從肉蠅破土而出的方法，我們也就可以知道麗蠅和其他蠅類是怎麼破土而出的，因為牠們都採用相同的方法。

　　在蛹裡的時候，即將誕生的雙翅目昆蟲首先要借助長在兩眼之間的鼓包，讓頭部的體積擴大兩三倍，讓包裹在外面的那層殼爆裂，頭部的這個鼓包會搏動，隨著交替的充血和消退，鼓包一鼓一癟，就像個水壓機的活塞，吸壓著泵筒的前部。

　　頭部鑽出來後，這個畸形的水腦症患者即使動也不動，額

頭的鼓包仍在運作。脫去蛹這件緊身衣的細緻工作在蛹裡已完成，過程中鼓包始終鼓著。這個腦袋簡直不像一隻蒼蠅的腦袋，而是像一頂奇怪的、巨大無比的帽子底部鼓脹起來，形成兩頂紅色的無邊圓帽，那是眼睛。頭頂中央裂開，冒出一個鼓包，把兩個半球分別擠向左右兩側，靠鼓包的壓力，蒼蠅打通了小酒桶似的蛹底。這就是蠅類破蛹而出的奇特方式。

　為什麼打穿了小酒桶後，鼓包還長時間鼓突著？我發現那是個雜物袋，昆蟲暫時把血儲在裡面以便減少身體的體積，也便於更輕鬆地脫掉舊衣服，然後擺脫那個狹窄得像細頸瓶似的蛹殼。在整個羽化過程中，蒼蠅盡可能地把大量液體排壓出來，注入外面的鼓包中，隨著外面的鼓包膨脹起來直至變形，蒼蠅的身體就會變小。這個艱苦脫出過程需花兩小時或更長的時間。

　這就是最終脫殼而出的蒼蠅。牠那發育不全、十分簡約的翅膀幾乎構不著腹部中央，翅膀的外側有條深深的、像小提琴曲線的缺口，這既減小了翅膀的面積，也減小了長度，為蒼蠅穿過泥土柱時磨擦力的減少提供了最佳的條件。

　水腦症患者變本加厲地採用牠的手段。牠讓額頭上的鼓包鼓起來，癟下去，被頂起的沙土順著牠的身體往下滑。此時牠

的腳只發揮輔助作用，當活塞推動時，牠把腳向後繃緊，一動也不動做為支撐；當泥土滑下來時，牠用腳把泥土壓實，並急速將泥土往後推，然後腳又繃緊不動，等著下一次泥沙滑下來。頭部每次向前推進多少，就會有多少泥土填補了身後的空地。前額每鼓脹一次，蒼蠅就前進一步。在沙土乾燥易流動的情況下，進展比較順利，只需一刻鐘的時間，蒼蠅就推進了十五公分的高度。

滿是塵土的昆蟲一到達地面便開始梳妝打扮，牠最後一次鼓起前額，用前腳的跗節仔細地將鼓包刷淨，在收起這個隆起的裝置，把它變成一個不再裂開的額頭以前，必須徹底地把它揮乾淨，以免把沙礫帶進腦袋。翅膀被一遍遍刷洗；翅膀上那個小提琴月牙缺口已經消失，翅膀變長了，伸展開來。隨後蒼蠅一動也不動地待在沙子表面，蒼蠅完全成熟了。給牠們自由吧，牠們將會前往沙罐裡的遊蛇身上與其他蒼蠅會合。

第十六章

閻魔蟲和皮蠹

　　雷沃米爾斷言，在灰肉蠅的腹中有二萬隻胚胎。兩萬隻啊！牠建立如此龐大的家族要做什麼呢？單單這一代在一年內就要增殖好幾倍，牠難道想統治世界？牠或許有這種能力。在談到生殖力稍差一些的藍蒼蠅時，林奈說過「三隻蒼蠅吞一匹死馬，其速度之快相當於一頭獅子吃一匹馬」，那麼吞食別種死屍又是如何呢？

　　雷沃米爾的話讓我們放了心，他說：「儘管這些蒼蠅的繁殖力驚人，可是牠們並不比那些長相相似，而卵巢裡只有兩個卵的蒼蠅更為常見，前者的幼蟲似乎命裡注定要成為其他昆蟲的食物，很少能倖免。」

　　那麼，是哪些昆蟲擔負著裁減產量的工作呢？大師對此提

出懷疑和猜測，卻沒有機會進行觀察。我的那些屍坑為我提供了填補這個歷史空白的方法，它們向我展示了那些擔負著消滅眾多蠅蛆工作的食客所發揮的充分作用。現在就來說說這些重大的事件。

在鑽動的蠅蛆那具有溶解力的唾液作用下，一條大遊蛇被液化了。那罐子彷彿成了一個裝著屍體化成的乳液的大碗，那爬蟲類盤成螺塔形的脊柱露在液面上，那層帶鱗片的外皮鼓脹起來，在水波中顫動著，彷彿下面有股波濤起伏的潮水鼓動著那層皮，而這股浪潮是來自這群作業隊，牠們為了尋找一塊合適的場地，在死蛇的皮肉之間來回穿梭。在鱗片結合處的一些蠅蛆有時裸露出尖尖的頭部，受到光線的刺激，便趕緊回到鱗片下。氣味濃烈的濃湯在旁邊的渦旋畦裡形成了一條不流動的海峽，成堆的蠅蛆大部分肩並著肩，一動也不動地在進食；玫瑰紅色的氣孔在水面上開放。蠅蛆多極了，好大一片，根本無法計數。

許多陌生客參加了蠅蛆大宴，最先來的是閻魔蟲，就像牠的名稱告訴我們的那樣，這是一種食腐肉的昆蟲。在屍體還沒有液化之前牠們就和麗蠅同時到來了，擺開陣勢，看好了那具屍體，或在太陽下相互調戲，或蜷縮在死屍的皮下。免費的美餐時間還沒開始，牠們在等待著。

　　閻魔蟲雖然住在臭氣熏天的地方，卻是一種十分美麗的昆蟲。牠穿著緊身護胸甲，身形矮小，邁著匆匆的小步急忙忙地往前衝，身上閃閃發亮，好像烏黑的珍珠；肩上有人字形條紋和斜紋，分類學家把這做為閻魔蟲的特點記載下來；閻魔蟲黑色的鞘翅上帶有斑點，光線照上去時產生散射，因而使翅膀的亮度減弱了。牠們有些像青銅雕刻品似的，暗銅色身上綴著一些光閃閃的斑點，也有些在烏黑色的服裝上綴著色彩鮮豔的裝飾。色斑閻魔蟲的每個翅膀上都綴著一顆漂亮的橙色星月。總而言之，單單就外在美而言，這些小小的殯葬工不乏優點。在我們的標本盒裡牠們顯得很神氣。

　　但我們更應關注牠們的工作。遊蛇淹沒在自身的肉液化而成的肉湯中，蠅蛆成群。蠅蛆氣孔上的冠冕徐緩地一開一閉，在肉液形成的水沼表面形成了一塊花桌布，對閻魔蟲來說豐盛的筵席該開始了。

　　牠們仍在乾燥的地方忙碌地往返穿梭，爬上暗礁，爬上爬蟲類的褶皺形成的背岬，在這裡可以避開惡臭的沼澤，垂釣中意的肉塊。有條蠅蛆在岸邊，不太大，屬於最嫩的那一類。一個貪食鬼看見了牠，就謹慎地靠近旋渦，用大顎咬住那條蛆，把牠拉過來，將牠連根拔起。上了岸的小肥腸活蹦亂跳的，可是這獵物剛一到乾燥的岸上，就被開膛剖腹，被津津有味地嚼

碎，被吃得一點也不剩。一會兒這邊釣起一條，一會兒那邊釣起一條，貪食者們相安無事，經常是兩個同行分享一塊獵物。在沿岸各點都有垂釣者在釣蠅蛆，但釣到的數量很少，因為大部分的「小魚」位在牠們不敢冒險靠近的寬綽深水裡，牠們從不冒險往水裡跨一步。然而潮水漸漸退了，水被沙子吸乾，被陽光蒸發，蠅蛆躲到死屍身下，閻魔蟲也緊隨而來，屠殺全面展開了。幾天後，掀開遊蛇，蠅蛆已不復存在，沙土裡也同樣沒有即將變形的蠅蛆，遊牧族消失了，被吃光了。

滅殺如此徹底，以至於為了得到一些蛹，我必須採取秘密飼養的方式，以免閻魔蟲入侵。那些放在露天的罐子，來訪者可自由出入。罐子裡不管最初有多少幼蟲，最後一隻也不會留下。在最初的研究中由於還沒有考慮到屠殺，當我發現幾天前在某個罐子裡還有許多蠅蛆，而現在一隻也沒了，甚至連沙土裡也找不到時，我簡直驚呆了。假如蠅蛆能冒著乾旱到遠方旅行，我真會以為牠們全都遷徙到別處去了。

愛好吃肥腸的閻魔蟲身兼灰肉蠅減員的任務，肉蠅兩萬個子女中剩下的幾個倖存者，僅能使這個家族成員的數量維持在合理的限度內。閻魔蟲急忙地趕到鼴鼠和遊蛇的身邊，但是太稀的膿血使牠無法靠近，只能在別處湊合著吃幾口以維持體力，牠等待著蠅蛆完成工作，當屍體的液化完成後，便開始殺

戮那些液化者。為了迅速清理掉地上的生命
垃圾，蠅蛆這個淨化器便過量繁殖，而自己
卻因此形成了一種危險。牠們的數量太多
了，因而，當牠們完成淨化工作後旋即被消
滅。我在附近收集了九種閻魔蟲，一些是
從屍體下面採集到的，另一些是從垃圾堆
裡採集來的，我對牠們作了記載。前四種

撒波尼迪丟斯閻魔蟲
（放大2倍）

到過我那些罐子裡，其中數量最多、工作最賣力、功勞最大的
是撒波尼迪丟斯閻魔蟲和脫污閻魔蟲。牠們四月就來了，和麗
蠅到的時間相同。牠們懷著破壞灰肉蠅家庭時同樣的凶暴來破
壞麗蠅的家庭，只要那很快能把屍體曬乾的炎炎烈日還不足以
嚇阻雙翅目昆蟲的入侵，這兩種昆蟲就會大量聚集在那個惡臭
的工地上。秋季天氣剛剛轉涼，牠們又再次出現。

　　肉、魚、禽類和爬蟲類獵物都合牠們的口味。因為蠅蛆——牠們的美味佳肴也對這些獵物感到滿意。在蠅蛆長胖之前，牠們先在膿血上抓幾條吃，但這不過是開胃菜，是為在蠅蛆拱來拱去、長得最豐滿時舉行的盛宴作準備。

　　看著牠們那麼積極的模樣，開始我還以為牠們正在忙著繁殖後代，為家庭操勞呢。我曾信以為真，但是我錯了，在我的那個屍體工作坊裡沒有牠們產的卵，也沒有牠們的幼蟲。牠們

的家想必是安置在別處，看來是在肥料堆和垃圾堆裡。三月份，在一個滿是雞屎的雞舍地上，我的確找到了牠們的蛹，那蛹很容易認出。成蟲到我那臭氣沖天的工作坊，只是爲了參加蠅蛆的盛宴。任務完成後，在隨後的那個季節便回到垃圾堆裡，看樣子是在裡面繁殖後代。冬天一過，牠們就又跑到死動物身邊，爲了削減過多的肉蠅和麗蠅。

　　雙翅目昆蟲的工作還滿足不了衛生的需要。當土地吸收了蠅蛆提煉出的屍體溶液後，還留下大量無法被蒸發或被太陽曬乾的殘渣，需要其他的開發者來處理那些木乃伊，啃掉軟骨，吃掉肉乾，直至那屍體被清除到只剩一塊象牙般光滑的骨頭。

　　皮蠹擔負著這項漫長的啃咬工作。兩種皮蠹與閻魔蟲同時來到我的容器中，牠們是帶波紋皮蠹和擬白腹皮蠹。第一種黑底帶細白色波紋，棕紅色的前胸點綴著棕色斑點；第二種個頭較大，全身黑鴉鴉的，前胸邊緣撲上了一層煙灰色的粉。兩者下身都穿著與其他部分形成強烈對比的白色法蘭絨服，這似乎與其所從事的職業不相稱。

擬白腹皮蠹
（放大2倍）

　　身爲埋屍者的埋葬蟲早已向我們展示了這種對軟布料和反

差色的癖好，牠上身穿著一件米黃色的法蘭絨背心，鞘翅上披掛著紅色飾帶，觸角尖鑲著一粒橙色絨球。地位卑賤的帶波紋皮蠹，披著豹皮披肩，穿著帶斑紋的白鼬皮齊膝緊身外衣，幾乎可以與這位偉大的埋屍工作的承包商媲美。

兩種皮蠹數量都很多，兩者為著一個共同的目標來到我那些罐子裡，那就是解剖屍體直到剩下骨頭。牠們以蠅蛆吃剩的殘羹為食，如果蠅蛆的工作尚未結束，死屍下面還在滲液，皮蠹便聚在容器周圍等待，或者一串串攀在吊索上。在這些急性子製造出的混亂中，不時有些皮蠹摔下來。那笨手笨腳的被推倒在地，還一下子露出了肚子上的白色法蘭絨。冒失鬼趕緊爬起來，重新攀上繩索。在溫暖的陽光下，許多皮蠹正在交尾，這也是一種消磨時間的方式。牠們之間並沒有為爭個好位置或爭塊好肉而發生爭吵，筵席很豐盛，人人都有份。

終於食物可食的時機到了：蠅蛆不見了，全被閻魔蟲消滅光了。後者也所剩無幾了，都去別處尋找蠅蛆寶庫了。皮蠹占有了那具屍體，無限期地在那裡駐紮，即使是在炎熱的大熱天，高溫和酷暑嚇跑了其他所有的昆蟲，牠也不離開。在這副乾枯的空架子遮蔽下，在鼴鼠那不透風的皮毛帷幔的陰影下面，牠咬呀，剪呀，嚼呀，只要骨頭上還有一丁點吃的東西，牠就不放棄。

食物消耗得很快，因為擬白腹皮蠹還帶著一家子，牠們的胃口也一樣好。父母和年齡參差不齊的幼蟲們狂飲大嚼，貪得無厭。至於另一個解剖屍體的合作者帶波紋皮蠹，我不知道牠在哪裡產卵，我那些罐子裡沒有為我提供任何有關的資料，相反的，倒是使我了解到了另一種皮蠹幼蟲的情況。

整個春季和夏季的大部分時間，一大群成蟲帶著那些長相醜陋、長著刺一般可怕的黑汗毛的小傢伙躲在屍體下面。幼蟲的背部為瀝青色，中間橫貫著一條紅飾帶，朝下的一面有一抹銀白色，預示著成年時將變成白色的法蘭絨，倒數第二節的上方有兩個彎角，這是專門幫助幼蟲迅速滑進骨縫的爪鈎。

這塊開發物表面上看來很沈寂。外面寂靜無聲，但是一旦將牠揭開，頓時發現那裡多麼熱鬧，多麼嘈雜。背上毛茸茸的幼蟲受到突然射入的光線驚擾，鑽進殘渣堆裡及骨骼中的隱蔽地帶。柔韌性較差的成蟲局促不安，邁著小碎步跑開了，牠們要盡量把自己掩藏好。皮蠹消失了。讓牠們躲在陰暗處吧，牠們將繼續進行被打斷了的工作。今年七月我們將會發現牠們那些只用垃圾和屍體遮蔽的蛹。

如果說皮蠹不屑在地下蛻變，而滿足於用吃剩的屍體殘渣做為掩護，那另一個開發屍體者——扁屍岬可就不是這樣。光

顧我那些罐子的有兩種扁屍蚋：多皺扁屍蚋和西紐阿塔扁屍蚋。儘管牠們經常造訪，而我的那些器具卻也沒能爲我提供任何關於這兩種埋葬蟲的具體情況。也許是我動手太遲了，我只知道牠們通常是皮蠹和閻魔蟲的合作者。

多皺扁屍蚋
（放大2倍）

冬末，我的確在一隻癩蛤蟆身下發現了多皺扁屍蚋的家小，總共約三十多隻赤身裸體的幼蟲，黑裡透亮，身子扁平，呈尖拱形，腹板末節兩側各有一顆向後衝的齒，倒數第二節有短汗毛。幼蟲縮在那只乾癟的、被掏空了的癩蛤蟆的陰暗腹腔裡，撕咬著經太陽長時間烤曬變成了棕色乾硬的儲藏物。

大約是五月的第一個星期，牠們鑽入泥土中，各自挖了一個圓形的巢。那些蛹始終醒著，只要受到一點干擾，就會用尖尖的肚子著地旋轉起來，牠們迅速讓肚子慢慢地轉動起來，先順著一個方向旋轉，隨後又順著另一個方向旋轉。月底，成蟲鑽出了地面。看樣子到我的罐子裡來的那些其實是在春季早熟的同類，牠們是來覓食而不是產卵，繁殖後代則要延遲到下一個季節。

有關埋葬蟲（收殘埋葬蟲）的情況在這裡我只想簡略談一

下，因爲在其他章節我已經描述過牠們的功績了。牠們當然來過我的罐子，但未久留。那些屍體通常超出了牠們的埋藏能力。此外，就算那屍體適合牠，我也會反對牠的行動。我需要的是露天開採，而不是隱蔽的開發。如果這掘墓人堅持要做，我也會找牠麻煩，阻止牠行動的。

收殘埋葬蟲

我們來看看其他的昆蟲，這位勤勞的來訪者是誰？牠們每次都是四、五個一組，很少超過這個數字。這是一種半翅目昆蟲，一種身材苗條的臭蟲。牠長著紅色的翅膀，鼓脹的後腳帶有鋸齒，叫帶馬刺蛛緣椿象，是獵椿象的的近鄰。奇怪的是牠的卵有個爆炸系統，牠以爆炸的方式產卵。牠也重視捕獵，但這個特點與前一個特點相比，顯得多麼平淡無奇啊！我看見牠在那些屍體上徘徊，在尋找已被啃乾淨且被太陽曬得發白的骨頭。合適的獵物找到了，牠把口器貼在上面，過了一會兒就不動了。

憑藉牠那細得像氂毛似的堅韌工具，牠能從這塊骨頭上吸到什麼呢？我百思不得其解。這塊骨頭的表面那麼乾，也許牠是在搜索皮蠹刻刀般的牙齒留下的光滑痕跡。身爲一個次要的開發者，牠只是在別人已收割過的地裡拾取掉落的麥穗。我多想更進一步觀察這位吸骨者的生活習性，獲得牠們的卵，並期

望發現卵爆炸時的一些機制上的小秘密。我的希
望幻滅了。被監禁在一個裝著生活必需品的廣口
瓶裡的帶馬刺蛛緣椿象，漸漸地因思鄉而死去。
在屍坑裡停留之後，牠需要在附近的迷迭香上自
由飛翔。

帶馬刺蛛緣椿象
（放大2倍）

　　最後來看一下隱翅蟲，做爲我們關於埋葬
蟲描述的結尾。這是個長著短翅的昆蟲，到我那些罐子裡來的
有兩種，兩者都是垃圾堆的客人，牠們分別是：前角隱翅蟲和
馬克西勒修斯隱翅蟲。我的注意力主要放在後者這個家族巨人
的身上。

　　黑底帶灰絨條紋，一種有著發達大顎的隱翅蟲，到我這裡
來時不是成批的，總是一隻一隻到來。牠會突然間飛來，也許
是從附近的垃圾堆飛來的。牠降落到地面，曲起
肚皮，張開鉗子，猛然扎進鼴鼠的皮毛中。那強
有力的鉗子，刺向充滿氣體的、發青了的鼴鼠皮
中，膿血滲了出來，這個貪吃鬼，貪婪地吸吮起
來。僅此而已。不久牠便和來時一樣，一陣風似
地飛走了，沒有爲我提供更多的觀察機會。這隻
大隱翅蟲來此只是爲了吃上一頓腐敗的菜肴，牠
的家想必是在附近馬廄周圍的垃圾堆裡，我情願

馬克西勒修斯
隱翅蟲
（放大1½倍）

看見牠在我的屍體堆裡安家。

隱翅蟲的確是種奇異的昆蟲。牠那縮小的翅膀剛好只夠遮住肩膀，兇狠的大顎彎曲呈秤鉤狀，那光溜溜的長肚子好像和身體分了家，可以抬起並揮舞著，那樣子真令人擔心。

我決意要了解牠的幼蟲的情況。由於沒能從鼴鼠的拜訪者那裡了解到，我便到牠的同類親戚那裡了解，這兩種昆蟲體形差不多大。

冬天我搬起小路旁的石頭，常常見到芳香隱翅蟲的幼蟲。難看的幼蟲，形狀和成蟲沒什麼不同，身長二公分半，頭部和胸廓很漂亮，黑裡透亮；腹部呈棕色，有稀疏的直立汗毛，頭頂扁平，大顎是黑色的，很鋒利，張開時像把修剪樹枝用的可怕鉤形刀，直徑比兩個腦袋加起來還寬。只要見到這彎彎的匕首，就能猜想到這個強盜的習性了。這種昆蟲身上最奇怪的武器是從肛門口伸出的一根像硬管似的觸角，與身體軸線垂直，這是個運動器官，是肛門支架。當隱翅蟲前進時，牠的後部支撐在地上，用這根槓桿從後面施力，腳同時向前用力。天才的荒誕派插圖畫家多雷[1]構思過類似的畫面，他為我們描繪過一個靠手臂行走的雙腿殘缺者，坐在一個用柱子支撐的木缽裡。詼諧的藝術家似乎是從昆蟲身上得到靈感的。

這個拄拐杖者無法和同類和睦爲鄰，在同一塊石頭下，我極少能找到兩隻幼蟲。當有這種機會時，其中總有一隻處於可悲的狀況，被另一隻當作日常的獵物吞食了。我們來看看吞食同類的兩隻昆蟲的一場搏鬥。牠們都渴望吃掉對方。我把兩隻同樣健壯的幼蟲放在鋪著新鮮沙土的玻璃杯競技場裡，牠們一碰面，就突然站立起來，往後一閃，六隻腳騰空而起，帶鉤的大顎張得大大的，肛門支架牢牢撐地。牠們在採取大膽的進攻和防禦姿勢時顯得特別勇敢，這會兒是了解這個支柱的作用的最好機會。當幼蟲可能被對方剖腹吞食時，牠只能靠肚子和後面的那條管子支撐，六隻腳無法發揮支撐作用，而是不停地自由揮動著，準備拖住對方。

兩個對手面對面站著，誰將能把對方吃掉呢？那要看運氣了，威脅和扭打之後戰鬥不會持續多久。其中一隻也許是在扭打中僥倖占了上風，或者是由於身體配合較好，一口咬住了對方的脖子，這下勝券在握了，被擊敗的一方沒有任何反抗的可能，牠鮮血流淌，這已構成了兇殺。當戰敗者一點動靜都沒有的時候，戰勝者便把牠吃了，只留下那張過於堅硬的皮。

這是一次瘋狂的同類相殘。是飢餓迫使牠們相互殘殺嗎？

① 多雷：1832～1883年，法國畫家、雕塑家，他的畫富於想像。──譯注

我看不像。即使牠們事先已經吃飽了,而且我慷慨提供牠們的豐富食品還多的是,這些異教徒殘殺同伴反而更有勁。我白白在牠們面前堆滿了牠們愛吃的食物:美味的小肥肉——細毛鰓金龜的小幼蟲,和以免倒了賓客胃口而壓得半碎的維特里訥蝸牛。剛剛吃下一堆與身體差不多大小的食物的兩個強盜,一見面就站立起來,相互挑釁,廝咬,直到其中一個被咬死為止;緊接著是可憎的吞食場面。吃掉被咬死的同類,似乎是天經地義的規矩。

一隻被囚禁的雄螳螂被同伴吃掉,是因為正值發情期的雌螳螂失控造成的。粗暴的嫉妒者雌螳螂如果比雄螳螂更強壯,那牠會為了擺脫情敵,吃掉雄螳螂。這種異常的創世方法可以追溯得更遠,尤其是貓和兔子素來有把妨礙牠們滿足情慾的子女吞食掉的習慣。

在我的廣口瓶裡和田野中的扁平石頭下,芳香隱翅蟲,卻沒有這樣的藉口。牠自幼對交尾期的紛爭就無動於衷,遇到的同類也並不是牠的情敵;然而,牠們卻無緣無故相互懼怕,相互殘殺。一場殊死的搏鬥將決定誰被吃掉,誰吃掉對方。

在我們的語言中有「吃人肉」一詞,用來指可怕的人吃人的行為,但卻沒有一個詞能表達動物中同類之間發生的類似行

爲。這一人盡皆知的詞似乎還意味著，這個詞對人類這個崇高與卑劣的混合體之外的任何動物都毫無意義。格言說：狼不相殘。那麼芳香隱翅蟲讓這句格言成了謊言。

這是怎樣的惡習啊！當長著利顎的隱翅蟲前來光顧我那略微發臭的鼴鼠和遊蛇時，我多麼想了解牠們這種習性的原由，但是牠們拒絕把秘密告訴我，總是一吃飽就離開那個屍體堆。

第十七章

珠皮金龜

　　雙翅目昆蟲稱得上是清潔工，牠第一個來到死鼴鼠身邊，在那裡留下淨化器——牠的幼蟲，無須解剖箱，也無須手術刀和解剖刀，就把那具屍體處理掉了。其中最要緊的是消毒屍體，從中提取出那些很容易變質的物質，它們是促成腐敗加速及產生危險性的起源，這就是蠅蛆所做的工作。

　　從牠那不停到處搜尋的尖嘴裡流出的那種溶劑，是我工作坊裡所擁有的最有效的溶劑。用它能溶解肉和內臟，最少也能把它們化成稀糊狀。土壤漸漸浸透了肥料，植物很快便把肥料回收到它的生化實驗室中。

　　為了盡快完成緊急任務，蠅蛆需要眾兵作戰。任務完成後，雙翅目昆蟲成了一個威脅，因為牠們的數量太多了，如果

不加以節制就會占領整個世界。為了總體的平衡，需要消滅牠們。當時機成熟時，特愛吃小肥腸的滅絕者，身穿黑護胸甲、碎步小跑的閻魔蟲，開始出沒殺戮蠅蛆，只留下少量蠅蛆傳宗接代。

鼴鼠現在已經變成乾屍，不管怎樣，如果受潮了牠仍是有害健康的，這些破爛衣服也應銷毀。皮蠹被賦予這項使命，牠和牠的合作者扁屍蜱一起到聖物下面安營紮寨。憑著堅韌的牙齒，牠磨呀，銼呀，將屍骸剝蝕得只剩下一小塊軟骨了。那群腰肢更柔軟，能鑽進骨縫的飢餓幼蟲，可幫了牠們的大忙。

當皮蠹完成任務後，那個屍堆已然成了骸骨堆，一個亂七八糟的骸骨堆，有遊蛇那依次排列的椎骨，有鼴鼠那長著食蟲目細齒的頜骨，有癩蛤蟆那張開的骨節、突出的趾節和交錯著的門牙，還有兔子的頭蓋骨。所有的骨頭都被剝得白白淨淨的，讓人類解剖師的助手羨慕不已。

就這樣，一個先加工軟物，然後另一個加工硬物，蠅蛆和皮蠹所做的工作是值得讚賞的。現在不再有髒臭的汙跡，也不再有危害物散發出來了。

殘餘物大多都像石塊似的，雖然有礙觀瞻，但至少不再污

染空氣這生命的首要食糧了。總體的衛生狀況是令人滿意的。

除了骸骨之外，鼴鼠留下的殘破毛皮和遊蛇那像被沸水燙得脫落下來的碎皮，雙翅目昆蟲的溶劑對這些角質無能為力；皮蠹也不接受這些物質。這些破爛的表皮就沒有用了嗎？當然不是，大自然這崇高的管家總是留意著將所有東西都收到他的百寶箱裡，一個微粒也不會丟掉。

其他昆蟲將到來。一些樸實、耐心的啃咬者，牠們不肯放棄一丁點食物，將會把鼴鼠皮上的毛一根一根拔下來，穿在自己身上，為自己蔽體。還有一些會吃蛇身上的鱗片外衣，牠就是衣蛾，一種和蛾同樣卑賤的毛毛蟲。

凡是動物的皮毛牠們都喜歡：馬鬃、毛、鱗片、觸角、廢毛、羽毛。但是牠們工作時需要的是安靜和陰暗，在陽光和露天的紛亂中，牠們拒不接受我那個屍堆裡的殘渣。等著一陣風掃過骸骨，把鼴鼠的絨毛和遊蛇的碎皮刮到某個陰暗隱蔽的角落裡，死者的舊衣肯定將會消失。至於骨頭，在大氣的作用下，經過漫長的時間也將風化，慢慢分解掉。

如果我想快些解決掉皮蠹不屑一顧的動物皮，只要把它們放在陰暗乾燥處就行了。衣蛾很快就會前來覓食。衣蛾還侵入

我的住宅。我曾經得到過一張來自圭亞那[1]的響尾蛇皮。盤成
一堆的可怕蛇皮，到我手上時是完好無損的，帶著毒牙，讓人
一見就不寒而慄，此外，它還帶著能發出聲響的角質環。在加
勒比[2]，人們已經把它放在一種毒液中浸過，以確保能夠永久
保存。預防措施是徒勞的，衣蛾侵入了它的內部，啃食響尾蛇
的皮，覺得這不尋常的食品味道好極了，牠們還是第一次吃到
呢。當然，如果換成牠們熟悉的食品——被蠅蛆嫌棄又被太陽
曬黑了的遊蛇皮，那麼牠們將會吃得更津津有味。

對於屍體的殘留物來說，總是不乏專業開發者。牠們負責
加工死亡物質，使它以一種新的形式重新進入物質循環中。在
眾多的開發者中，一些具有獨特專長者讓我們看到了生命的垃
圾被那麼精心地節約利用。珠皮金龜就是這樣一種昆蟲。牠是
一種微不足道的鞘翅目昆蟲，最多不過櫻桃核那麼大，全身黑
色，鞘翅上有一排排結節，因此被稱為珠皮金龜。

人們不認識這種昆蟲完全情有可原，因為牠從來不被人提
起。牠默默無聞，已被歷史遺忘。固定在標本盒裡的牠，被排
在糞金龜的後面。牠那沾著泥土的襤褸衣衫，說明了牠是個地

① 圭亞那：南美洲北部多山的高原地區。——譯注
② 加勒比：南美洲北部沿海地區，印第安人曾居住於此。——譯注

下採掘者。那麼牠的眞實職業是什麼呢？像許多人一樣我原先也不知道，一次偶然的發現告訴我，這個帶珍珠斑點的昆蟲，其價值遠不應只在收藏室裡占一席之地。

二月即將結束，氣候溫暖，陽光和煦，我們全家外出欣賞扁桃樹開花。籃子裡裝著孩子們的點心：蘋果和麵包。吃點心的時間到了，我們在大橡樹下休息，這時我最小的女兒安娜一直用她那雙六歲孩子明亮的眼睛盯著一隻蟲子，她在離我們幾步遠的地方叫道：「一隻蟲子，兩隻，三隻，四隻，眞好看！來看啊，爸爸，過來看啊！」

我跑過去，孩子手拿著一截樹枝，在沙土上翻尋，翻出了一塊像毛皮樣的東西，上面有毛。我拿了一把小鏟子參與他們，一會兒功夫我就找到了十二隻珠皮金龜，大部分是在一塊破毛氈和碎骨頭裡找到的。牠們在工作，似乎是在吃這些東西，我打擾了牠們的宴席。

這可能是誰的糞便呢？這是要解決的一個基本問題。布希翁-薩哈罕說：「告訴我你吃什麼，我就能說出你是誰。」假如我想了解珠皮金龜，我首先得知道牠吃什麼。讀者，請同情博物學家的不幸吧！我探索，沈思，推測，被這個無法明言的糞便問題搞得暈頭轉向。

這堆多纖維的糞便和誰有關呢？我看出其中的主要成分是兔毛，這可能是狗的糞便。在塞西尼翁丘陵裡常有兔子出沒，牠們甚至在一些美食家之間享有一定的名氣。村裡的獵人窮追不捨，而他們的狗，做為偷獵者卻不用擔心沒有捕獵證或遇上憲兵，一年四季不管是禁獵期還是合法捕獵期，牠們為了自己的利益，不放棄捕獵兔子的機會。

珠皮金龜
（放大2½倍）

我認識兩條有名的狗，牠們叫米拉特和弗朗巴。早晨牠們在獵場會合，按規矩相互對視著轉三圈，抬腿蹬牆。現在牠們出發了，大半個上午在附近的斜坡上，可以聽到牠們狂吠，牠們尾隨著兔子從一片矮樹叢跑到另一片矮樹叢，白尾巴翹著，最後回來了。從牠們血淋淋的嘴唇，就能得知這次遠征的結果，兔子當場被牠們活生生地連皮吞下了。

這是否就能說明珠皮金龜是以這種產品為生呢？我覺得應該是這樣，我差點就認為從此飼養珠皮金龜簡單多了。我將昆蟲放在鋪了沙土的罐子裡，上面罩上金屬紗罩，供給的食物是在鋪路的石子堆上曬乾了的狗屎。可是，我飼養的昆蟲不吃，根本不吃。我搞錯了，牠們到底需要什麼呢？

　　我每次都是在帶毛的糞便下，從不是在別處發現這種昆蟲的。然而，在一小塊韌皮纖維下隱藏幾隻昆蟲是很罕見的。在牠們那緊身鞘翅下，只有退化了無法飛行的翅膀，牠們是靠短腳徒步來到帶毛的糞便處。牠們在氣味的指引下，從遙遠的四面八方來到這裡。我還是要問，這塊還挺新鮮的，把消費者從那麼遠的地方吸引來的毛氈，是從哪裡來的？

　　答案終於找到了，在小山坡上，特別是在附近農場持續進行的耐心研究，終於讓我得到了具有決定性意義的糞便。這塊糞便像其他幾塊一樣帶有很多毛和珠皮金龜，但這塊糞便真像金子，像金步行蟲的鞘翅般發出的光芒。有眉目了！狗即使飢餓也從不吃鞘翅目昆蟲，更不吃具有刺激味的步行蟲。只有狐狸在食物極其匱乏，找不到更好的食物時，才會接受這樣的食物；而後不久狐狸就能從兔子那得到補償，牠趁著對手弗朗巴和米拉特休息時，摸黑捕殺兔子。

　　狐狸的胃腸消化不了的毛也有它的業餘愛好者，就像剝下的動物皮毛可為製帽商提供氈毛一樣，狐狸的胃腸消化不了的毛對衣蛾來說相當合適。而那些沒有被鞘翅目食肉昆蟲的腸子消化的，摻雜著糞便的毛，深得珠皮金龜的喜歡。為了不浪費任何資源，這個世界才有各種偏好共同存在。鐘形網罩下的動物得到了所需的食品——經狐狸消化液浸過的兔毛，因此長得

特別好。

　　食物的獲取並不困難，狐狸是附近最常見不過的動物。牠在夜間常常經過的、荊棘叢生的小徑上，在農場周圍，我輕易地就能找到牠所留下的帶毛糞便。我的那些珠皮金龜囚徒的食物來源相當充裕。

　　由於生性不好遊蕩，再加上吃得好，珠皮金龜看上去非常滿意這個新家。牠們整日守在糧食堆上，長時間地吃著，一動也不動。當我靠近鐘形網罩時，牠們立刻跌落下來，過一會兒恢復了平靜，便又躲到糧食堆底下。這些和平者沒有什麼特殊的習性，唯一算得上特別的是，牠們的交尾期要持續長達兩個月。在此期間，交尾多次停頓，又多次繼續，每次往往時間很短，老是沒完沒了。

　　四月底，我對那個糧食堆底下進行了一次搜查，在不太深的潮濕沙土裡散布著卵，一個挨一個，沒有家，沒有母親照管。卵是白色的，呈小球形，和用來射雛鳥的小彈丸一樣大，相對於這種昆蟲的體形而言，我覺得牠們的卵顯得相當大，數量倒是不多，最多不過十二個，據我估計，這就是一位母親所產的卵數。

不久卵變成了幼蟲，生長得很快。這是些渾身光溜溜的幼蟲，身體呈圓柱形，灰白色，彎曲成鈎狀，就像食糞性甲蟲的幼蟲似的，但不像糞金龜那樣背上背著個儲存水泥的布袋，用於塗抹被掏空了的圓麵包內壁，並防止糧食變的過度乾燥。牠們的頭部很壯實，黑裡發亮，胸廓的第一節兩側各有一條棕色條紋，腳和大顎都很健壯有力。

珠皮金龜家族雖然被歸為食糞性甲蟲類，卻有著粗俗的習慣，遠不像金龜子、蜣螂和其他昆蟲家族那麼溫柔。珠皮金龜家族既不預先儲藏食物，也不為幼蟲製作一份一份的口糧。哪怕食糞性甲蟲中最不靈巧的屎蜣螂，也會從糞堆裡挑出最好的部分做成一根短血腸，並在食物中開闢出一間孵化室，將卵精心地安放在裡面。有了母親的關懷，再加上經常也得到父親的關心，新生兒如願地得到了足夠的食物供應，讓這個享用特權者免受了生活上的艱辛。

珠皮金龜家族教養小孩相當嚴格，卻沒有關愛的表示。幼蟲必須自己冒著風險尋找食物和住處，這對一個吃狐狸糞便的蟲子來說可是個大問題。母親在毛扎扎的垃圾堆裡撒下卵後，並不為孩子考慮周詳，牠自己吃的糕餅也將是孩子的食物。

為了觀察珠皮金龜幼蟲最初的行動，我把一些卵一枚枚分

別放在玻璃管裡。管的底部裝有新鮮沙土，上面放著從排泄物中提取出的含兔毛的食物。剛孵化的幼蟲首先得尋找住所，牠們挖掘，為自己在沙土中找一個藏身之處，牠們挖了一個垂直的短坑道，然後把幾塊有營養的毛氈拖進坑道裡。食物漸漸吃光了，埋在下面的蟲子重新回到地面採集新的食物。在主要的聚居地，那個帶網罩的罐子裡，蟲子們也以同樣的方式開始和繼續牠們的行動。

在牠們共同開採的這塊食物上，每條幼蟲都為自己挖一條垂直的坑道，深一指，直徑有一支粗鉛筆那麼粗。在住宅的底部，沒有預先堆放的糧食堆。珠皮金龜幼蟲不積蓄財富，而是過一天算一天。我撞見過牠們，特別是在晚上，發現牠們偷偷上來，從井上那堆糞便中摟起一堆毛，然後馬上倒退著下到井裡。只要洞裡還剩一小點毛，牠們就不再出來。當食物吃光了，胃口又來了的時候，牠們才重新上來收集新的食物。

在坑道裡頻繁地上上下下，坑道的沙壁遲早有坍塌的危險，但是牠們採用糞金龜夫婦的辦法。當糞金龜一趟一趟地收集原料時，會把牛糞抹在洞壁上，以防坑道坍塌。只是在珠皮金龜家族中，是由幼蟲自己來進行加固工作，牠們用吃的毛氈把洞壁從頭到尾都塗抹一遍。

　　三、四週後那堆糞便中全部的毛都消失在地下，被幼蟲拖到了狹窄居所的底部。在地面上，只剩下一些骨頭渣。這時成蟲藏在洞裡，或衰竭或死亡，牠們的時代已經結束了。接近夏至的時候，我得到了第一批蛹。從一個玻璃容器裡我看見牠們自己慢慢地轉著圈，用背部將那個簡陋的橢圓形小屋的泥土牆粉光。

　　七月中旬，成蟲完全成熟了。還不曾被牠所從事的卑微職業玷污的昆蟲，穿著烏黑的護胸甲，戴著一串串覆蓋著白色纖毛的大珍珠，前面和中間的跗節裹著鮮豔的棕紅色套子，看起來漂亮極了。牠來到地面上，找到狐狸的糞便，在裡面安家，從此牠便成了骯髒不堪的掏糞工。牠將蜷縮在糞堆下面的沙土裡過冬，直到開春才重新工作。

　　總之，珠皮金龜是微不足道的。在牠的生命史中唯一值得一提的是，牠嗜好狐狸腸胃所不接受的東西。我還認識一種有類似偏好的昆蟲。當貓頭鷹逮到一隻田鼠時，用喙咬住牠的脖子，把牠咬昏，然後將牠吞下肚子裡脫骨、去毛，這些分離動作是在消化道進行的。牠吐出一團毛和骨頭，然而，像狐狸排出的毛一樣，這團污穢物也照樣有愛好者。我剛剛觀察過一個正在工作的糞便愛好者，牠是高勒瓦食屍蟲，一個與扁屍蚜家族相像的矮子。

　　兔子和田鼠的毛真的那麼珍貴，以至於要為狐狸的腸胃和貓頭鷹肚子無法馴服和利用的渣滓找到一些特殊的開發利用者嗎？是的，這種渣滓是有價值的，總收益原則迫切要求將它回收，投入新的開發製程。即使我們那具有極強消化力的工廠，也無法保證能持續占有這些渣滓。

　　來自羊身上的毛呢，經過紡紗廠和紡織廠的加工和印染廠的染料浸漬，經歷了比消化實驗更嚴峻的考驗，是否就不受損害呢？不，衣蛾在與我們爭奪這些羊毛。

　　哦，我可憐的艾爾伯夫柔花呢燕尾服啊，你伴我工作，你是我經歷苦難的見證人。然而我卻無怨無悔地將你遺棄，就因你是一件農裝。你躺在衣櫃抽屜裡，幾包樟腦和薰衣草之間，家庭主婦照看著你，不時給你關照，然而一切用心良苦都白費了。你被衣蛾損壞，就像鼴鼠毀於蠅蛆，遊蛇毀於皮蠹一樣，像我們自己……我們還是別再沿著死亡的深淵追究下去了吧！一切都該回到回復更新的熔爐中來，死亡不斷地向熔爐裡注入原料，以期不斷開出生命之花。

第十八章

昆蟲的幾何學

　　昆蟲的技藝，尤其是膜翅目昆蟲的技藝，充滿了小奇蹟。黃斑蜂最近用各種絨毛植物提供的棉花建造的巢真是精美絕倫，形狀整齊，顏色像雪一樣白，看上去優美，摸起來比天鵝絨更柔軟。蜂鳥的巢像個酒杯，幾乎有半個杏子大，外觀像頂粗氈帽。

　　蜂鳥那盡善盡美的傑作是在很短的時間內完成的。藝術家苦於沒有所需的空間，牠的工廠是個聚會的場所，一個不可改變的長廊，只能按照本來的樣子來運用。那些棉袋排成行，互相擠壓變了形；相鄰的棉袋首尾相接黏連在一起，整個成了被澆鑄焊接在住宅裡的一根柱子。由於缺少空間，織布工只能按著本能上簡潔明瞭的標準繼續紡織。牠用沒什麼藝術價值可言的繩條形建築，取代了黃斑蜂用一個個小隔室黏連而成的巧妙

之作。

卵石石蜂在卵石上築巢時，先建一座完美的幾何形小塔。牠們從壓實的路面上最堅硬的地方刮下粉末拌上唾液製成砂漿。為了使建築物更加牢固，也為了節省採集和製作時得大量消耗的財力——水泥，牠們在砂漿凝固之前，將一些細小的礫石鑲嵌在建築物的表面。最初這個建築物看起來像個美麗的石子稜堡。

可以將抹刀運用自如的泥水匠築巢蜂，剛剛按照自己的藝術風格築了一個巢，一個裝飾著馬賽克的圓柱。但牠還得繼續建造其他的蜂房，至少還要多建幾間。因此要有些規則，建造第一間小房時不受規則的制約，然而隨後建造的蜂房則應遵從於已經建好的部分。

為了讓整體牢固，就必須把所有的小塔結合一起，讓它們相互連接；為了節省材料就得讓相鄰的兩間蜂房共用一堵牆。按照建築常規這兩個條件是不相容的；組合在一起的圓柱只在一條線上相連接，而不是大範圍共用一堵隔牆；圓柱之間留有空隙將使整體的平衡受到威脅。建築師是如何克服這兩個問題的呢？

牠放棄了正常的圓形輪廓線，根據現有的空間進行修改。牠改變圓柱體的形狀而不改變容積，內部始終保持圓形以滿足未來的房客——幼蟲的生活便利之需。牠改變的是外形，牠使圓形輪廓變成了不規則的多邊形，多邊形的角填滿了柱子間的空隙。

已建成的第一座小塔所展現出的優美的幾何形狀，隨著層疊的蜂房連結成的建築物的形成而被破壞，失去了原有的形狀。不規則取代了規則，這一特點在建築物完工時更加明顯。為了讓房屋更堅固，讓它不受惡劣氣候的侵襲，泥水匠為它塗抹了厚厚的一層灰泥。馬賽克鑲嵌，加蓋的圓形出口，圓柱稜堡全都不見了，全被外部的防護裝飾掩蓋了。從外表看這個建築不過是一個風乾的泥團。

圓形中最簡單的圓柱體可在細腰蜂堆放蜘蛛的食品罐頭上看到。這位捕食蜘蛛的獵手，從沼澤邊取來泥土後先築起一座小塔，上面鑲著螺圈。這建築群的第一座小塔，周圍沒有障礙限制，完美地表現了建築師過人的天才。小塔酷似一截螺旋形的柱子，但是隨後建成的隔室背靠著背，互相擠壓變了形。這都是為了一個目的：節省材料並使整體牢固。起初美觀的布局沒有了；堆積導致了不規則，厚厚的一層塗料完全改變了建築物的本來面目。

現在看到的是黑蛛蜂，牠是狩獵者和陶藝師細腰蜂的競爭對手。牠把為幼蟲準備的口糧──唯一的一隻蜘蛛關在一個僅有櫻桃核那麼大的黏土殼裡，外部裝飾著結節狀軋花滾邊，這個小小的陶土傑作呈現截去一頭的橢圓形狀，單個看來顯得非常規則。

但是陶藝師並不滿足於把餐具做成這種形狀。向陽的牆縫隱蔽處將是牠全家安身的理想場所。其他存放食物的罈子造好了，有時排成行，有時組合在一塊。儘管新的陶器是按照固定的橢圓形式樣來製作的，但或多或少與理想的模型之間存在著偏差，罈底連著罈底，原先平緩的橢圓形丘峰消失了，取而代之的是刀切般平坦的小酒桶底，罈子相互擠靠著，凸肚被擠平了。它們無序地堆在一起，幾乎已經認不出原來的模樣了。然而，由於黑蛛蜂的做法不同於細腰蜂，牠從不在集裝罐外面加上任何裝飾，因此產品較好地保留了它們原有的特徵。藝術家知道應該在作品上印上商標。

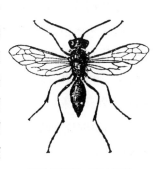

斑點黑蛛蜂（放大2倍）

黑胡蜂製造的陶製品更加高級，造形為圓拱突肚形，類似東方的涼亭和莫斯克維耶那大教堂。圓拱頂的頂端有個像雙耳

尖底甕那樣的開口，爲幼蟲準備的毛毛蟲就從這個開口送進去。當糧食裝滿了，一枚卵用一根線懸掛在穹隆裡時，這間蜂房的開口就被用一塊黏土塞起來。

阿美德黑胡蜂一般是在一塊大卵石上築巢，牠把多稜角的礫石一半嵌入泥漿以裝飾圓屋頂，在封口的黏土上放一小塊扁平的石頭，或是一個最小的蝸牛殼。這個膠泥暗堡經太陽充分烤曬後，顯得特別高雅。

可是這個優美的建築物將要消失。黑胡蜂要在圓拱頂的周圍建造其他的圓拱屋，已經造好的這間圓拱屋的牆壁被用作隔牆，從此精確的圓形不再實用。爲了占滿凹角，新造的蜂房變得有稜有角，形狀成了模糊的多面體，只有建築群的四周和頂部保留著原設計的輪廓。蜂巢的表面就像起伏的丘陵，每個丘陵就是一個小間。那個像雙耳尖底甕開口似的頸口部分因在製作時不受任何束縛，所以沒有改變，總還能辨認出來。要是沒有這個原始的證據證明，人們恐怕很難想像這個醜陋的臃腫物是圓拱屋藝術家的作品。

有爪黑胡蜂弄得更糟。牠在一塊大石頭上建造了一組蜂房，從形狀看來，其鑲嵌裝飾和雙耳尖底甕開口似的頸口都可與阿美德黑胡蜂的蜂房相媲美。但是，後來牠把整個房子的外

表抹上了一層砂漿，爲了家庭安全，牠仿效石蜂和細腰蜂，用粗笨的堡壘外形取代了精巧的藝術。由於受到人人都追求美的本能的啓迪，這兩者一開始都很注重美觀，而後卻又無法擺脫對危險的恐懼，最後終於採用了較爲醜陋的外觀。

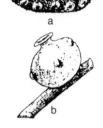

a. 阿美德黑胡蜂的巢
b. 果仁形黑胡蜂的巢

其他體形較小的黑胡蜂卻與眾不同，牠們建造的蜂房總是孤零零的，往往是以小灌木的枝條做爲支撐。牠們建造的圓拱屋與前面描述的那些圓拱屋相似，並且也有個雅致的開口，但是沒有礫石鑲嵌，小巧如櫻桃般大的房間沒有那種粗俗的裝飾，陶藝師用黏土結核替代礫石，散亂地點綴其間。

黑胡蜂必須根據先建好的蜂房所留出的空隙大小，改變正在建的房子的形狀才能把蜂房組建一起。由於環境所限，牠們用討厭的、斷開的線條取代了最初設計時的漂亮曲線。另一種黑胡蜂分開建造每個圓拱屋，避免造成類似的不精確。根據安置幼蟲的需要，在一根叉柱或另一根叉柱上建造的蜂房，從第一間到最後一間全都一個模樣，好像是從一個模子裡鑄造出來的。因爲規則的實行沒有受到任何阻礙，秩序才得以恢復，才使一系列產品至始至終都一樣完美。

假如昆蟲建造一個總的隱藏處，其中每隻幼蟲都單獨占有一格，那麼這一大家子共同居住的房子會是什麼樣的呢？當然，只要不受任何妨礙，這個建築總是呈現規則的幾何形狀，形狀根據建築者的特長而有所變化。請看下面按實物所畫的圖。這是氣球嗎？是孩子們引以為榮的玩具盒嗎？在童話王國裡，也不見得有比這更美麗的氣球。不，這是中胡蜂的巢。送給我這個奇妙玩意的人，是在一扇百葉窗的窗臺底下發現的，這扇窗一年的大部分時間都忘記關。

除了黏連點以外，往其他各個方向的行動都是自由的，胡蜂得以不受阻礙地遵循自己的藝術準則，用自己生產的紙張吹起了一個弧度平緩的橢圓形加錐體的氣球。這種紙張的柔軟性和韌性堪與中國或日本產的絲綿紙相媲美。類似這種不同形狀的藝術性搭配，在聖甲蟲的梨形巢上也能見到。苗條的胡蜂和笨重的食糞性甲蟲用不同的工具和材料，卻按照同一個圖樣來建造房屋。

隱約可見的螺旋形網格說明了膜翅目昆蟲是如何建造房屋的。胡蜂用大顎含著一團紙漿，沿著織好的網的邊緣向下旋轉，所經之處便留下一條用軟軟的、浸透著唾液的物質拉成的帶子。工作時斷時續，歷經成百上千次。因為儲存物消耗得很快，牠必須再到附近的植物上用大顎刮下一些經潮濕空氣浸

濕，並被太陽曬得發白的木質莖，還得把裡面的纖維抽出，劈開，分成絲縷，揉成塑性黏團。換好了新的紙漿，牠們趕緊回去接上帶子的斷頭。

有時甚至是好幾隻胡蜂同心協力一起建造家園，家園的締造者——母親，最初只是單槍匹馬，而且被家務耗去很多精力，牠只能粗略地搭了個屋頂；但隨後牠的孩子們來了，一群工蜂熱情相助，從此牠們承擔起繼續擴大居所的任務，為唯一的蜂后提供足夠的蜂房，以便安置牠所產的卵。這個造紙組的成員，一會兒這個來幫忙，一會兒那個來幫忙，或者好幾隻不約而同地在工地上的不同地點工作。這絲毫也沒產生混亂，築起的巢非常規則。隨著角度的變化，編織到圓頂時直徑減縮，寬敞的橢圓形頂端縮成了錐形，最後形成一個形狀優美的出口。牠們各自為政，幾乎是獨立施工，卻能建成這樣一個和諧的整體。

因為這些昆蟲建築師生來就具有幾何學知識，對建築程序無師自通。這種程序在同一個集團中是固定不變的，但是在不同的集團中程序會有所變化。同樣的，這些昆蟲建築師對結構的安排也無師自通，甚至在這方面表現得更為突出。這種按照一定的規則建築房屋的癖好，讓各類昆蟲有了屬於自己的公會名稱，如卵石石蜂被稱為小土塔公會，細腰蜂被稱為黏土繩形

線條公會，黃斑蜂被稱爲棉袋公會，黑胡蜂被稱爲細頸圓罐拱
公會，胡蜂被稱爲紙氣球公會，以及其他諸如此類的公會。每
個公會都有著自己的技藝。

我們的建築師在開工前先要設計、計算；昆蟲則免去了這
些前期的準備工作，牠們初操此業時就不曾有過猶豫，從砌第
一塊方石起，就已無師自通了。像軟體動物把自己的殼盤成螺
旋塔那樣，牠也能以同樣的精確度，憑著同樣的直覺築巢；如
果沒有任何東西妨礙牠，牠總是能做出精美的作品，而且能巧

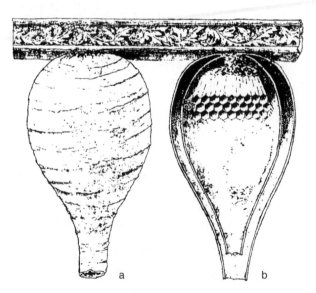

a.中胡蜂的巢　b.剖面

妙地節省材料。但是當幾座房間相互妨礙時，規定的方案雖然沒有被拋棄，卻由於缺少空間，需要進行修改。擁擠導致了不規則。對人類來說也是一樣，自由形成秩序，束縛產生混亂。

現在讓我們打開胡蜂的巢。出人意料的是，它不止一層外殼，而是有兩層，一層套著一層，兩層之間的間隔很小。假如那個性急的人不是在這個傑作完全建好前就拿來給我，它甚至還應該有更多層的，可能會是三層或四層。只建了一層的蜂房說明了，這個蜂巢是不完整的，圓滿完成的蜂巢應該有好幾層蜂房。

這並不要緊，即使像現在這個樣子，這個作品也讓人明白了，怕冷的胡蜂比我們更早知道保暖的方法。物理學告訴我們，兩塊隔板間靜止不動的氣墊猶如屏障般可以有效地保溫。根據物理原理，我們在冬季運用雙層窗來保持室內的溫度。可是早在人類科學產生之前，喜歡溫暖的小胡蜂就知道了多層套子之間的空氣層能保溫的秘密，牠那懸掛在陽光下的有三、四層套子包裹的蜂巢想必成了恆溫箱。

這些紙圍牆只是發揮防護作用的，已經建好了的其餘部分才是真正的胡蜂城市，占據著圓拱屋的上部。目前這個蜂巢裡只有一層開口朝下的六邊形蜂房。隨後，還應該建造出另外幾

層同樣的蜂房，一層層向下發展，每一層都靠紙做的小圓柱與上面一層相連接。把每一層蜂房或者巢脾全部加起來應該有將近一百間蜂房，數量和幼蟲一樣多。

胡蜂的養育方式迫使牠們遵守不為另一些建築工所知的規矩，後者把食品、蜜或獵物按幼蟲的需要分成一份一份存放在每個房間裡。產下卵後，牠們就關上蜂房，不再過問其餘的事。囚禁其中的幼蟲在身邊就能找到食物，並且不需別人幫忙就會一天天長大。在這種情況下，房間組合不規則並不要緊，甚至雜亂無章也可以容忍，只要整個蜂巢安全就行，必要時可以加塗一層保護層。糧食充裕，居所安靜，沒有一個隱士期望得到任何來自外界的東西。

在胡蜂家族裡，則完全是另一回事。那些幼蟲從出生一直到長大之前都不能夠自理，牠們像鳥巢裡的雛鳥一樣，需要別人一口一口地餵食，像搖籃裡的嬰兒似的，需要不斷地呵護。負責家務的工蜂在凹室之間不停地往返穿梭，牠們喚醒睡熟的幼蟲，用舌頭替牠揩一下臉，然後口對口地餵幼蟲飯吃。只要幼蟲還沒長大，嗷嗷待哺的嬰兒和剛從田間歸來、胃裡裝滿了粥的保育員之間，這種口對口的餵養方式就不會結束。

在各種胡蜂家中，像這樣有成千上萬個搖籃的哺乳室則要

求便於監視、護理，因此得建立井然的秩序。如果說石蜂、黑
胡蜂和細腰蜂不必在乎那些一旦填滿糧食、關閉後就不能再進
去的房間是否組裝得十分精確；那麼，對於胡蜂來說，將蜂房
安排得井然有序條卻是很重要的，否則一大家子將會變得亂哄
哄的，而且不便於餵養。

為了安置蜂后不斷產下的卵，工蜂就得蓋房子，利用有限
的空間盡可能多蓋幾間房間，房間的數量是由幼蟲的總數確定
的。這就要求盡可能地節省空間，不能白白浪費空間，而且也
不允許任何威脅建築物整體堅固的空隙存在。

還不止這些呢。商人心裡想著「時間就是金錢」，這些並
不比商人清閒的胡蜂想的卻是「時間就是紙張，有了紙張就有
了更寬敞的房子和更多的人口，咱們別浪費材料，相鄰的兩個
房間得共用一堵隔牆」。

那麼昆蟲是如何解決難題的呢？首先牠放棄了圓形。圓
柱、罐子形、杯子形、球形、葫蘆形、以及其他一般被採用的
造型所組合成的整體，都不可能同時做到不留空隙，並共用隔
牆。按照一定的規則修改的滾刨面才能節省空間和材料，因此
房間將採用稜柱體，長度則根據幼蟲的體長計算。

剩下來要決定的是稜柱體的底面應該用哪種多邊形。首先這個多邊形當然應該是規則的，因為房間的容積應該是固定的，合在一起時不能存在空隙。如果採用不規則多邊形，形狀就會變化，而且使得房間的大小不一。因此在無數的多邊形中，只有三種可以連續拼在一起而中間不留空隙，那就是等邊三角形、正方形和六邊形。選哪一種呢？

應該選擇最接近圓形，最適合幼蟲圓柱體身材的那種形狀；選擇周長相同、面積最大的那種，這是幼蟲自由生長的必要條件。在幾何學推薦的這三種適合的規則多邊形中，胡蜂所選的正是六邊形這種幾何圖形，隔室是六面體的。

任何高度協調的事物總是遭到計謀多端者的極力破壞。關於六邊形房子，特別是關於胡蜂那個帶雙層套的、從底部向上重疊的蜂房，還有什麼沒有說到呢？為了既節省蠟又節省空間，要求基部採用由三個稜構成的金字塔形，稜形的角度有著決定性的作用。我們可以精確地計算出這些角度的度、分、秒，用量角器測量蜜蜂的傑作，可以發現其計算值精確到了度、分、秒，昆蟲的計算結果與幾何學最準確的計算結果完全相符。

至於蜂房的壯觀不屬於要介紹的範圍，我們還是專門介紹

胡蜂吧！有人說過：「把乾豌豆裝在一個瓶子裡，加進一些水，豌豆泡脹了，相互擠壓成了多面體。胡蜂的隔室也是採用同樣的原理，一群建築工各自隨心所欲地蓋房子，把自己的房子靠在別人的上面，相鄰的房子相互擠壓就形成了六邊形。」

如果好好用眼睛觀察一下，恐怕就沒人敢作出這種荒唐的解釋了吧！善良的人們，好好地認識一下胡蜂最初的活動吧！觀察在露天的籬笆枝梢上築巢的長腳蜂是很容易的。春天蜂后獨自在修建蜂巢，此時牠周圍沒有勤勉的合作者在隔壁建房子。牠建起了第一座稜柱體，沒有東西阻礙，也沒有任何東西迫使牠採用哪種形狀；最初建造的這個稜柱體沒有一面受到阻礙，可以自由發揮，可是牠卻和將要建成的其他六面體一樣完美。從一開始，完美的幾何形狀就顯示出來了。

您再看看由長腳蜂或其他任何一種胡蜂等眾多建築工參與建造的、進度不一的蜂房。大部分還沒完工的蜂房的隔室，四周大多是空著的，這部分和先造好的那排房子沒有任何接觸，也不受任何限制，然而六邊形輪廓像其他地方一樣清晰可見。拋棄所謂相互擠壓的理論吧，因為只要稍加仔細觀察，就足以斷然否定這種解釋。

另一些人以一種更科學的方式，即更不易理解的方式鼓吹

他們的理論。他們以相交的球體在一種盲目的機械作用下發生了碰撞，從而產生了蜜蜂優美的建築理論，取代了膨脹的豌豆相互碰撞的理論。秩序是關照一切的智慧的產物，這是一種幼稚的假說，萬物之謎只能用潛在的偶然性來解釋。把蝸牛的問題交給那些否認幾何學統治著形狀、貌似深奧的哲學家們去解決吧！

一個微不足道的軟體動物，按照著名的對數螺線的曲線定律盤捲牠的甲殼；與這種超級曲線相比，六邊形實在是太簡單了。幾何學家苦思冥想，對具有非凡特性的超級曲線的研究津津樂道。

蝸牛是怎樣把這曲線定律當作建造螺旋坡道的嚮導的呢？是不是由球體相交或是由其他相互交錯的形狀的組合聯想到的呢？這樣愚蠢的念頭不值得我們如此傷神。對蝸牛而言，沒有合作者之間的衝突，不存在相鄰的相同形狀的建築相互交錯的問題，牠是單獨的，完全孤立的，不互相衝突的，什麼也不必考慮；牠用充滿鈣質的黏性物質，完成了超級曲線坡道的建設工程。

這條巧妙的曲線是不是牠自己發明的呢？不，因為所有帶螺形硬殼的軟體動物，不論在海裡的、淡水裡的、還是陸地上

的都遵循著同樣的定律,只是紋路隨著圓錐體的變化而有所不同。今天的建築工是不是在創世早期將不太精確的輪廓基礎逐步完善,才達到如今這麼完美的呢?不,自從地球誕生以來,蘊含著高深科學的螺線就主宰著貝殼的盤旋。齒菊石、菊石和其他早在陸地出現以前就已存在的軟體動物,都是像小溪裡的扁卷螺那樣盤捲螺殼的。

　　軟體動物運用對數螺線的歷史與地球的存在一樣悠久。對數螺線來自統治世界的幾何王國,它關係到胡蜂的房子,也同樣關係到蝸牛。柏拉圖在他的著作裡說到「創造力總是化為幾何出現」。這才是對胡蜂問題的真正解釋。

第十九章

胡蜂

九月，我帶著小兒子保爾去探險，他有一雙好眼力，而且尚未受雜念干擾，單純而專注，這對我十分有利。我們沿著小徑用目光搜索著，離我們二十步遠的地方，我的夥伴剛剛發現有些東西很迅速地從地面冒出來，上升，然後消失。一會兒冒出一個，一會兒又冒出一個，速度很快，彷彿像是草地上有個小火山口正在向外噴射岩漿般。他叫道：「那裡有一個胡蜂窩，一定是胡蜂窩！」

普通胡蜂（放大2倍）

我們悄悄地靠近，害怕引起營房裡那些粗野士兵的注意。的確是個胡蜂窩。在那個可伸進一隻拇指的圓形

門廳口，來來往往的胡蜂擦肩而過，牠們忙忙碌碌。天啊！一想到我們會因為逼得太近而招致易怒大兵攻擊的可怕時刻，我不禁毛骨悚然。不了解其他的情況，將會讓我們付出慘重的代價，我們得先對地形進行一番了解。天黑了我們再來，那時全部的士兵也都已經從田野裡歸來了。

　　如果不謹慎行事，征服普通胡蜂窩將是個冒險的舉動。四分之一升汽油，一根一拃長的蘆竹，和一大團事先揉好的黏土，這些就是我的工具。經過幾次收效甚微的實驗後，我覺得這些工具是最簡便而有效的。

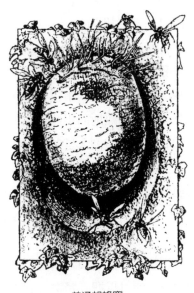

普通胡蜂窩

　　在此必須採用嚴格的窒息法，這種方法不那麼昂貴，我的財力尚可承受。當善良的雷沃米爾打算把活的胡蜂窩裝在玻璃房裡，以便觀察牠們的生活習性時，他身邊有些經受了這艱苦職業磨練而且死心塌地的僕從，他們受優厚的報酬

誘惑，以自己的肌膚做為代價來滿足這位科學家的要求。而我只能直接利用自己的皮膚，因此，在掏這個令人垂涎的蜂窩前我得再三考慮。最好把裡面的居民悶死，胡蜂死了就不會螫人了。這種做法很殘酷，但是絕對安全。

再者，我也不必再重複大師已經觀察到、而且觀察得那麼清楚的事情。我想要了解的只限於一些細節，只要有很少的幾個倖存者，我就可以自行觀察，如果我減少窒息藥液的劑量便可能得到幾隻胡蜂的。

我更偏愛使用汽油，它價格低廉，而且不像硫化碳會很快將胡蜂致死。要做的事很容易，只需把汽油灌進胡蜂的巢穴裡就行了。一個離地面不遠，約一拃長的門廳通向地下室，將液體順著這條坑道倒入是個笨拙的舉動，這將會給挖掘工作帶來一連串的麻煩，液體在中途會被泥土吸收，少量的汽油不可能到達目的地，等到第二天，人們以為沒有危險而動手時，卻會在洞口下遭遇一大群憤怒的胡蜂。

用根蘆竹便可預防這個不測，把蘆竹伸進長廊，這條密閉的管道，便可以把液體送入洞穴而且毫無損耗。用一個漏斗幫忙可以很快完成液體的注入，之後馬上拿出準備好的那塊黏土團（因為現場經常沒有水，得想到事先把它揉好），用土團把

蜂巢的出口大面積地封蓋起來，剩下的就只能任其發展了。大約晚上九點，我身背工具包，手拿電筒，和保爾一起出發。我們要做的還是同一件事情。天氣暖和，月光微弱，遠處的農莊裡傳出犬吠聲，貓頭鷹在橄欖樹上鳴叫，義大利蟋蟀在灌木叢中合唱。我倆猜測著每一種叫聲是哪種昆蟲發出的，一個發問，渴望學到知識，另一個則盡力回答。捕捉胡蜂的迷人夜晚啊！你補償了我們失去的睡眠，也使我們忘卻了可能會被胡蜂螫傷的危險。

我們來到了那個地方，蘆竹從那個敏感點伸進了門廳。可能會有些衛兵從這個警衛營房裡衝出來，撲到那隻因摸不清長廊的方向而有所遲疑的手上。事先我已經考慮到這種危險。我倆一人擔任警戒，用手絹趕走突如其來的攻擊者。再說，假如以一點浮腫和一時的奇癢為代價，能換來一個理論，那麼這個代價並不算太昂貴。

這一回，沒有碰上麻煩。導管到位了，將瓶子裡的汽油注入了洞穴，我們聽到了地下的居民發出的威脅聲。我們飛快地把黏土團堵在洞口上，接著迅速地用腳在黏土團上踏幾下，讓洞口封得更加牢固。沒什麼事可做了，此時是十一點整，我們睡覺去吧！黎明時分，我們帶著鏟子和鐵鍬回到那裡。許多在田間過夜的胡蜂已經醒來，我們挖土的時候牠們飛來了，不過

清晨涼爽的空氣會使牠們變得不那麼好鬥，只需用手絹趕幾下就可以把牠們趕開。因此，我們得在陽光變得發燙以前努力完成工作。

門廳前挖出了一條能滿足我們自由操作的寬壕溝，留在裡面的蘆竹為我們指明了方向。然後再小心翼翼地，一層層向下挖，垂直面被打開了，就這樣向下推進了約半公尺，寬敞的洞裡出現了一個完整的蜂窩，懸掛在洞穴的圓拱下。

這確實是個精美之作，有中等個頭的筍瓜那麼大，四面均不與洞壁黏連，只有頂端深深地扎進洞壁，牢牢地黏在上面。蜂窩頂上長著各種根鬚，主要有狼牙草。每當四周的土質柔軟均勻，讓洞穴有可能挖得比較規則時，蜂窩的形狀就是圓的。然而在多石子的地裡，圓球就變形了，這裡凸出一塊，那裡凹進一塊，這都是因為碰到了障礙。

在紙建築和地下洞壁之間總是有條一掌寬的空隙，這是建築工人在繼續擴大和加固建築物時可以自由通行的大道。那裡只有一條小街，把城市和外界聯繫起來。在蜂窩的下方，未被占領的空間則要大得多，這塊空地變圓了，像個寬大的盆子，有了這塊空地，隨著一層層新隔室從上往下不斷加蓋，外套還可以逐漸擴大。這個呈小盆底形的容器還是一個大垃圾場，胡

蜂的無數垃圾都丟棄和堆積在那裡。

洞穴那麼寬敞倒是引起了一個問題。這個地下室是胡蜂自己挖的，這點毫無疑問，像這樣規則、這樣寬敞的現成洞穴是找不到的。起初，為了圖快，獨自工作的城市締造者——母親，倒是有可能會利用一個意外發現的，也許是鼴鼠挖的藏身洞；但是後來的工程，龐大的地下室，只有胡蜂參與建造。可是那些雜物，約半立方公尺的土塊到哪裡去了呢？

螞蟻在家門口把挖出的土堆成圓錐形的小丘。如果在門口堆土也是胡蜂的習慣做法，那麼牠把上百升甚至更多的泥土堆起來，得堆成多大的土丘啊！事情不是那樣的：在牠的門口，沒有垃圾，完全是乾乾淨淨的。牠把那麼多的土塊弄到哪裡去了呢？

易於觀察的幾位和平者為我們提供了答案。我們留意觀察一隻正在疏通一個舊巢穴，準備加以利用的石蜂；並監視一隻正在打掃蚯蚓洞，準備在那裡堆放一袋袋樹葉的切葉蜂。牠們用嘴叼起一小片垃圾、絲質掛氈碎片或是細小的土粒後，充滿激情地一躍飛走了，把攜帶的一丁點垃圾拋到遠處，又扭頭馬上飛回工地，然後再次飛向遠方，牠們付出的努力和得到的結果不成正比。也許昆蟲是怕用腳隨便把那些微粒掃開會把空地

堆滿，牠必須飛到遠處去拋撒那微不足道的垃圾。

　　胡蜂也以同樣的方式工作。成千上萬隻胡蜂合力挖掘一個小地下室，根據需要把它擴大。每隻胡蜂的大顎都咬著一小塊土，牠們到了外面，飛起來到遠處拋掉攜帶物，有的飛得比較近，有的飛得較遠，飛向四面八方。就這樣挖出的泥土被撒在一個很大的範圍裡，不會留下明顯的痕跡。

　　胡蜂的建築材料是種有彈性的灰色薄紙，上面帶有白色條紋，顏色因使用的原料不同而不同。按胡蜂的習慣，把紙張做成一大張，這種紙抗寒能力很差。但是如果說氣球藝匠會利用夾在一層層套子之間的氣墊保溫，那麼中胡蜂對熱力學原理的精通程度並不比牠差，只是牠們用不同的方法達到了同樣的目的。中胡蜂用紙漿製成一張張大大的鱗飾，把它們像鋪瓦片那樣將鱗飾鋪蓋在蜂巢外面，並且要鋪好幾層。這些鱗飾構成了一條粗糙但溫暖的莫列頓呢氈，富有彈性、厚實，充滿了靜止的空氣。氣候宜人的季節，待在這個掩蔽所裡一定非常炎熱。

　　以精力充沛、驍勇善戰而著名的胡蜂公會頭子——黃邊胡蜂，也同樣遵循使用圓形輪廓和夾層蓄壓空氣的原則。牠在柳樹洞裡或是廢棄的糧倉角落裡，用黏性木質碎片做成一個金黃

色、環以條紋、非常易
碎的紙包裝袋。牠那球
形的蜂巢外面裹著瓦片
似的、由好幾層大塊突
出的鱗飾相互焊接而成
的外套，每層之間都有
著很大的空隙，空氣在
裡面靜止不動。

黃邊胡蜂

　　使用空氣來阻止熱的散發，在保暖工藝方面，胡蜂走在了
我們的前面。蜂窩輪廓採用一種體積最小、容積最大的形狀，
把蜂房建成了節省空間和材料的六面體，這些都是符合物理學
和熱力學原理的科學方法。有人對我們說，胡蜂是透過不斷改
進才策劃出這種合理建築物的。因此，當我發現一窩胡蜂全都
死在我的計謀之下時，我簡直無法相信；實際上只要胡蜂稍微
動點腦筋便很容易挫敗我的計謀。

　　這些傑出的建築師在這點小困難面前竟然束手無策，牠們
的愚蠢著實令人驚訝。在日常的工作以外，牠們全然沒有發明
和改進蜂窩時的清醒頭腦。幾個簡單易行的實驗證實了我的想
法。讓我們看看下面的實驗。

　　普通胡蜂隨意在院子裡選定了住所，這個巢在一條小路旁。我的家人沒有一個敢到蜂窩周圍去冒險，在那裡走動是危險的。必須把這個嚇唬孩子的壞鄰居除掉。不過，如果我想用那些在野外、怕調皮鬼們打破而無法使用的玻璃容器做實驗的話，這倒是個好機會。

　　那不過就是一個化學實驗用的鐘形罩，趁黑夜胡蜂歸巢時，我把地面平整後便將鐘形罩扣在洞口上。第二天胡蜂開工了，一飛出窩就會被罩住。牠們是否會利用罩子下面的縫隙設法逃走呢？這些能夠挖出寬敞洞穴的勇士們，會不會想到在地下挖一條短通道讓自己重獲自由呢？這就是問題了。

　　翌日到來時，強烈的陽光照在玻璃罩上，一大群工蜂從地下爬上來，迫不及待地要去覓食，牠們撞在透明的罩上，摔下來，又重新爬起來。一群胡蜂盤旋著擠作一團，有的在吵吵鬧鬧中折騰得筋疲力盡，落到地面，卻仍頑強地、毫無目的地在那裡走來走去，後來牠們回到了巢裡。隨著陽光越來越熱，又出來了一批胡蜂，但是沒有一隻，請注意，沒有一隻用腳去刨那個可惡的圓罩下的泥土。這種逃跑的方法大大超出了牠們的智力。

　　有幾隻胡蜂在外過夜。瞧，牠們從田野裡回來了。牠們繞

著鐘形罩飛來飛去，猶豫了半天，最後，有隻胡蜂決定在罩子下面挖洞，其餘的也趕緊來幫忙。一條通道毫不費力就被打開了，大家都進去了，我由著牠們去。當所有的遲歸者都回到家，我把那個洞用泥封上，但從洞裡仍能看見的那個洞口，也許還會被當作出口，我是有意為囚犯提供挖地道逃跑的機會。胡蜂智力再怎麼低下，現在逃跑也完全有可能。由於有剛才的體驗，我心想，那些剛回來的遲歸者將給其他胡蜂示範，牠們會傳授從圍牆下挖洞的策略。

我太高估這些挖洞高手了，既沒有什麼示範，也沒有什麼經驗的傳授。在罩子裡沒有一隻胡蜂嘗試那個使牠們成功進入洞裡的方法。在容器裡悶熱的空氣中，一群胡蜂盤旋著束手無策，牠們掙扎著。由於飢餓和高溫，牠們逐日成批死亡。一個星期後，一隻活的也沒了，地上躺著一堆屍體。由於受習慣束縛、沒有創新的能力，那座城市死亡了。

這種愚蠢的行為讓人想起了奧迪蓬講述的野火雞故事。在幾粒黍米的誘惑下，一些野火雞從短短的地下通道，進入了被柵欄圍住的籠子裡。吃飽後，牠們想出去，可是要從那個一直洞開的入口出去，對這群愚蠢的傢伙來說，這個方法大大超出了牠們的智力。通向入口的路是陰暗的，光線照在柵欄之間，於是這些火雞便貼著柵欄轉來轉去，直到獵人到來擰斷牠們的

脖子。

　　我們曾在家裡設置過一種捕捉蒼蠅的巧妙陷阱。我用一個開口朝下的長頸大肚瓶，立在三腳矮支架上，肥皂水在連接瓶頸的瓶肚內壁形成環狀的湖面，一塊糖放在瓶口下面做為誘餌。蒼蠅們來了，起初，牠們看到上頭是亮的，便垂直地飛躍起來，進入了陷阱；牠們疲乏不堪地靠在透明的圍牆上，最後全都淹死了。因為牠們不懂這個基本的道理：從進來的地方就可以出去。

　　我那個玻璃罩裡的胡蜂也是如此：牠們會進去，卻不會出來。當牠們從洞穴裡出來時是往亮處走，在透明的監獄裡，牠們找到了光亮，目的達到了。一道屏障阻止了牠們的飛翔，這不是假的，不過沒關係，只要那個區域光線充足就足以讓犯人上當；牠們儘管因撞擊玻璃而不斷得到警告，卻還是固執地、義無反顧地想要衝向更遠處的明亮天空。

　　從田野裡回來的胡蜂情形就不同了，牠們從明處飛向暗處。此外，即使沒有實驗者製造的麻煩，想必牠們有時也得尋找被雨水沖下來，或是被路人踩塌的泥土封住的家門口，在這種時候，突然到來的胡蜂免不了要做這幾件事：尋找、清掃、挖掘，最終找到洞口。隔著泥土嗅出家的位置，急切地挖開住

所的門，是牠們天生的本領。這種能力是上帝賜予這個家族的
財富，使牠們能在日常的意外事故中自我保護。這時不需動腦
筋想辦法，打胡蜂來到世上，泥土障礙對牠們來說早已司空見
慣，牠們自然會把土刨開，然後進去。

在玻璃罩下事情的發展也不外乎是這樣的。從地形的角度
來看，胡蜂已熟知牠們的巢所處的位置，只是無法直接進入而
已。怎麼辦？片刻的猶豫之後，牠們便按照古老的習慣進行挖
掘和清掃，困難被排除了。總之，胡蜂知道如何回家，儘管遇
到了一些障礙，因為牠所做的事情符合常規，不需要用愚笨的
腦子想出什麼新點子來。

但是牠們卻不知道如何出來，儘管遇到的仍是同樣的困
難。胡蜂就像美國的博物學者筆下的火雞一樣，迷失在這個問
題中了。已確認是入口的地方，就該確認它可以做為出口。但
是由於迫不及待想出去，兩者都絕望地掙扎，在光明中累得精
疲力竭，誰也沒注意到地下那條可以輕而易舉通向自由的通
道。誰也沒想到這條路，那是因為這需要動點腦子，並且要控
制住想逃到亮處的一時衝動。

如果需要稍微改變一下常規做法，胡蜂和火雞寧可死也不
願以過去的教訓做為今天的告誡。

讓我們把發明圓形巢和六邊形蜂房，換言之就是運用幾何學原理解決了節省空間和材料這一問題的榮譽歸於胡蜂，把氣墊外套的發明歸功於胡蜂的創造才能，因為就算是我們的物理學家也想不出比這更精巧的禦寒外套。這些了不起的發明，怎麼會是出自這個智力低下的頭腦，這個不會把入口變成出口的頭腦！如此的奇蹟竟然會來自蠢才的靈感！我深感懷疑，這樣的藝術一定有其更遠的淵源。

現在我們打開蜂窩厚厚的外套。裡面被巢脾所占據，水平排列的巢脾之間靠牢固的支柱連接，層數不是固定不變的，在季節末，可達到十層甚至更多。蜂房的門朝下，在這個奇異的世界裡，幼蟲在成長，昏昏欲睡，以倒立的姿勢吃著一口口的食物。

為了餵養方便，用支柱固定的巢脾之間留有空間。工蜂們不斷在那裡來來往往，忙於照顧牠們的幼蟲。在外殼和蜂房的立柱之間有側門，便於通往任何方向。最後，在外殼的側面有扇造型並不豪華的城門，這個普普通通的出口隱藏在圍牆的紙頁下。大門對著地下室通向外面的門廳。下層蜂房比上層的大，專供飼養雌蜂和雄蜂之用，而上層則用來飼養身材較小的工蜂。起初，這個生命共同體需要大量工蜂，需要一些絕對有工作狂的單身漢，牠們擴大住所，使其成為一座繁榮的城市，

之後又得為未來的事操心了。一些更寬敞的蜂房建好了，一部分歸雄蜂，一部分歸雌蜂，根據我下面提供的資料，這些帶有性別的居民占居民總數的三分之一。

還要注意的是，在年代久遠的老蜂窩裡，上層蜂房的隔牆從上到下都給蛀蝕了，成了一些廢墟，只剩下一些牆基溝了。當這個有著富裕勞動力的社會只靠兩性的出現來得到完善後，這些房間就沒有用了。小房間被鏟掉了，紙張又再度變成紙漿，用於建造大房間，做為有性別的幼兒的搖籃。依靠外來的幫助，拆掉的舊屋用來建造更寬敞的新房間，也許還能提供材料為外殼多添一些鱗飾。節省時間的胡蜂，當家裡還有可用的材料時，便不會不惜代價到遠處去開採的，牠也和我們一樣知道利用廢物。

在一個完整的蜂窩裡，蜂房的總數數以千計。以我做的一個統計為例。巢脾的編號是按時間先後為順序的，因此最老的在最上面是一號，最新的在最下層是十號。

巢脾自上而下的排列順序	直徑（單位：公分）	蜂房數
1號	10	300
2號	16	600

3號	20	2000
4號	24	2200
5號	25	2300
6號	26	1300
7號	24	1200
8號	23	1000
9號	20	700
10號	13	300

總計11900間房

　　顯然地，在這個表格上只能看到大略的統計數字，一層巢脾和另一層巢脾之間有著很大的差別，蜂房數不是非常精確，每層巢脾的蜂房數約有百來間。儘管這些資料有一定的變動性，可是我得到的結果和雷沃米爾的結果非常一致，他在一個十五層巢脾的蜂窩裡數出有一萬三千間蜂房。大師補充說：在一個只有一萬間蜂房的蜂窩裡，彼此相鄰的蜂房也許每間都飼養過不只三條幼蟲，這樣的一個蜂窩每年便要孕育出三萬多隻胡蜂。

　　三萬隻，和我統計的結果一樣。惡劣的季節到來時，這麼多胡蜂怎麼辦？很快我們將會知道。現在是十二月，開始出現

冰寒，但還不十分嚴重。我有個很熟悉的蜂窩，這要歸功於爲
我提供鼴鼠的人，這個正直的人用他的蔬菜彌補了我那幾塊菜
圃少的可憐的產量，卻只換取了微薄的報酬。儘管與蜂窩爲鄰
給他帶來了許多麻煩，爲了我，他還是將蜂窩留在了菜圃裡的
花椰菜中間，我隨時都可以去參觀。

　　這個時刻到來了。現在已經沒有必要先用汽油把胡蜂悶死
了，冬季的寒冷想必已經抑制了牠們的狂暴。那些麻木的傢伙
將會相安無事，只要稍加小心，我前去打擾牠們也不會遭到報
復。於是，一大早，我用鐵鍬在覆著白霜的草叢裡挖了一條圍
溝。工作進展順利，牠們沒有一點動靜。一個蜂窩出現在我的
眼前，它吊在地洞的圓拱上。地洞的底部像個圓臉盆，那裡躺
著些死屍和一些行將死亡的胡蜂；我可以一把一把地將牠們抓
起來。這些胡蜂好像是感到自己的衰竭，便離開自己的臥室，
墜入地下公墓，甚至有可能是健康者幫忙把死者扔下去的。紙
做的聖體匣可不能被屍體玷污。

　　在地下室門口的露天地裡也有許多死胡蜂。是牠們自己出
來死在那裡的呢？還是因衛生措施而被活胡蜂將牠們運到外面
來的呢？我傾向認爲這是速葬，垂死者手腳還在亂動，就被抓
住一隻腳，拖到屍體示眾場去了。這種殘酷的喪葬習俗和我們
後面還將提到的其他一些野蠻行爲是一致的。

在裡外兩個墓地裡，橫七豎八地躺著三類居民。工蜂的數量最多，其次是雄蜂。這兩者死亡都是自然的事，牠們的使命已經完成了。但是未來的母親，那些腹中懷著許多生命的雌蜂也會死亡。幸好蜂窩裡不是荒無人煙，從一個裂縫處我看見了擠來擠去的胡蜂，這些胡蜂足夠滿足我的計畫需要了。把蜂窩帶回去安置好，以便我自由自在地在家中對牠們進行一段時間的觀察。

肢解後的蜂窩將更便於監視。黏連的支柱被割斷了，我把一層一層的巢脾分開，然後再重新疊好，為它們蓋上一大塊外殼做為屋頂。胡蜂被重新安頓在牠們的家裡，但數量有所限制，以免數量多了造成混亂。我保留了那些最健壯的，將其餘的扔掉。我研究的主要對象——雌蜂約有一百隻。這會兒那些平靜的、處於半休眠狀態的居民任由我隨意挑選和翻來覆去，沒有一點危險，只要有幾把鑷子就夠了。我把蜂窩整個放在一個帶著金屬罩的罐子裡。接下來，只要日復一日地觀察其變化就行了。

當氣候惡劣的季節來臨時，胡蜂的數量便不斷減少，造成牠們死亡的似乎主要有兩個原因：飢餓和寒冷。冬季，胡蜂的主要食物，糧食和甜果都沒有了。儘管有地下掩蔽所，最後冰寒還是給這些飢民造成致命的打擊。事情果真如此嗎？我們去

看一看。

放置胡蜂的罐子在我的工作室裡。多天，那裡每天都生火，可以為我和我的昆蟲帶來一些溫暖；那裡沒有冰寒，一天裡大部分時間都能照到太陽。在這個隱蔽所裡，避免了因寒冷而減員的可能，也不必害怕飢荒。在罩子下有滿滿一盅蜜，還有葡萄，是從我晾放在麥稈上的最後幾串葡萄上摘下來的，以此變換一下菜單。要是有這麼多的糧食，蜂群中還出現死亡，就該將飢餓排除在造成死亡的原因之外。

採取了預防措施後，一開始胡蜂的情況還不壞，牠們夜晚蜷縮在巢脾裡，只有當太陽照在罩子上時才出來。牠們來到陽光下，一隻挨著一隻擠在一起；隨後又活躍起來，爬上房頂，懶洋洋地散著步；然後下到蜜碗邊喝點蜜，吃點葡萄。工蜂淩空飛起，盤旋著，聚集到網紗上，長著長角的雄蜂捲起觸鬚，非常活潑，身體較笨重的雌蜂沒有參與這些遊戲。

一星期過去了，儘管牠們光顧餐廳的時間很短，但在某種程度上說明了牠們生活安逸。然而現在，無緣無故地爆發了死亡事件，一隻工蜂在陽光下，一動也不動地躺在巢脾的斜坡上，看起來沒有任何不適。突然，牠跌落下來，仰面朝天，肚子抖動了一陣，腳蹬了幾下，牠死了。

雌蜂這邊也引發了我的恐懼。我碰巧看見一隻雌蜂從蜂窩裡滑出來。牠仰面朝天，一副打哈欠伸懶腰的姿勢，肚子劇烈抽動，一陣痙攣後就一動也不動了。我以為牠死了，可是牠根本沒死。經過日光浴這特效活血劑的治療，牠又站立起來，回到巢脾裡去了。復原的雌蜂並沒有得救。下午，牠又遭受了第二次打擊，這一次，牠真的死了，仰面朝天。

死亡，儘管只是一隻胡蜂的死亡，也值得我們深思。我懷著強烈的好奇心日復一日地觀察那些昆蟲的死亡。其中有個細節令我震驚：工蜂會猝死。牠們來到巢脾上滑下來，仰面朝天地摔在地上，就再也爬不起來了，死得像閃電那麼快。牠們已經走到生命的盡頭了，被年齡這無情的毒劑扼殺了。當機器的發條鬆開最後一圈時，機器就停止不動了。

可是城堡裡最後出生的雌蜂，根本談不上年衰力竭，相反的，牠們的生命才剛開始。牠們有著青春的活力；因此，當冬季的紛亂籠罩牠們時，牠們有一定的抵抗力，然而那些年老的勞動者就死得很突然。

雄蜂也一樣，只要牠的角色還沒演完，就會努力對抗死亡。我罐子裡有幾隻雄蜂始終精力充沛，動作敏捷。牠們主動接近那些女伴，不過並不強求。姑娘平和地一腳將牠們踢開

了。這時狂熱的交尾期已過，這些遲到者錯過了美好的時光。牠們將死去，因為牠們已經沒用了。

從蜂群中很容易認出那些末日即至的雌蜂，因為牠們已顧不得梳洗打扮自己了。牠們的背上黏著泥，而那些健康的雌蜂一旦在蜜碗邊上恢復了體力，便待在太陽下，不停地撢著身上的灰塵。牠們靠著後腳的跗節輕柔而又有力地伸縮，不停地刷洗著翅膀和肚子，而前腳的跗節在頭部和胸部抹來抹去，因而黑白相間的服裝得以保持著光亮。至於那些虛弱的雌蜂就不這樣講究衛生，牠們待在太陽底下動也不動，或者無精打采地漫步著，牠們放棄了梳洗工作。

對梳洗不在意是個不祥的信號。果然兩三天後滿是污垢的雌蜂最後一次走出蜂窩，來到屋頂上享受一次陽光；接著無力的小腳失去了支撐，牠輕輕地飄到地面，就再也沒起來了。牠不能死在心愛的紙屋裡，胡蜂的法律規定屋間裡必須保持絕對乾淨。

如果那些有著瘋狂潔癖的工蜂在場，一發現行動不便者就會把牠們拖出去。可是身為嚴冬時節的第一批受害者，牠們已經死了，垂死的雌蜂只能以跳進地下墳墓的方式為自己舉行葬禮。如此眾多的胡蜂住在一起，為了大家的健康這樣做是必要

　　的。這些禁慾主義者拒絕死在巢脾間的蜂房裡，最後的倖存者也得把這個違背常理的規矩貫徹到底。對牠們來說，這是個永遠不能廢除的法令，不管居民如何少，任何屍體都必須遠離嬰兒室。

　　儘管室內很溫暖，儘管還有健壯者來喝那碗蜜，我那只籠子裡的居民還是日益減少。臨近耶誕節時，只剩下十二隻雌蜂了。一月六日，一個下雪天，最後一隻雌蜂也死了。

　　是什麼原因使我的胡蜂全都死亡了呢？我的照料已經讓牠們避免了我最初以為一般情況下引起死亡的那些災難。牠們有葡萄和蜂蜜吃，沒有挨餓；牠們有爐火取暖，也不曾受凍；牠們幾乎日日沐浴著陽光，而且住在自己的蜂房裡，也沒有遭受思鄉之苦。牠們究竟死於何因？

　　我明白雄蜂的死因。牠們已經沒有用了，因為交尾已完成，已經留下了眾多的生命萌芽；對工蜂的死我還不能解釋得很清楚，春回大地時，牠們本可以在建立新的殖民地時幫上大忙；然而對於雌蜂的死因我一點也不明白。我有將近一百隻雌蜂，可是沒有一隻能活到新年年初。十月和十一月剛從蛹殼出來時，牠們有著青少年般強健的體魄，牠們是未來，雖然承擔著生兒育女這一神聖職責，也沒能保全牠們的性命。牠們也像

那些因衰弱而沒用了的雄蜂以及那些被工作耗盡了體力的工蜂一樣死去了。

不要把牠們的死歸罪於被囚禁在罩子裡，在田野裡，也發生了同樣的情況。我在十二月底觀察過的那些蜂窩也出現了相同的死亡率，死掉的雌蜂相當於剩下的居民數。

這只是個推測數字，也就是說蜂窩裡有多少雌蜂，我不知道，然而殖民地的墳墓裡眾多的雌蜂屍體告訴我，牠們應該是數以百計，甚至數以千計。只要有一隻雌蜂就能建立起一個有三萬居民的城市，如果每隻都生育，那將是多麼可怕的災難啊！胡蜂將一統鄉間。

事物的法則要求大多數死去，不是死於偶發性的傳染病和惡劣的氣候，而是死於不可抗拒的命運。現在它用同樣的狂熱去摧毀，也用同樣的狂熱去發展。由此產生了一個問題：既然只要有一隻雌蜂得到這樣或那樣的保護，就足以保住牠們的族群，為什麼一個蜂窩裡還有那麼多準媽媽呢？為什麼是一群而不是一個？為什麼有那麼多受害者？對這個錯綜複雜的問題，我們簡直理也理不清頭緒。

第二十章

胡蜂（續）

　　胡蜂面臨的災難中，最嚴重的莫過於冬天的到來。牠們預感到身體開始衰竭，這之前一直很溫柔的保育員工蜂變成了野蠻的滅絕者。牠心想：「不能留下孤兒，我們死後就沒人照顧牠們了。將晚熟的卵和幼蟲統統殺掉。暴死最好是在餓得奄奄一息的時候。」

　　於是對無辜者的屠殺開始了。幼蟲被揪住脖子上的皮從蜂房裡拽出來，拖到蜂窩外面，推進地下室底部的屍坑，至於那些纖細的卵則被剖開、嚼碎。我是否有可能見到這座城市悲慘的結局呢？我不指望看到所有的恐怖場面，這是遠超過條件限制的奢想，但至少可以看見其中某些場景吧！我們試試看吧！

　　十月，我把從窒息中搶救出來的幾塊巢脾放在罩子裡。如

果我減少汽油的劑量，就很容易獲得一大堆只是一時被薰昏了的胡蜂，並能保證收穫時沒有什麼麻煩，在露天下汽油很快就揮發了。還應該注意的是，即使劑量增加到能殺死所有成蟲時，幼蟲照樣不會死。當有著精巧的身體構造的成蟲死去時，這些只有一個消化食物的肚子的幼蟲卻能抵抗住。由於牠們擺脫了不幸，我才得以把一部分住著許多卵和幼蟲、並有一百隻工蜂充當僕人的蜂窩，安頓在大籠子裡。

為了便於觀察，我把巢脾分開，一個挨一個地放在一邊，蜂房門朝上。這種放法與一般的朝向顛倒，這對囚犯們好像沒什麼妨礙。牠們很快就從騷亂中恢復過來，又開始工作了，就好像根本沒發生過什麼不尋常的事。當牠們開始蓋房子時，我提供了一塊質地較軟的小木板供牠們使用。最後我把蜂蜜塗在一條紙帶上提供牠們食用，而且每天都加以更換。我用一個扣著金屬罩的罐子來代替地下室，再用一個紙做的圓屋頂罩在上面，頂蓋是可以拿掉的，這樣既能滿足胡蜂在暗處工作的需要，也能保證我在觀察時有亮光照明。

工作一天天繼續著。牠們既要照顧幼蟲又要搭蓋房子，建築工在居民最密集的巢脾周圍建起了一道圍牆。牠們是否想重建被災難毀滅的家園，另建一個新的外殼呢？從工程的進展來看，似乎不是，牠們只是繼續著被那可怕的汽油瓶和鏟子打斷

了的工作，用紙鱗片建起了一個只能圍住三分之一巢脾的圓拱，這個圓拱想必是要和未被損壞的蜂窩外殼連在一起。牠們不是重建，而是繼續建造。然而這個像帳篷似的外殼，只遮住巢脾的很少一部分。這不是因為材料的缺乏，牠們有那塊小木板的。依我看，從小木板上可以刮出優質的木漿，可是胡蜂連碰都不碰那塊木板，也許是因為我沒真正了解胡蜂造紙的秘密而找錯了材料。

與其使用這些要付出昂貴代價來開發的原料，牠們寧可用那些已經報廢了的舊蜂房。那裡有現成的纖維氈，只要將它再化成紙漿就行了。只要用點唾液，把纖維氈放在大顎裡，稍微嚼一嚼就能再造出優質產品。沒有居民居住的房子因此一點一滴被拆掉，被蠶食直至連根鏟除。用廢墟建起了一個床頂，如果有必要，用同樣的方法還將蓋起新的蜂房。我們從高於被摧毀的蜂房的新蜂房所作的推測已得到了證實：胡蜂用舊房子建造出新房子。

比起蓋屋頂這件事來，幼蟲的食物更值得研究。人們不大可能親眼目睹那些工蜂的表演。牠們一直以來都是溫柔的保育員，之後卻又會變成粗魯的劍客。這是個用營房改裝的育嬰室。在這裡對幼蟲的養育是多麼周到，又是多麼細心啊！我們來看看其中一位保育員是如何忙碌工作的。牠腹中裝滿了蜜來

到一間蜂房門前停下，將頭探進門裡，像是在凝思；牠用觸鬚輕觸那個隱居者，幼兒醒來了，就像小鳥看到媽媽口含食物回到窩裡時那樣，伸了個懶腰。

過了一會兒，醒來的幼蟲晃了晃腦袋；牠是瞎子，得靠觸摸找到別人餵食的粥。兩張嘴湊在一起，一滴蜂蜜從保育員的嘴裡流到了嬰兒嘴裡。這隻已經餵得差不多了，該輪到下一個了。工蜂走了，到其他地方繼續牠的餵養工作。

而幼蟲呢，用舌頭舔了一陣脖子下面。在餵食的時候，那個地方有個突出的圍涎，一個暫時的甲狀腺腫塊形成的碗，接住從嘴唇滴下的食物。大量的食物吞下去以後，幼蟲還得收拾乾淨掉在腫塊上的殘渣，才算完成了進餐。隨後那個突出的腫塊消失了，幼蟲的身子往房間裡縮了縮，又進入了甜甜的半睡眠狀態。

為了進一步研究這種奇怪的進食方法，我臨時捉來一些強壯的黃邊胡蜂幼蟲，將牠們一個個插入紙套，那裡將是牠們臨時的家。如此裹上襁褓之後，我那些大胖娃娃們已經一切準備就緒，我可以在親自餵食牠們時對牠們進行觀察了。

在我小的時候，習慣用手指拍打待哺麻雀的尾羽，這樣醒

來的麻雀馬上會伸伸懶腰，準備接受食物。我一直都認為這種哺育鳥類的方法值得提倡。要想引起黃邊蜂幼蟲的食慾，根本沒有必要讓牠先興奮起來。我只要一碰牠的窩，牠就自己打起哈欠，這條幸運的小蟲有個總是不知疲倦地接納食物的胃。

我用一根滾流著如珍珠般的蜜滴的麥稈把美餐送入牠的大顎。食物太多了，一口吃不了，於是牠昂首挺胸，形成一個突出的腫塊，過多的食物掉在上面。等牠把送到嘴裡的一勺食物吞嚥下去後，才不慌不忙地把掉在腫塊上的食物一口一口吃乾淨。當一粒食糧都不剩了，胸前的盤子也徹底被舔乾淨時，腫塊便消失了。那條幼蟲又動也不動了。有了這個暫時存在，突然之間隆起，又會突然之間消失的腫塊，進食的幼蟲下巴底下就像放了一張小桌，無需別人幫忙就可以自己把點心吃完。

飼養在我的大籠子裡的胡蜂幼蟲是頭朝上的，從牠們的嘴唇上掉下的食物都積在那甲狀腺腫塊裡。而正常的蜂窩裡的幼蟲是頭朝下的，採取這種姿勢時，胸前突出的包塊是否仍可發揮這樣的作用？對此我不能懷疑。

幼蟲只要將頭部輕輕彎一下，總是可以把一些美食放在這個突出的圍涎上，食物有黏性能黏在上面。再說這也不能說明不是保姆自己把嘴裡過剩的食物存放在那裡的。不論是在嘴巴

上面還是在嘴巴下面，也不論是正的，還是顛倒的，掛在胸前的盤子總是能發揮作用，因為食物是有黏性的。這是一個臨時托盤，它能夠縮短餵食時間，讓幼蟲可以從容地進食而不至於噎到。

在大籠子裡，我那些胡蜂吃的是蜂蜜。一旦肚子裡裝滿了蜜，牠們就吐出來給幼蟲吃。保姆和嬰兒似乎都很適應這種飲食。然而我知道牠們一般喜歡以野味為食。在第一冊中我講述了普通胡蜂捕捉鼠尾蛆和黃邊胡蜂獵捕蜜蜂的故事。獵物一旦被抓住，尤其是大個子的雙翅目昆蟲，便被肢解，頭、翅膀、腳、肚子上沒有肉的部位，被大剪刀一一剪去，剩下肌肉豐滿的胸脯，被當場絞細做成肉丸，做為戰利品運回蜂窩裡供幼蟲飽餐。

那麼，我們往蜜裡摻些野味吧！我把一些鼠尾蛆放到網罩裡，最初新來者沒遇到什麼麻煩。好動的雙翅目昆蟲在網罩裡嗡嗡叫著，不停地飛來飛去，撞在網紗上也沒在大籠子裡引起什麼反應。胡蜂並不理睬牠們。如果其中一隻鼠尾蛆太逼近一隻胡蜂時，後者便威脅地仰起腦袋，不必再有進一步的舉動，鼠尾蛆便逃走了。

在塗著蜜的紙帶周圍情況更嚴重，這個餐廳頻繁地被胡蜂

們光顧，只要有一隻在遠處嫉妒地張望的鼠尾蛆決心靠近時，正在用餐的胡蜂中就會有一隻離開群體，追擊那個膽大妄爲者，牠拉住那傢伙的一隻腳，讓牠滾蛋。只有當雙翅目昆蟲不愼涉足胡蜂巢脾時，才會帶來嚴重的後果。這時一群胡蜂會撲向那個倒楣鬼，報以拳腳，把牠打得滾來滾去，然後再把這個被打癱了腿的傢伙，有時可能已是一具屍體拖出去。屍體在這裡是受到蔑視的。

我的一次次嘗試都是徒勞的，我沒能再次見到以前在紫菀花上見到過的情景：鼠尾蛆俘虜被絞成肉泥留給幼蟲吃。也許這種滋補的肉食品只在某些時候派上用場，而在我的籠子裡時候未到；也許還因爲蜜被看作是比肉更好的食物，我一直傾向於支持這種看法。對我的囚犯們而言，蜜很充裕，每天都有鮮蜜供應。嬰兒們很習慣這種飲食，蒼蠅的屍體遭到了蔑視。

但是在田野裡，初冬秋末時，果糖廠主變成了吝嗇鬼，由於甜果肉極度缺乏，胡蜂不得已只好接受野味。所以鼠尾蛆做成的肉丸對胡蜂來說是很可能的二流食物。我提供的鼠尾蛆遭受拒絕似乎證明了這一點。

現在該輪到長腳蜂了。牠的體形和牠那不折不扣的胡蜂外衣也絲毫不能使人敬畏。假如牠膽敢靠近那些胡蜂正在吸食的

蜜，一經被認出就會和鼠尾蛆一樣遭到斥責。儘管如此，雙方都不會使出螫針，不值得為這種餐桌上的爭吵拔刀弄槍。較弱的一方——長腳蜂感覺不自在便會離開。牠還會再來；牠是那麼頑強，以至於那些用餐者最後只好讓牠在旁邊入座。鼠尾蛆卻很少得到這種意外的收穫。然而這種寬容並不長久，假如長腳蜂冒險飛到巢脾上，這就足以引發胡蜂無比的憤怒，牠們會將這位不速之客置於死地。不，闖入胡蜂的家是沒有好下場的，哪怕外來者穿著同樣的服裝，有著同樣的本事，幾乎就像是牠們的同類。

　　我們繼續用熊蜂做個實驗。這是一隻雄性熊蜂，個子很小，身著棕紅色服裝。儘管沒有受到過多的斥責，每當這個可憐的傢伙靠近一隻胡蜂時，就會遭到威脅。然而這個冒失鬼從網罩上跌下來，掉在了巢脾上一些正忙著做家務的保姆中間。我睜大眼睛要看清這場悲劇的發展，一個保姆抓住牠的脖子，在牠的胸口刺了一刀，隨後熊蜂呈現伸懶腰狀，腳抽動了幾下，死了。另外兩隻胡蜂過來幫助兇殺犯把死屍拖出去。還是那句話：不要進胡蜂家門，不管是意外的也好，沒有惡意的也好，闖入胡蜂的家絕對沒有好下場。

長腳蜂

再舉幾個胡蜂以粗暴的方式對待陌生人的例子。我沒有刻意選擇受刑者，只是利用碰巧得到的昆蟲。我家門前的一棵薔薇提供我一些三節葉蜂幼蟲，幼蟲的外形像毛毛蟲，我把其中一隻放在那些照管蜂房的胡蜂中間，面對這個身帶黑點的綠色怪物，那些忙碌的保姆嚇壞了，牠們湊過去看了一下就跑開了，然後又重複著同樣的動作。其中一位保姆勇敢地突然咬住牠，把牠咬出了血。其他保姆也效仿著，用嘴咬，隨後用力拖住那個傷號。那怪物抵抗著，一下用前腳勾，一下用後腳勾，這傢伙並不太重，卻像掛在鉤子上似的，無法被征服。然而經過多次攻擊，牠因多處受傷漸漸衰弱了，這隻蟲從巢脾中被拖到了籠子裡，渾身血淋淋的。為了驅逐這外來客，胡蜂花了兩個小時。

對付三節葉蜂幼蟲時，胡蜂們沒有採用細螫針即刻結束抵抗者的性命。也許牠們認為那條可憐的蟲子不值得牠們動用這種武器，毒匕首這種迅速致死的武器，似乎要留到關鍵時刻才使用。熊蜂和長腳蜂是怎麼死的，一條剛從死櫻桃樹下拖出來的天使魚楔天牛的幼蟲也將這樣死去。我把那條幼蟲扔在巢脾上，這個拼命扭捏作態的怪物從天而降，引起了胡蜂們的不安。五、六隻胡蜂一道攻擊牠。首先輕輕地咬牠，後來用細針刺牠，僅用了兩分鐘這條遇刺的胖蟲子就死。至於把這個龐然大物抬出去，那就是另一回事了。事情可沒那麼簡單，牠太重

了，實在是太重了。胡蜂該怎麼辦呢？由於挪不動牠，就當場把牠吃了，或者更確切地說是喝牠的血，把牠吸乾。一小時後，笨重的屍體變得軟綿綿的，重量也減輕了，牠被拖到了牆外。我後來的記錄只是不斷重複著同一個結果。如果外來客保持一定距離，不論牠的種族、服飾、習慣有什麼不同，都會得到寬恕；假如想要靠近，胡蜂就會向牠發出警告，把牠趕走；假如牠來到蜜碗邊，而且胡蜂已在食堂上就座時，那這個大膽之徒很少不挨揍，不被從宴席上趕走。到此為止，胡蜂只採取些沒有什麼嚴重後果的攻擊就足夠了。但是如果誰犯下了闖入巢脾的罪行，那牠就完了，牠就算沒被針刺死，至少也會被胡蜂用大顎撕裂肚皮。牠的屍體將會和其他垃圾一起被扔進小城堡的底層。

由於幼蟲受到很好的監護，避免了來犯者的入侵，而且還有香甜可口的蜜，好吃得讓牠們忘記了蒼蠅肉。我那個大籠子裡的胡蜂幼蟲長得很好，當然不是全部，和其他地方一樣，蜂窩裡也出現體弱者提前死亡了。

我看見體弱多病者拒絕吃食並且慢慢死亡。保姆們早就發現了這種情況，牠們低頭用觸角為受病痛折磨的幼蟲診斷，如果認為已經無藥可救了，就毫不憐惜地把這個被病痛折磨得渾身發黑、即將就死的小蟲，從房間裡拖到蜂窩外。在胡蜂這個

野蠻的共和國裡，虛弱是種腐臭病，害怕被傳染就要盡快地擺脫它。

遇到這些野蠻的保健醫生算病人倒楣！任何病殘的幼蟲都得被驅逐出去，扔到下面的公墓裡，那個正在等著牠們落下的蠅蛆牧場上。當實驗者插手時，事情變得更殘忍了。我從蜂房裡抽出幾條幼蟲和一些健康的蛹放在巢脾表面。在蜂房外面，蛹正在絲織的圓房頂下成熟，健康的幼蟲將得到極其溫存的口對口餵養，而那些體弱的幼蟲現在只不過是些討厭的累贅和沒有一點價值的包袱。牠們被拉出去開膛，偶爾也被吃掉，在同類相食的盛餐之後，牠們被運出蜂窩。即使有人相助，牠們也不可能回到搖籃裡了，這些被剝光衣服的幼蟲和蛹被保姆們殺害了。

在大籠子裡的幼蟲皮膚都很光滑，胖嘟嘟的，這是健康的證明。但是十一月的第一次寒流來了，工蜂們不再那麼賣力地造房子，也不常在蜜碗邊停留，餵食幼蟲的節奏放慢了。幼蟲遲遲得不到照料，餓得直打哈欠，牠們已被忽視。保姆中出現了嚴重的紛亂，對工作漫不經心，繼而是對工作的厭惡取代了一貫的盡忠職守。這種很快將無法再持續的呵護還有什麼意義呢？這些幼蟲由於大批挨餓，必將以慘死而告終。工蜂真的開始吃食那些生長緩慢的幼蟲了，今天吃一隻，明天吃一隻，接

著再吃其他的；牠們像對待外來者一樣，粗野地將幼蟲從蜂房裡驅逐出去；牠們野蠻地又是拉又是撕，這些可憐的血肉之軀被扔進了停屍場。

劊子手工蜂還將會苟延殘喘一些日子。終於輪到牠們死了，牠們是被冬季的惡劣氣候殺死的。十一月還沒結束，我那籠子裡的幼蟲全死光了。對晚熟幼蟲進行的屠殺幾乎以同樣的方式，以更大的規模在地下進行著。

每天蜂窩公墓都要接納從上面扔下來的屍體和垂死者——殘疾的幼蟲和不幸遭難的成蟲。在繁衍興旺的時候，很少像嚴冬來臨時屍體如此頻繁地被扔進屍堆裡。在滅殺晚熟的幼蟲時，特別是在最後覆滅的時候，當雄蜂、雌蜂和工蜂成千上萬地死亡時，天賜之物每天都會大批地從天上掉下來。

消費者成群地趕來。為了今後的幸福著想，牠們起初只稍微吃一點，自十一月底以後，地下室的底層成了蟲滿為患的客棧，眾多的雙翅目昆蟲——胡蜂的埋葬者控制了那裡。我從那裡收集到一大批蜂蚜蠅的幼蟲，憑蜂蚜蠅的名望也值得為牠單獨寫一章。我在那裡發現了一條正在用尖尖的腦袋拱著屍體肚子的幼蟲，牠光溜溜的，白色的身體，尖腦袋，比麗蠅的幼蟲略小些。牠和另一條更小些、穿著棕色帶刺的粗布褂的蠅蛆毫

無條理地工作著。我在那裡還見到一個小矮子，牠彎成弓形，再伸直，拱來拱去像乾乳酪裡的蟲子。

　　牠們全都在做解剖、肢解、開膛的工作，牠們做的相當起勁，以至於到了二月還騰不出空縮進蛹殼裡。在溫暖的地下室裡不受惡劣氣候的影響，糧食多麼充裕啊！何必那麼著急呢？在皮膚硬化變成小酒桶之前，這些心滿意足的傢伙巴望著將那堆食物都吃光。牠們在宴會上拖延那麼多的時間，以至於我都忘了牠們還在那些飼養昆蟲的廣口瓶裡了，所以我也無法繼續描述牠們的故事了。

　　在我堆放鼴鼠和遊蛇屍體的、懸空的公共屍坑裡，經常可以看見一種最大的隱翅蟲——馬克西勒修斯隱翅蟲，牠路過此地順便在腐屍堆下停留一會，隨後便到別處繼續牠的工作。胡蜂屍堆裡也有一些短鞘翅目常客。其中我常見到的是長著紅色鞘翅的科第幽思拂吉度司隱翅蟲，但這裡可不是牠的臨時客棧，牠一家子可是在此安家落戶的。我還在那裡見過鼠婦和屬於馬陸類的類千足蟲，這兩者都是次要消費者，也許牠們主要是以腐質土為食。

　　尤其值得一提的是一種傑出的食蟲類動物，哺乳綱中最小的動物——鼩鼱，牠比小鼠還小。在胡蜂家族覆滅時，當身體

的不適已經平息了胡蜂好鬥易怒的情緒時，這個尖嘴客人便溜進了胡蜂的家。一群垂死的胡蜂經過一對齙齬的肆虐，很快便化為一堆殘渣，得由蠅蛆來完成後來的清除工作。

那些廢墟也該滅亡了。一隻普通衣蛾，一隻很小的棕紅鞘翅目隱翅蟲和一隻身穿鱗狀金色絨衣的二星毛皮蠹幼蟲蛀食了層板，讓那座蜂窩倒塌了。春回大地時，那座有著三萬居民的胡蜂城堡就只剩下了幾撮灰土、幾片灰色的破紙片了。

第二十一章

蜂蚜蠅

　　再來說說灰紙小城堡下那個丟棄胡蜂死屍的垃圾坑。為了給新住戶騰出住房，死幼蟲和體弱的幼蟲被不斷地從蜂房裡驅逐出來，扔進那坑裡；秋末初冬時被屠殺的晚熟幼蟲也被扔在裡面，最後大部分空間都躺滿了初冬時被屠殺的成群幼蟲，當十一月和十二月的大毀滅來臨時，這個坑裡早已經堆滿了動物屍體。

　　如此多的財富不會沒有用處的。節省食物是這個世界的神聖法則，從貓頭鷹口中吐出的食糰都有專營者，更何況這個被毀滅的蜂窩。這將是一個多麼巨大的糧倉啊！如果那些負責把這些美味的殘留物重新投入生命循環的消費者們，在天賜食物從天而降之前還沒蒞臨，那麼牠們不久之後也將會趕來的。這個因死亡而被塞滿的大糧倉，將成為一座熱鬧的、將生命回歸

的工作坊。會有哪些賓客蒞臨呢？

如果胡蜂飛著把死去的或體弱多病的幼蟲拋在住所附近地面，打頭陣的賓客就會有食蟲的鳥類，這些相當偏愛小野味的燕雀類鳥。說到牠們，請允許我講一點題外話。

你們可知道夜鶯在搶占營地時是如何極端地排斥異己，對牠們來說做鄰居是絕不允許的。和他人保持著距離的雄夜鶯，常以對歌的方式虛張聲勢，但是如果被惹惱的那個傢伙敢靠近，就會被趕走。然而，在離我住所不遠處，那片稀疏得連樵夫都砍不到十綑柴的橡樹林裡，每年一到春天就能聽到夜鶯啁啾的叫聲；歌手們吃得很飽，在吟唱的時候把嗓門扯得很高，毫無秩序的合唱變成了震耳欲聾的噪音。

這些如此喜歡獨處的鳥，為何要成群來到同一個地方安居呢？按照規矩，這塊地方只夠住一家子的鳥。我向灌木林主人尋問這件事。

「每年都是這樣，」他說道，「這個小樹林已經被夜鶯侵占了。」

「是什麼原因？」

「因為在那不遠處的牆後有個養蜂場。」

我十分驚訝地望著那個人，弄不清楚為何養蜂場和夜鶯的經常出沒有什麼聯繫。

「沒錯，」他補充道，「因為有許多蜂蜜才會有大批的夜鶯。」

我不解地望著他，還是不明白。他解釋道：「蜜蜂把牠們的死幼蟲扔出來。早晨，養蜂場門前撒了一地的幼蟲，夜鶯跑去揀，為自己也為牠的家人。牠們很愛吃那玩意。」

這一回，我明白了問題的關鍵。是大量的、日日更新的美味食品把夜鶯招來的。夜鶯一反常規大批地聚居在灌木林裡，以便離養蜂場近一些，好一大早就去占有分發的小肥腸中最多的一份。

同樣的，如果死胡蜂幼蟲被扔在地上，夜鶯和牠的美食競爭者也會常到胡蜂窩周圍去。但是這些好吃的東西被扔進地下室裡了，沒有一隻小鳥敢深入黑暗的地洞，再者對牠來說通道也太窄了。這裡需要的是其他個頭小、膽子大的消費者。那當然是非雙翅目昆蟲和牠們的幼蟲莫屬了，因為牠們是吃死屍大

王。麗蠅、圓形麗蠅、肉蠅在野外從事各類屍體帶來的營生；另一些蒼蠅則有其營生的範圍，牠們在地下經營胡蜂的屍體。

九月，我們將注意力放在胡蜂窩的外殼上。在胡蜂窩外殼表面，也只有在那裡散布著一些白色的橢圓形大斑點，緊緊地黏在灰紙上，約有二公釐半長，一公釐半寬，底面平坦，上面凸出，而且白得發亮，這些大斑點就像是規律地從硬脂蠟燭上滴下的蠟滴。它的背部有著很細的橫紋，精細的花紋要借助放大鏡才看得清楚，這種奇怪的東西散布在整個蜂窩外殼表面，時而稀疏，時而密集，或多或少就像密布的群島。這是蜂蚜蠅的卵。

與蜂蚜蠅的卵一樣黏在外殼上的，還有另外一種白堊似的、披針形的卵，外表上有著六、七條細細的縱向凸紋，就像某種繖形花科種子般細微的斑點完美地散布在整個蜂窩外殼上，數量只有前一種卵的一半。我看見有些已變成幼蟲爬了出來，這大概就是我們在地下室底下見到過的那種尖頭蛆剛出殼時的模樣。我的培養實驗還未完成，還不能說出這是哪一種雙翅目昆蟲產下的卵，我們只要順便記錄下這個無名氏就行了。另外還有其他許多無名氏只能先讓牠們隱姓埋名了，因為胡蜂家的廢墟裡有那麼多身份複雜的賓客混在一起。我們只能照顧那些最顯赫的人物，牠們之中最重要的便是蜂蚜蠅。

這是一種了不起的強健蒼蠅，牠穿著黃色和褐色橫條相間的服裝，乍看起來與胡蜂的衣服很相似。那些時髦的理論把蜂蚜蠅誇耀成是利用黃褐二色擬態的突出例子。就算不爲自己著

蜂蚜蠅

想，至少爲了家庭，蜂蚜蠅也不得不變成進入胡蜂窩裡的食客。人們說牠施展詭計，穿上與牠受害者相同的衣服，在胡蜂窩裡，安心地忙著自己的事，以致被當成了胡蜂窩裡的居民。

天眞的胡蜂就這樣被一件粗糙仿製的衣服所矇騙，以及卑鄙的雙翅目昆蟲靠喬裝打扮來掩飾的說法，我無法相信。胡蜂沒有那麼愚蠢，蜂蚜蠅也沒有人們所說的那麼狡猾。假如蜂蚜蠅敢以外表矇騙對方，顯然牠的僞裝並非是最成功的。光有肚皮上的黃色條紋是裝不成胡蜂的，首先還得身材苗條，動作敏捷，而蜂蚜蠅卻身材矮胖，姿態笨拙。胡蜂永遠也不會把這個笨重的傢伙和自己的同類混淆。

可憐的蜂蚜蠅，你模仿的本領還沒學到家；最起碼，你得有胡蜂的身材，你把這一點給忘了；你仍是一隻胖嘟嘟的蒼蠅，太容易被認出來了。然而你還是闖進了那可怕的地洞，安然無恙地在那裡住那麼久，就像散布在胡蜂窩外殼上的大量卵

所證明的那樣。你採取的是什麼方法呢？

首先應當注意的是，蜂蚜蠅沒有進入層疊在圍牆裡的巢脾上，牠在紙圍牆外表停留只是爲了在那裡產卵。再說，想想那隻和胡蜂一塊被安置在我那個大籠子裡的長腳蜂。牠就是一個不必靠僞裝來使自己被對方接受的例子。牠屬於那個公會，牠本身就是胡蜂的一種。我們之中任何一個人，假如沒有昆蟲學專業知識，都會把這兩者混爲一談。不過這位外來者，只要別讓人討厭，在這個大籠子裡還是可以被胡蜂容忍的，沒人會找牠的碴，牠甚至被允許坐到餐桌旁——那張塗著蜜的紙旁邊。但是如果牠不愼涉足巢脾，那肯定完蛋了。

儘管牠的服裝、外貌、體形和胡蜂完全一樣或幾乎一樣，也不能使牠擺脫困境。一旦被發現是外來者，牠也會像與胡蜂幼蟲無任何相像之處的三節葉蜂和楔天牛的幼蟲一樣，遭受到攻擊。

如果與胡蜂有一樣的體形和服裝都救不了長腳蜂，那麼蜂蚜蠅那樣拙劣的模仿又將會有什麼下場呢？能識別同類之間差別的胡蜂是不會受矇騙的。外來者一旦被認出就會被掐死，這點是毫無疑問的。

　　由於在我做實驗的時候沒有蜂蚜蠅，我便採用了另一種雙翅目昆蟲，蘋蚜蠅。牠體形苗條而且帶著美麗的黃色條紋，看起來顯然比那隻帶條紋的大胖子蜂蚜蠅更像胡蜂。儘管有著相似的外貌，假如牠敢到巢脾上去冒險，這個冒失鬼肯定會被刺死。牠那黃色的條紋，纖細的腰身，絲毫不能矇騙過關。儘管有酷似的外表，牠也照樣被認出是外來者。

　　我那些囚犯的身份隨便怎麼變化，大籠子裡的實驗最終都是這樣的結果：如果光是做鄰居，即使是同在蜜的周圍，那些不屬於同類的同房囚犯也能被容忍，但是牠們如果來到蜂房裡，就會遭到攻擊，並且常都被殺死，不管體形和服飾如何相似。胡蜂幼蟲的宿舍是最神聖的地方，任何外人都不得闖入，違者將被處死。我用大籠子裡的囚犯做實驗的時間是在白天，而自由的胡蜂是在極為黑暗的地下工作的。那裡沒有光線，色彩不再發揮作用。一旦進入洞穴，蜂蚜蠅就不會從牠那黃色條紋，即人們所說的保護色上面得到什麼好處了。

蘋蚜蠅

　　在黑暗中，只要避開胡蜂內部的騷亂，蜂蚜蠅很容易便可矇騙過去，不管是平常的裝束還是打扮成其他樣子，只要牠小心翼翼不撞上路過的胡

蜂，便可以安然無恙地在紙壁上產卵，誰也不知道牠的存在。

　　危險的是大白天在來來往往的胡蜂眼前跨進洞穴的門檻，只有這種時候模仿才是合時宜的。那麼，蜂蚜蠅這樣當著一些胡蜂的面進去是否很冒險呢？圍牆裡的蜂窩，這個不久之後就會在太陽下的玻璃罩裡死亡的蜂窩，讓我得以進行了長久的觀察，但是卻沒有讓我得到關於那個最讓我操心的蜂蚜蠅的結果。蜂蚜蠅沒有出現，牠來訪的季節也許已經過了。因為在挖出的蜂窩裡我發現了許多蜂蚜蠅的幼蟲。

　　其他的雙翅目昆蟲讓我付出的努力得到了補償。我發現在離我有一定距離的地方，有種個頭很小、灰白色、有點像家蠅的雙翅目昆蟲飛進地下室。牠們根本不帶黃色斑紋，肯定絲毫不想偽裝。然而，牠們進出相當自如，沒有任何不安，好像在自己家裡似的。只要門口不太擁擠，胡蜂就會由牠們去，如果很擠，灰色來訪者就在離門口不遠處等待，這一刻是平靜的，牠們沒有遇上什麼麻煩。

　　在洞穴裡面，同樣是彼此和平相處。我經由挖掘證明了這點。在地下洞穴裡，有那麼多蒼蠅的幼蟲，但是我卻找不到雙翅目昆蟲的屍體。假如這些外來者在經過門廳或是更下面的地方被殺死，應該會和其他廢物一塊雜亂地掉進洞穴底部的公

墓。可是，在這個洞穴裡根本沒有蜂蚜蠅的屍體，也沒有任何一種蒼蠅的屍體。這些進入者受到尊敬，牠們完成任務後便安然地出去了。

胡蜂這種寬容大量有點讓人吃驚。於是我腦海裡產生了一個疑問：蜂蚜蠅和其他蠅是否就是傳統故事中所說的胡蜂的敵人，劫掠蜂窩的幼蟲殺手呢？我們要了解這點，得先從牠們孵化時開始調查。

在九月和十月，要想撿到蜂蚜蠅的卵十分簡單，要多少有多少，蜂窩外殼表面多的是。此外，蜂蚜蠅的卵也像胡蜂的幼蟲一樣，能長時間經受住汽油薰，因此大部分肯定能孵化出來。我用剪刀從蜂窩的紙外殼上剪下幾片卵分布得最密集的紙片，裝進一個廣口瓶。這是一個倉庫，在大約兩個月時間裡，我將每天從裡面取出一些孵化了的幼蟲。

蜂蚜蠅的卵留在紙上，白色的卵在灰色背景的襯托下格外顯眼。卵殼發皺下陷了，接著前頭裂開一條縫，從裡面鑽出一條可愛的白色幼蟲。牠前端漸細，後部略大，渾身長著肉質乳突；身體兩側的乳突展開像梳子的鋸齒；在尾部乳突變長，散開呈扇形；背上的乳突變短，縱向排列成四行；倒數第二節有兩個很短的、鮮棕紅色的呼吸管斜立著，兩條管互相靠攏。

　　前面，靠近尖嘴地方的顏色變深呈淺棕色。透過透明的皮膚，可以看見口器和由兩個鉤組成的行走器。總之，豎起的乳突和白白的顏色，讓這個優美的小畜牲看起來就像一片雪花。但是這種美貌保持不了多久，長大了的蜂蚜蠅幼蟲身上將被膿血玷污，皮膚變成了棕紅色，爬起來像頭粗笨的豪豬。

　　剛從卵孵化出來時牠會怎樣呢？我那個做為倉庫的廣口瓶使我了解了部分情況。由於在斜面上控制不好平衡，幼蟲便跌到容器底部。我發現每天都有幼蟲孵化出來，牠們在容器底部不安地遊蕩。在胡蜂家裡情況也該是這樣，新生的幼蟲由於不能在紙壁的斜面上保持平衡而掉到洞穴的底部。在洞穴的底部，尤其是在秋末的時候，豐盛的食品堆積如山，裡面有衰弱的胡蜂和被從蜂房裡拖出來丟在外面的死幼蟲。食品已經發臭，成了蠅蛆的珍貴食物。

　　別看蜂蚜蠅的孩子——蠅蛆渾身雪白，牠也照樣在這個洞穴裡不斷更新的食品中尋找合牠口味的食物。從圍牆上跌落下去很可能不是意外的事故，而是一種最快捷的方法，牠們不用尋找就能到達洞穴底部，得到放在那裡的美味食品。也許其中一些白色的蠅蛆會利用那些把外殼變成彈性被子的空隙滾到蜂窩裡去。

　　不過，處於各個不同生長期的蜂蚜蠅幼蟲，大多數都在洞穴底部的屍骸間落了腳，相對而言，真正住在胡蜂家裡的蠅蛆只是少數。這些記錄說明了蜂蚜蠅的幼蟲配不上人們賦予牠的顯赫名聲，牠們滿足於腐屍而不碰活物，牠們沒有破壞胡蜂窩，而是為它消毒。

　　事實證明了我實地觀察得到的結果。我一次次地把胡蜂的幼蟲和蜂蚜蠅的幼蟲一起放進便於觀察的小試管裡。前者身體健壯充滿了活力，我剛剛把牠們從蜂房裡取出；後者個頭大小不一，從剛出生的雪片狀幼蟲到強壯似豪豬的幼蟲都有。

　　牠們相遇時沒有發生悲劇。雙翅目昆蟲的幼蟲在小試管裡閒逛時，碰也沒碰那活生生的肥腸，最多只是把嘴湊到那個肥肉團上，然後又把嘴縮回去，絲毫不在意那塊肥肉。

　　牠們需要別的東西：受傷的幼蟲、垂死者、冒著膿血的屍體。的確，當我用針尖刺傷胡蜂的幼蟲時，剛才還擺出倨傲架勢的傢伙馬上就跑過來喝傷口流出的血了。如果我提供牠們一隻腐爛發黑的幼蟲屍體，蜂蚜蠅的幼蟲就會剖開牠的肚子，啜喝裡面的湯。

　　還有更妙的呢。我餵牠們一些帶著角質圓環的、腐爛的胡

蜂之外，我還看到牠們心滿意足地吸吮著腐爛的花金龜幼蟲的汁液。為了使牠們保持健壯，我還給牠們一些肉糜，牠們按照普通蠅蛆的方法將肉糜液化。這些蠅蛆對獵物的性質抱著無所謂的態度，只要是死的就行了，如果獵物是活的，牠們就拒絕接受。做為道地的雙翅目昆蟲和屍體開發者，牠們要等待屍體腐敗。

在蜂窩內部，幼蟲必須健康，這是規矩。體弱的幼蟲極其罕見，因為不間斷的監視，所有的虛弱者都被清除了。然而在巢脾上，在繁忙的胡蜂之間，卻能見到一些蜂蚜蠅的幼蟲，數量儘管不像在洞穴底下那麼多，但還是比較常見的。那麼牠們在這個沒有屍體的地方做什麼呢？牠們要攻擊那些健康的胡蜂幼蟲嗎？剛開始倒讓人以為是這麼回事，牠們不停地巡視，從一間蜂房到另一間蜂房。但是當我們對牠們在罩子下的行動作進一步觀察時，就會意識到自己的判斷是錯誤的。

我看見牠們在巢脾上匆匆地爬行，脖子起伏波動，探視著那些蜂房。這一間不合適，那一間也不行，這個長刺的小畜生又到別的地方了。牠一直尋找著，用尖腦袋戳戳這個，捅捅那個，這回牠來到的那間蜂房看來是符合要求了。一條看起來很健康的胡蜂幼蟲在裡面打著哈欠，以為保姆來了，蜂蚜蠅幼蟲身體向上一躍，鑽進了六邊形的小房間。

　　這個骯髒的來訪者，像把柔韌的劍，身子一彎，把苗條的上身伸進了牆壁與房客之間，那房客胖嘟嘟的柔軟身體一側受到擠壓，稍稍往邊上讓了讓。蜂蚜蠅幼蟲把身體伸進蜂房，只把寬闊的尾巴留在外面。

　　這種姿勢保持了一段時間，牠在房間的盡頭忙著工作。然而在場的胡蜂卻由著牠去，無動於衷，只要那條被訪的胡蜂幼蟲沒有生命危險就行了。外來者果然身體輕輕一滑出來了，那條活像橡皮袋的小幼蟲又恢復了原來的體積，沒有遭受任何不幸。牠良好的食慾就是最好的證明。保姆餵牠一口食物，牠非常愉快地接受了，這表明了牠一點也沒傷到元氣。

　　而蜂蚜蠅幼蟲，則以自己的方式舔了舔嘴唇，將那對鉤子收進去又伸出來，然後一分鐘也不耽擱，又開始到別的地方去進行探測了。

　　蜂房裡那些幼蟲身後令蜂蚜蠅垂涎的是什麼呢？關於這點還無法藉由直接的觀察得到確定，得靠推測。既然被訪的幼蟲完好無損，牠就不是蜂蚜蠅幼蟲要找的獵物。再者，如果謀殺者要進行謀殺，為何要爬到房間的盡頭，而不是直接攻擊那手無寸鐵的隱居者呢？在門口把那隻幼兒吸乾豈不更省事。可是牠卻不這樣做，而是一次一次地鑽進去，從不採用別的策略。

在胡蜂幼蟲的身後究竟有什麼呢？讓我們盡可能地做出一個合理的解釋。儘管胡蜂的幼蟲極其乾淨，也擺脫不了生理上的一些瑣事，那是腸胃運作後的必然結果。牠和其他進食者一樣都有腸道廢渣，由於被幽禁在蜂房裡，迫使牠把這些殘渣保存在體內的隱秘處。

胡蜂幼蟲和許多住得很擠的膜翅目昆蟲一樣，延遲著消化殘餘物的排泄，直到蛻變時，才將大堆的髒物一次排泄掉。蛹這個精巧的、起死回生的有機體，不能留下一點污穢的痕跡。之後在所有的空房裡都會發現這種排泄物，那是一團紫黑色的東西。

但是還沒熬到最後體內大清除的時候，這堆殘渣就不時地被少量地排出體外。它清澈如水，只要把一條胡蜂幼蟲養在玻璃試管裡，就能發現這種不時排泄出來的液態物質。

總之，我認為再也找不到其他理由來解釋為何蜂蚜蠅的幼蟲鑽進蜂房又不傷害胡蜂幼蟲了。牠們要讓胡蜂幼蟲排出這種液體，對牠們來說，這是一種補充食物，是對屍體提供的營養物質的額外補充。

胡蜂城堡的衛生官員——蜂蚜蠅擔負著雙重職責：牠為胡

蜂的孩子擦屁股，也爲牠們清除蜂巢裡的死屍。因此，當牠做
爲胡蜂的助手進入洞穴產卵時，受到了溫和的接待；也因此在
蜂窩的中心地帶，蜂蚜蠅的幼蟲不但不受制裁，反而還受到尊
敬，然而其他任何人想在此散步都不可能。

回想一下，被我放在巢脾上的楔天牛和三節葉蜂的幼蟲所
受到的粗暴待遇，這些可憐的傢伙被猛地咬住，遭毆打，挨針
刺，而後死去。而蜂蚜蠅的孩子的境遇完全不同，牠們想來就
來，想走就走，可以自如地對蜂房進行探測，與城裡的居民擦
肩而過，卻沒人粗暴地對待牠們。我們再舉幾個例子，來說明
在易怒的胡蜂家庭裡這種罕見的寬容。

整整兩小時，我的注意力都集中在和蜂巢主人——胡蜂幼
蟲肩並肩、待在蜂房裡的那隻蜂蚜蠅幼蟲身上。牠的尾巴露在
外面，乳突張開，有時也露出尖尖的頭部，移動時像蛇那樣突
然地擺動。胡蜂保育員剛從蜜碗邊裝滿一肚子蜜回來了，一口
一口地分發食物，工作得很積極。這一切都是在光天化日之
下，在窗口的一張桌子上進行。那些保姆從一間房到另一間
房，好幾次從外來者身邊擦過，或從牠身上跨過去。牠們肯定
看見了牠，而外來者動也不動，或許是被踩到了，牠鑽進屋
裡，不一會兒又出來了。有幾隻路過此地的胡蜂停下來，向門
裡探頭望一望，好像想知道裡面在做什麼，然後又離開了。胡

蜂對這裡的情形並未給予特別的關注，其中有隻胡蜂更是漠不關心。牠想嘴對嘴地給房間裡那個合法屋主餵食，可是屋主被來訪者擠扁了，根本沒胃口，拒絕接納食物。然而那隻胡蜂看到嬰兒和別人擠在一塊的難受樣子，也沒表現出絲毫的關切，就這麼走了，又到其他地方去分發糧食。

我再繼續觀察下去也是枉然：沒有任何衝突，胡蜂像朋友一樣對待蜂蚜蠅幼蟲，甚至可說是漠不關心，沒有誰試圖撞牠，騷擾牠，趕走牠。那隻蟲子似乎對來來往往的胡蜂也不大在意，一副心安理得的樣子，好像是在自己家裡似的。

再舉一個例子。那隻蟲子頭朝下鑽進一間空的蜂房，房間太小容不下整個身子，露在外面的尾部很顯眼。牠以這種姿勢，一動不動地在那裡待了很久，胡蜂不時地從旁邊經過。其中有三隻胡蜂，有時一起，有時單獨前來切割那房間的邊緣，牠們要從上面割下一片材料化成紙漿，用來蓋新房。

如果說那些路過的胡蜂，忙於自己的事情沒發現這個外來者，那麼這三隻胡蜂肯定看見了。當牠們拆房子的時候，牠們的腳、觸角和觸鬚碰到了牠，然而沒有誰去注意牠。這隻大蟲子奇怪的外表那麼容易被認出，卻仍可以平平安安地待在那裡，而且是在大白天，在眾目睽睽之下。要是當漆黑的洞穴將

牠秘密地掩藏起來，牠該是何等逍遙啊！

　　我剛才用於實驗的都是一些已經長大了，並由於漸漸成熟而變成了髒兮兮的紅棕色蜂蚜蠅幼蟲。如果用純白色的幼蟲會有什麼結果呢？我在巢脾上撒了一些剛孵化出來的蜂蚜蠅幼蟲。雪白的小蟲子來到了附近的蜂房，爬下去，又爬上來，繼續去別處尋找。胡蜂對這些白色的小入侵者非常和氣，就像對那些大的、紅棕色的入侵者一樣不在意，隨牠們去。

　　有時，當蜂蚜蠅幼蟲進入一間有主人的房間時，會被屋主——胡蜂的幼蟲抓住。牠咬住這個小東西，把牠放在大顎間撥弄來，撥弄去。咬住牠是出於自衛嗎？不，胡蜂的幼蟲只不過是把蟲子錯當成了食物，牠咬得並不太疼。小蟲得益於身體柔軟，安然無恙地從鉗子中解脫出來，繼續牠的探索。

　　也許我們會把胡蜂的寬容歸因於牠缺乏洞察力。這裡有個能使我們醒悟的例子。我把一隻楔天牛幼蟲和一隻蜂蚜蠅幼蟲同時放進空的蜂房裡，兩者都是白色的，而且都沒有將身體完全鑽進房間，只有那露在門外、像條長柄白花似的尾部才會暴露牠們的存在。從表面看來很難判別隱藏者的身份，但是胡蜂並沒有上當受騙，牠們揪出了那隻楔天牛的幼蟲，把牠殺了，扔到屍場上；然而卻沒去驚動蜂蚜蠅的幼蟲。這兩個鑽進隱蔽

的蜂房裡的外來者極為相像，可是一個卻被當成不速之客加以
驅逐，另一個卻被當成常客而受到尊敬。視力在此發揮了作
用，因為事情是大白天在罩子裡發生的。但是，胡蜂在黑暗的
洞穴裡還有別的識別方法。如果我用一塊布蓋在罩子上，讓裡
面變成黑夜，對不可饒恕者的殺戮也不會因此而減少。

　　胡蜂警察想的就是：任何被逮住的外來者都該被殺掉，然
後扔進垃圾堆。真正的敵人要想使胡蜂失去警惕，必須狡猾地
裝死，動也不動，或採用極其卑鄙的隱藏之術。然而蜂蚜蠅幼
蟲無需藏匿，牠光明正大地來來去去，到牠認為合適的地方，
在胡蜂群裡尋找合意的蜂房。牠為何如此受到尊敬？

　　靠威力嗎？當然不是。胡蜂只要用大剪刀碰牠一下，就會
發現這是個沒有反擊力的傢伙。牠要是被螫針螫一下就會馬上
死亡。然而牠卻是個熟客，蜂群裡沒有誰想傷害牠。為什麼？
因為牠會幫忙，不但不搗蛋反而還幫忙維護衛生。敵人和不速
之客都該被驅逐，然而做為值得稱讚的助手，牠贏得了尊敬。

　　那麼蜂蚜蠅還有什麼必要裝成胡蜂的模樣呢？所有的雙翅
目昆蟲，不論是灰色的還是五顏六色的，當胡蜂共同體認到牠
們的用處時，就都被允許進入洞穴。總體說來，最具結論性的
理論之一就是，認為蜂蚜蠅靠著偽裝來保護自己是種幼稚的理

論。耐心觀察之後不斷浮現的事實，否認了那些理論；將偽裝說扔給那些待在工作室裡、太傾向於從理論的幻想中看待動物世界的博物學者吧！

第二十二章

彩帶圓網蛛

嚴冬季節，當昆蟲在寒冷的田野裡無所事事時，觀察家利用那些向陽的溫暖隱蔽所，挖沙土，搬石頭，在荊棘叢中探尋，他多少次為無意中發現的精巧工藝品感到喜悅和激動啊！那些只求有這樣的發現就知足了的頭腦簡單的人多麼幸福啊！我願他們能感受到我曾經有過的，並且至今仍能感受到的快樂，儘管我生活清貧，而且隨著年景每況愈下，越來越艱苦。如果他們到柳樹林和矮林中的禾本科植物中進行搜索，我願他們能找到我眼前這

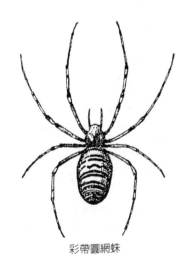

彩帶圓網蛛

種奇妙的玩意。這是一隻蜘蛛的傑作，彩帶圓網蛛①的巢。

　　根據分類學的定義，蜘蛛不是昆蟲。按照這種分類法，在這裡談圓網蛛似乎是不合時宜的，不過讓系統分類學見鬼去吧！即使這種動物有八隻腳而不是六隻腳，有小肺袋而沒有氣管，可是關於本能的研究並不考慮這些。此外，蜘蛛目屬於節肢動物門，其身體是由一節一節拼接起來的，昆蟲和昆蟲學的這些名詞就影射了這種結構。

　　為了指稱這組昆蟲，過去用了「鉸接動物」一詞，這個說法錯在聽來順耳，而且人人都易於明瞭。這是傳統學派的說法，如今人們使用「節肢動物門」這個漂亮的詞。然而也有人對這種進步表示懷疑，啊！異教徒！先念「阿赫地居勒」，然後大聲地誇張地念「阿赫托博得」②，你們將會明白動物學到底是不是進步了。

　　就儀表和顏色看來，彩帶圓網蛛是南方蜘蛛中最漂亮的一種。在牠那幾乎有一粒榛果那麼巨大的儲絲倉庫似的大肚子上，有著黃色、銀白色和黑色相間的線條，牠因此獲得了「彩

---

① 彩帶圓網蛛：又名長金蜘蛛。——編注
② 「阿赫地居勒」和「阿赫托博得」分別是「鉸接」和「節肢」兩個詞的讀音。——編注

帶蛛」這個名稱。在肥胖的肚皮周圍，八隻腳呈輻射狀向四周
伸展，腳上帶有白色和褐色的環。

　　什麼獵物對牠都合適，唯一的條件就是要找到支撐物織
網。牠會在蝗蟲蹦跳、在蝴蝶表演空中雜技、在雙翅目昆蟲遨
翔、以及在蜻蜓翩翩起舞的地方安營紮寨。由於野味很多，牠
通常會橫跨叢林間的小溪，從小溪的這邊邊到對岸織牠的網；
牠也在綠色的橡樹矮林中，在蝗蟲類喜歡出沒、長著稀疏綠草
的小山坡上張網，但這並不太常見。

　　牠的捕獵器是一張巨大的經紗網，邊長依場地的大小而
定，網紗靠好幾條纜絲黏在周圍的樹枝上，這種結構也被其他
的結網蜘蛛所採用。從網的中心伸出一些等距離的輻射絲，在
這個構架上，一根絲透過輻射絲從網中心向外旋轉行進。網的
面積之大、形狀之規則可謂壯觀。在經紗網的下面，一條不透
明的絲帶從中心穿過輻射絲曲折下行，這是圓網蛛織的網的標
誌，就好像藝術家在作品上的簽名。這樣的一個標誌好像表示
了蜘蛛在自己的網上織的最後一梭。

　　蜘蛛一次次通過輻射絲時，該是多麼心滿意足啊！牠織成
了網，這是不容置疑的；這項工作使牠幾天內的食物有了保
證。但是紡織女絲毫不是為了在此表現虛榮，那根彎彎曲曲的

粗絲帶在網上有著加固的作用。

多這層加固不是多此一舉，因為這張網有時要經受嚴峻的考驗。圓網蛛無法選擇牠的囚禁者，牠一動不動地，八隻腳叉開趴在網的中間，以便能察覺從網的四面八方傳來的震動。牠指望著意外的機會？這機會為牠送來一隻由於疲勞而失控跌落的冒失鬼，或是一隻不小心一頭撞上來的大傢伙。

特別是蝗蟲，充滿激情的蝗蟲輕率地放鬆腿肌時，常會落入陷阱。牠的活力似乎應該使蜘蛛折服，牠那如同裝上了馬刺的、槓桿似的後腳拼命地往後踢，以為一下子可以把網捅破逃走。事實根本不是這樣，如果蝗蟲第一次努力時無法掙脫，牠就完了。

彩帶圓網蛛背對著獵物啓動了噴壺般蓮蓬頭似的紡絲器，最長的後腳踩在射出的絲後，盡力張開呈弓形以便將絲撒開。這是一張閃亮的網，一把雲扇，其中每根框架絲幾乎都是獨立的。與此同時，圓網蛛的兩條後腳一邊迅速地交替合抱，拋出霧狀物，一邊將獵物的全身用絲霧一層層包裹住。

與巨獸搏鬥的古代格鬥士[③]，左肩上搭著折疊的繩網出現在競技場上。野獸在蹦跳，那人用手猛地一拋，像捕鷹者那樣

撒網，罩住野獸，用網眼纏住牠，再利用三叉戟，一下子就征
服了對手。

　　彩帶圓網蛛也採用同樣的方法，憑著不斷用絲纏繞的優勢
征服獵物。如果一根絲還不夠，馬上還會抽出第二根，然後是
第三根，甚至更多，直到把倉庫裡的絲用完為止。當那白色的
裹屍布裡不再有動靜時，蜘蛛便靠近那個被束縛在裡面的獵
物。牠有比角鬥士更好的武器：毒牙。牠不用費什麼力，輕輕
地咬蝗蟲一下，然後離開，讓蝗蟲在毒素作用下變得虛弱。

　　過一會兒，彩帶圓網蛛又回到那個動也不動的獵物身邊，
吸牠的汁液，並更換好幾次吸吮點直到吸乾為止。最後那具被
榨乾的屍體被扔出網外，蜘蛛又回到網中央擺出等待的姿勢。

　　彩帶圓網蛛吸吮的不是一具屍體，而是麻痺了的獵物，如
果蝗蟲被咬後我馬上將牠從網上取下，剝去絲套，牠就會恢復
活力，甚至好像根本沒有經歷過什麼似的。蜘蛛並不在吸吮之
前將被俘者殺死，而只是將牠毒昏；輕輕地咬牠一口也許是為
了吸吮起來更為方便。屍體裡停止流動的液體不那麼容易被吸
出來，因此在獵物活著時或是正在死亡時，提取獵物的體液是

---

③ 古代格鬥士：古羅馬時代，持三叉戟和網的鬥士。——編注

最容易的。

　　嗜血者彩帶圓網蛛因此得控制好牠的毒牙，即使是對付兇惡的獵物也一樣，牠對自己的角鬥藝術是那麼有信心。長鼻蝗蟲以及蝗蟲類中最碩大、最肥胖的灰蝗蟲都被彩帶圓網蛛毫不猶豫地接受了，並且在完全麻醉的狀態下被吸乾。

長鼻蝗蟲

　　這些有能力憑著猛烈的攻擊撕破蛛網，從網眼溜走的大傢伙，想必很少被捕住。我把這些昆蟲放在蛛網上，其餘的事由彩帶圓網蛛完成。彩帶蛛噴出大量的絲，纏住這些蟲子，然後舒舒服服地將牠們吸乾了。如果加大紡絲器的噴射量，大獵物也不會比一般的獵物更難馴服。

　　我還見到了比這更厲害的。這一次，我要說的是肚皮上飾有花彩和銀白色的圓網絲蛛④。牠和另一種蜘蛛一樣，織的網也很大，有條垂直方向的曲裡拐彎的絲帶做為標誌。我放了一

④ 圓網絲蛛：又名紅金蜘蛛。——編注

隻身體魁偉的修女螳螂在上面，如果條
件許可，牠能夠轉變角色，把攻擊者變
成獵物。這回圓網絲蛛要囚禁的可不是
一隻溫和的蝗蟲，而是一個可怕的巨
魔，牠的爪鉤只需一下就能把圓網絲蛛
的肚子捅破。

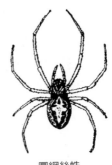

圓網絲蛛

　　蜘蛛敢去對付牠嗎？現在還不行。
在攻擊這個可怕的傢伙之前，牠要養精蓄銳，要等到那獵物的
腳在亂踢亂蹬時被纏得更緊。蜘蛛終於出擊了。那隻螳螂捲起
肚皮，重振起像垂直機翼似的翅膀，張開帶鋸齒的臂鎧，總之
牠擺出了大戰時常用的可怕姿勢。

　　蜘蛛並不理會牠的威脅。牠用散得很開的紡絲器噴出簾狀
絲霧，後腳交替合抱拉伸，使絲簾擴大，並大量地拋撒。在絲
雨中，螳螂那可怕的鋸子和鋒利的前腳很快就消失了，那對像
幽靈般豎起的翅膀也消失了。

　　然而螳螂幾次突然的驚跳讓蜘蛛跌下了網。跌落是預料中
的事故，在這時候紡絲器及時噴出一根保險絲，使圓網絲蛛懸
在空中，盪來盪去。等到恢復了平靜，牠綁好繩索，重新爬上

網。現在螳螂的大肚子和腳也被捆住了，噴霧劑快用光了，只能噴出薄薄的絲簾，幸好已經完事了，獵物被裹了厚厚的一層絲，再也看不見了。

修女螳螂

　　圓網絲蛛沒有咬獵物，而是暫時離開了。為了控制這個可怕的獵物，牠用盡了紡絲器裡足以織上好幾張漂亮大網的備料。有這麼一大堆纏繞物，其他的防範措施都是多餘的。在網中間歇息片刻後，牠便入席了。獵物身上多處被切開小口，這邊切一下，那邊切一下，蜘蛛從那些傷口吸吮獵物的血。獵物如此豐滿，這餐飯牠吃了很久，我觀察這個貪得無厭的傢伙用了十小時，當一處傷口被吸乾時，牠就換一處繼續吸吮。夜幕隱藏了那貪杯的傢伙酩酊大醉的模樣，讓我無法看到最終的情景。第二天，那隻被吸乾了的螳螂躺在地上，螞蟻們在爭奪這殘羹。

　　圓網蛛的育嬰方法，比起牠的捕獵技巧更高一籌。彩帶圓網蛛的卵囊——蓄卵的絲袋比起鳥巢的工藝更為精湛，形狀像個倒置的氣球，體積差不多有鴿子蛋那麼大，上部漸細像梨，端口平切，鑲著一圈月牙邊，將其固定在周圍樹梢上的纜絲把

花邊的角拉長了,其餘部分呈優美的卵球形,垂直向下吊在幾根平衡絲中間,頂端像個凹陷的火山口,封著一塊絲氈。絲袋像件潔白、厚實、緊密的緞子外套,難以扯破而且不透水。氣球上端裝飾著用褐色、甚至黑色絲織成的寬帶,以及紡錘形和任意分布的經線。這種編織物的功用很明顯,這是一個露水和雨水都無法滲透的防水層。

　　由於得經歷各種惡劣氣候的考驗,安置在枯草叢中靠近地面處的彩帶圓網蛛絲袋,還必須能保護裡面的卵冬天時不挨凍。用剪刀剪開絲袋,我發現上面有厚厚的一層棕紅色的絲,

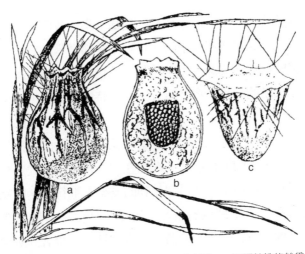

a.彩帶圓網蛛的絲袋　b.彩帶圓網蛛的絲袋剖面　c.圓網絲蛛的絲袋

沒有織成網狀而是蓬鬆得像條極為柔軟的棉被。這是一朵柔美
的雲，是一條連小鳥的絨毛做成的被子也比不上的絨被，是一
道阻止熱氣散發的屏障。

這條柔軟的被子要保護什麼呢？看，在羽絨被正中吊著一
個圓桶形小袋子，下端呈圓形，上端平切，蓋著一頂氈帽。這
個小袋子是用極精美的緞子做成的，裡面裝著彩帶圓網蛛的
卵，它們像美麗的橘黃色珍珠，一粒一粒黏在一起，形成了一
顆豌豆大的圓球。棉被就是要保護這些寶貝的卵，使它們免受
冬天的嚴寒。

既然我們已經熟悉了作品的結構，那麼我們來設法弄清紡
織女是如何織出這個袋子的。這可不是那麼容易觀察到的，因
為彩帶圓網蛛在夜間工作。為了不搞錯編織工藝的複雜規則，
牠需要夜晚的靜謐。清晨時分，我不時能見到牠仍在工作，這
使我得以概述牠的編織步驟。大約在八月中旬，我的實驗對象
在罩子裡工作，牠先用幾根繃緊的絲在網罩的圓拱頂下搭起一
個支架，罩子的網紗取代了蜘蛛在田野裡常用來做為支撐的草
叢和荊棘。紡織工作在這個晃動的支架上進行著。圓網蛛背對
著編織物，看不到織的東西，可是一切都在自然而然中進行
著，就像一台裝配良好的機器。當蜘蛛慢慢繞著圓圈轉動時，
牠的腹部末端擺動著，一會兒略偏向右邊，一會兒略偏向左

邊，一會兒上升，一會兒下降。布絲很簡單，後腳拉絲，將絲黏在搭好的支架上，就這樣形成了一個緞盆，邊緣逐漸加高，最後變成了一個高約一公分的袋子。袋子的布特別柔軟，為了使它繃緊一些，尤其在袋口處，蜘蛛用幾條纜絲將這個袋子和周圍的絲連接起來。然後紡絲器停下來休息，現在該輪到卵巢工作了。卵巢將儲存的卵一次地連續排進袋子裡，一直裝到袋口，計算好的容量剛好夠把所有的卵裝進去，沒有多餘的空間。排完了卵，蜘蛛便離開袋子。我隱約看見了那堆橘黃色的卵，但是馬上紡絲器又開始工作了。

牠要將袋口封起來。這台機械運行的方式有了一點改變，蜘蛛的腹部末端不再晃動，而是降下來觸在一個點上，然後離開，再降下接觸另一個點，在一個地方停一下，然而再到別處，所經之處勾勒出一些糾結在一起的絲帶，同時用後腳擠壓噴出物。最後形成的不再是一塊織物，而是一塊呢，一塊莫列頓呢。

在這個袋子——盛卵的容器周圍是條禦寒的羽絨被。小蜘蛛將在這個柔軟的庇護所裡住上一段時間，讓自己的關節變得結實些，為今後的大規模遷徙做準備。袋子編織得很迅速。突然紡絲器裡的材料換了，剛才噴出的是白絲，而現在噴出的是棕紅色的絲，比先前噴出的絲更細，噴出時輕薄如雲，像梳棉

機般靈巧的後腳把絲梳理得蓬鬆起來，盛卵的袋子不見了，被淹沒在這條精美的棉被裡。

氣球的形狀已然形成，上端收攏像細頸瓶。彩帶圓網蛛上上下下，時而往這邊偏，時而往那邊偏，自紡絲器裡一開始噴出絲時起就奠定了這個優美的形狀，好像在蜘蛛的腹端有一個量規似的。

隨後，編織的材料又突然間發生了變化，白絲又出現了，被加工成了絲線。現在該織最外面一層套子了，由於這部分需要織得又厚又密，所以編織的時間最長。

首先得在四周拉上幾條絲把棉被固定住。彩帶圓網蛛特別注重袋口的編織，在那裡織出了月牙邊，纜絲牽拉著的花邊角是整個建築的主要支撐點。為了確保絲袋的平衡，紡絲器每次經過這個地方時都要加固一下，直至完工。懸垂物的花邊圈住了必須堵上的火山口似的袋口，這時蜘蛛用一塊剛才封卵囊時用的那種呢將這個火山口封起來。

預防措施完成以後才真正開始編織外套。彩帶圓網蛛前進，倒退，轉了一圈又一圈，紡絲器沒有接觸織物，只有後腳這唯一的工具有節奏地交替拉絲，牠用跗節把絲牽拉到織物

上，同時腹部末端有規律地擺動。

　　就這樣絲束規則地曲折分布，像個精確的幾何形，足以和我們紡織廠的機器繞出的漂亮棉線團媲美。蜘蛛不時地在移動，整個織物表面都重複著同樣的圖形。

　　彩帶圓網蛛的腹端隔一會兒就向氣球口上移動一次，這時紡絲器才真正碰觸在流蘇邊上，而且接觸的時間相當長。牠在這個做為建築基礎和關鍵部位的星葉形流蘇邊裡黏上了黏絲，而其餘地方只靠後腳的操作把絲簡單地重疊上去。如果織物需要絡絲，線頭會從邊上斷開，再從其他地方繼續下去。

　　彩帶圓網蛛以一個不透明的、有稜角的白色簽名結束了蛛網的編織，而牠結束蓄卵絲袋編織的標誌則是一些向下的、很細的、不規則分布的棕色絲，從固定的邊緣開始向下延伸至鼓突的中間部分。為此彩帶圓網蛛第三次變換了絲的顏色，這一回射出的絲是一種介於棕紅和黑色的絲。紡絲器縱向大幅度擺動，在兩極之間噴撒絲，後腳把絲拉成任意的絲帶，這道手續結束之後作品就完成了。蜘蛛看也沒看一眼這個氣球，就邁著緩緩的步子走了，剩下的事與牠不相干，該由時間和陽光來操心了。

　　彩帶圓網蛛感到自己的末日來臨了，牠從網上下來，在附近那難以對付的禾本科植物中間用絲織了一個聖幕，為了編織這個作品，牠耗盡了紡絲器裡的儲存。牠重新回到捕獵的位置，重新爬上那張對牠將不再具有意義的蛛網；牠已經沒有可以用來捆綁獵物的絲了；再說，一向很好的食慾也消失了。牠無精打采又憔悴不堪，挨過幾天後，終於死去。這就是在我那些紗罩下發生的事情，想必在荊棘叢裡也是如此。

　　圓網絲蛛編織大捕獵網的技術比彩帶圓網蛛更高一籌，但是築巢的本領卻不如彩帶圓網蛛，牠把巢織成了一點也不優美的鈍錐形。寬寬的袋口有輻射形的突起做為吊支點，上面覆蓋著一條大被子，一半是緞子，一半是莫列頓呢，其餘部分則為白色的牢固織物，織物上時常無序地穿插了一些深色線條。

　　這兩種圓網蛛所築的巢，僅在外觀上有所不同，一個是鈍圓錐形，另一個是氣球形。但是不同的外表下，卻有著相同的內部構造：首先織一條鴨絨蓋腳被，然後再織蓄卵的絲袋。這兩種蜘蛛的建築外部風格不同，牠們卻使用了同樣的禦寒方法。圓網蛛，特別是彩帶圓網蛛的蓄卵絲袋，是工藝複雜的上乘之作，這點是有目共睹的。在這建築中運用了多種材料：白色絲、棕紅色絲和褐色絲；而且，這些材料被加工成了不同的產品，有結實的織物、莫列頓呢鴨絨蓋腳被、柔軟的絲棉交織

緞和可滲透的呢氈。所有這些產品都出自那個製造捕獵網、編結蜿蜒曲折的加固絲帶和噴出束縛獵物的裏屍布的工作坊。

啊！多麼奇妙的紡絲廠！憑著十分簡單的設備，而且總是同樣的設備——後腳和紡絲器，卻能依次完成製繩、紡紗、織布、織帶、製毛氈的工種。蜘蛛是如何領導這個工廠的呢？牠是怎麼隨心所欲地得到這些精緻的、複雜程度各不相同的產品和色彩的呢？牠怎麼能夠一下用這種方法加工，一下又用另一種方法加工呢？我看到了成果，卻無法理解這套設備，更搞不清它是如何操作的。我陷入了迷茫。

在夜間靜心工作著的蜘蛛，有時也會因為思路突然被打亂而迷失在複雜的操作程序中。我並未製造這種干擾，因為深夜時我不在場，干擾是由於這個動物園布置太過簡單而引起的。

在無拘無束的野外，圓網蛛都單獨居住，相互之間距離很遠，每隻圓網蛛都有一塊捕獵區，在那裡不必擔心鄰近的捕獵網相互競爭。然而在我那些網罩裡情況則相反，圓網蛛同居一室，為了節省空間，我把兩、三隻圓網蛛放在同一個網罩裡。

性情溫和的囚犯在裡面和平共處，沒有發生口角，也沒有侵占鄰居的財產，牠們各自編織了一個網的框架，相互間盡可

能地離得遠些，然後靜心地待在那裡，好像對其他蜘蛛做的事
漠不關心，只等待蝗蟲蹦出。

　　居所的擁擠畢竟在產卵期到來時帶來了一些不便，好幾個
蛛巢的固定索交織一起，形成了交織的網，只要一個蛛巢晃
動，其他的蛛巢也或多或少會晃動。不用更多的干擾，只要這
樣就會使裡面正在產卵的圓網蛛分心，使牠做出荒唐的事來。
這裡有兩個例子：

　　有一個絲袋剛在夜間織成。早晨我發現這個圓滿完成的蛛
巢懸掛在網紗上。牠的結構很完美，上面規則地鑲著黑色的緯
線，若不是缺少最主要的東西──卵，紡織女為之不惜花費了
大量的絲才織成的這件作品就完美無缺了。卵到哪裡去了呢？
牠們不在我打開的絲袋裡，我打開時袋子就是空的。牠們在地
上，在稍微下面一點的罐子裡的沙土上，沒有任何保護。也許
母親在產卵時受到了干擾，牠沒有對準袋口，讓卵掉在了地
上；也有可能是牠在驚慌之中從高處下來，這時卵巢收縮急需
產卵，牠只好在碰到的第一個支撐物上產下了卵。不管怎樣，
如果蜘蛛的頭腦稍微清醒一些，經歷了這次災難之後，牠就該
放棄建造這個變得毫無用處的精美蛛巢。

　　而事實並非如此，那其中空空的蛛巢不論是外表還是結

構，都與正常情況下織出來的蛛巢一樣規則和精細，哪怕我絲毫不插手，這裡也會重演被我取走了卵和食物的膜翅目昆蟲所做的荒唐事來，即那些遭搶劫者一絲不苟地把牠們的小屋蓋起來。同樣，圓網蛛也在這個空囊上蓋了羽絨被，還在外面做了一個塔夫綢套子。

另一隻圓網蛛則是在即將鋪完那層棕紅色棉絮時，因受到意外的震動而分了心，離開牠的巢，逃到了離尚未完成的編織物幾法寸遠的圓屋頂上。牠就在那裡，靠在光禿禿的鐵網紗上用去了全部的絲，織了一個不成型的毫無用處的墊子。假如先前沒有受到干擾，牠本該用這些絲織成一件完整的外套。

可憐的傻瓜，你為自己的鐵絲籠鋪上了莫列頓呢毯，卻讓你的卵得不到完全的保護。作品的缺損已成事實，粗硬的金屬竟然沒有使你意識到你現在正在做的荒唐事！你讓我想起了細腰蜂曾經把用來塗抹自己的巢的泥漿抹在牆壁上；你以你的方式告訴我，一時的精神異常能夠導致極其精湛的高超技藝和極其荒謬的行為結合。

我們把彩帶圓網蛛的作品與最擅長做窩的小鳥攀雀的作品作個對比。這種攀雀經常出沒於隆河下游的柳樹林。微風吹來，攀雀窩在伸入陸地的平靜水面上輕輕地晃動，這裡離波浪

沟湧的支流有段距離，攀雀窩吊在彎垂的柳樹或是赤楊枝梢上，這些大樹喜歡生長在河岸邊。

這個巢是用棉袋做的，周圍全是封閉的，只有側面有扇正好供鳥媽媽出入的小門，外形像化學實驗用的蒸餾釜，像側面帶有一個細短頸的曲頸瓶。

更確切點說，牠像一隻上面收了口，邊上開了個圓洞的長筒襪的底部。外表更突出了這種相似性，讓人看了還以為是用毛線針織出的粗針眼呢。根據這種結構給人留下的深刻印象，普羅旺斯農民用具象的語言稱呼攀雀為「盧德巴塞爾」，意思就是織襪鳥。

那些楊柳樹上早熟的小蒴果為織襪鳥提供了築巢的材料。五月，從柳樹上飄下春雪似的細棉絮，被風捲到地面的皺褶裡堆積了起來。這種棉絮和工廠生產的棉絮很像，但是纖維較短。這種材料取之不盡：樹木很慷慨，當棉絮從蒴果上飄下時，柳樹林裡的微風隨即把小片棉絮聚集在一起。

困難的是如何利用這些棉絮。鳥是怎麼把牠織成長筒襪的呢？憑藉簡單的工具鳥喙和爪子，怎能織出連靈巧的手指都織不出來的布呢？通過觀察鳥巢我得到了部分答案。

　　單單用柳絮做出的吊袋無法承受一窩雛鳥的重量，也經不起風的搖動。這種看來和普通被絞細了的棉花很相似的棉花，其壓實、絞亂壓成的棉氈無法黏結成塊，被風一吹就會突然四處飄散，所以需要用一層緯紗，一張網將牠固定住。

　　在空氣和水作用下被充分浸漬的、死的植物細莖纖維表皮，提供了麻纖維似的粗纖維。攀雀用這些從木塊裡提取出來的、能經受柔韌考驗的韌帶，一圈一圈地纏繞在牠選定做為建築物支撐架的樹梢上。

　　韌帶纏繞得不太規則，既笨拙又馬虎地將那支撐架綁住，有的地方鬆，有的地方緊，但最後還是綁牢了，這是最基本的條件。此外，有著建築物拱頂作用的纖維韌帶，延伸纏繞在一根比較長的枝梢上，這樣一來可以讓鳥窩多幾個黏接點。

　　多根鞭條纏繞幾圈之後，末端分散成細縷，自由地垂掛著，隨後摻進了更細、更多的線，交織在一起的線甚至好像打成了結。我們沒有看到鳥如何工作，單單根據這個作品便可判斷，那塊支撐棉壁的緯紗就是這樣製成的。

　　這個充當內部構架的緯紗顯然並非一開始就整塊加工好，而是織好一段，把棉花塞進去，再接著往下織。鳥用嘴喙一次

一次從地上叼來棉花，用爪子梳理成蓬鬆絮狀塞進網眼，再用胸口擠壓，用嘴喙裡裡外外敲打一遍，結果就製成這兩法寸厚的莫列頓呢。

靠近袋子的側面上方開了一扇門，並延長成一個短頸，這是餵食用的門。為了穿過這個通道，即使很小巧的攀雀也會將這富有彈性的牆壁撐開向外鼓出，通過後又恢復原狀。最後在居所裡安置一張最高級的床墊，上面將安放六至八枚像櫻桃般白色的蛋。

然而與彩帶圓網蛛的蛛巢相比，這個令人讚賞的鳥窩只是個粗俗的庇護所。從形狀看來，這個長筒襪底確實比不上蜘蛛那個優美的、無可挑剔的圓弧形氣球；摻有韌皮纖維的棉布和紡織女織出的綢緞相比，不過是土裡土氣的棕色粗呢；懸掛鳥窩的吊索和纖細的絲帶比起來簡直像是條纜繩。攀雀的床墊哪裡比得上圓網蛛那雲霧似的、蓬鬆的、棕紅色的羽絨被呢？就做工而言，無論從哪方面看來，蜘蛛都遠遠勝過了織襪鳥。

但是雌攀雀卻是個忠於職守的母親。一連幾星期牠都蹲在袋子裡，把那些蛋貼在胸口，牠的體溫將會喚醒這些白色的小卵石似的蛋的生命。圓網蛛卻沒有這份溫柔，牠讓自己編織的蛛巢任憑無法預測的命運擺布，連看都不再看牠一眼。

第二十三章

拿魯波狼蛛

　　圓網蛛以極其精湛的工藝為牠產的卵建造了一個精美絕倫的住所，之後卻成了個對家庭毫不在意的母親。這是什麼原因呢？因為牠沒有時間了，一入冬牠就要死去，而那些卵注定要在裹著棉被的房子裡過冬。迫於形勢，拋棄蛛巢是不得已的抉擇。但是假如卵早點孵化，在圓網蛛還活著時孵化出來，我想牠也會像攀雀一樣忠於職守的。

　　這一點可以由蟹蛛來證明。這種優雅的蜘蛛不織網，牠靠著潛伏捕獵維生，走起路像螃蟹般橫行。我在別處曾提過牠與蜜蜂發生爭執時，咬住對方的脖子將牠扼死。

　　這個善於快速殺死獵物的蟹蛛，對築巢藝術也同樣精通。我看見牠在荒石園的女貞樹上做了一個窩，在一串花中間，奢

侈的蟹蛛織了一個白色的絲綢袋，形狀宛如一個細小的頂針。這是個蓄卵的容器，袋口上蓋著一個用織毯做成的平坦圓蓋。

牠用繃直的絲和凋謝了從花串上落下的小花，在天花板上面建造了一個圓頂。這是個亭子，是個瞭望台，有扇始終開著的門通向崗哨。

蟹蛛駐守在那裡，自從產卵以後牠瘦了許多，肚子幾乎也消失了。稍有一點動靜牠就衝出去，向過路客張牙舞爪，擺開架勢迎接來者。那個討厭的不速之客拔腿逃走了，蜘蛛便又回到牠的家裡。

牠在乾花和絲綢搭起的圓拱下做些什麼呢？牠日以繼夜地用自己平展開的單薄身體做為盾牌，保護那些寶貝卵。牠忘了吃飯，不再潛伏，不再有蜜蜂被牠榨乾。蟹蛛動也不動，集中心思，保持著孵育的姿勢。從「孵育」這個詞看來，會讓我們以為牠是趴在蛋上。但嚴格說來，「孵育」一詞並沒有趴的意思。

a.拿魯波狼蛛的卵囊
b.卵囊的基底

　　抱雞婆並不見得比較勤勞，但卻是個暖氣設備，牠以自己的溫暖喚醒了生命的胚胎。但是對蜘蛛來說，陽光的熱量就足夠了，所以因爲這樣我便不能用「孵育」一詞。

　　經過了兩、三週的時間，由於戒食變得越來越乾癟的蟹蛛，沒有更換過姿勢。孵化期到了，小蟹蛛在一根根細枝間拉了幾條弧形的、像秋千似的線。這些可愛的走繩索雜技演員在陽光下練習了幾天，然後分散開來，各自忙自己的事情去了。

　　再來看看那個崗哨，母親依然在那裡，但是牠已經死了。忠於職守的母親欣慰地看著孩子誕生，牠以自己微薄之力幫助牠們鑽出封蓋，任務完成後，便安詳地死去了，抱雞婆可沒如此的忘我精神。

　　還有比牠更盡職的蜘蛛呢。像拿魯波狼蛛或稱黑腹舞蛛，牠們的英勇壯舉已在以前的書中講述過了。[1]讓我們來回顧一下，牠在百里香和薰衣草喜歡生長的多石子泥地裡，挖了個像瓶頸般粗的井，井口有著礫石和用絲黏結起來的、木屑築成的護井欄，除此以外住宅的周圍什麼也沒有，既沒有網也沒有任何形式的繩圈。狼蛛在一個一法寸高的小塔上窺伺著路過的蝗

---

① 見《法布爾昆蟲記全集 2──樹莓樁中的居民》第十一章。──編注

蟲，牠蹦起來，追蹤獵物，突然一口咬住獵物的脖子使牠動彈不得，然後當場享用獵物或是回到洞穴裡細嚼慢嚥，連堅硬的蝗蟲外皮也不放過。這個強壯的獵人不像圓網蛛只喝血，牠需要咬在嘴裡哼哼響的固體食物，就像狗啃咬骨頭般。

您或許想要把牠從井裡引上來吧？那就用一根細麥稈伸進洞穴，然後晃動麥稈。

隱居者擔心上面發生了什麼事，就會跑過來順著麥稈向上爬一段，在離洞口一段距離的地方停下來，擺出威脅的架勢。牠的八隻眼睛在暗處閃爍，就像鑽石一樣，只見牠張開嘴，露出毒牙準備咬人。這個從地下竄上來的傢伙很可怕，不習慣牠的人見了非嚇得發抖不可。媽呀！讓那畜牲安寧吧！

小小的意外收穫有時倒是幫了大忙，八月初的一天，孩子們在荒石園的深處叫我，他們為自己剛剛在迷迭香下面的發現而興高采烈。這是一隻很棒的狼蛛，肚子很大，表明了牠就要產卵了。

被好奇的孩子們圍住的狼蛛拼命吞下了什麼東西。是什麼呢？是隻個頭較小的狼蛛屍體，那是雄狼蛛的屍體。婚禮以悲劇性的結尾而告終。

　　情婦吃掉了情夫。我看著婚禮在極其恐怖的氣氛中完成，
當遇難者的最後一塊殘骸被咬碎時，我把那個可怕的胖婦囚禁
在一個扣著紗罩、裝滿沙土的罐子裡。十天後，一個大清早我
撞見了牠在做分娩的準備工作。在一塊約巴掌大的沙土上，一
個絲網已經預先織好了，網織得很粗，尚未定形，但卻牢牢地
固定住了，蜘蛛即將在這張產床上分娩。

　　狼蛛在這張鋪在沙上的網上製作了一塊圓臺布，相當於一
個二法郎硬幣大，用高級的白絲織成的。牠的肚子一起一伏，
像等時運轉的齒輪，緩緩移動，每次都盡力搆著較遠的一個支
點，直至達到機械所能達到的最大限度。

　　然而蜘蛛沒有挪動，只是腹部朝著相反的方面擺動，靠這
樣來回運動，絲在中間多處交織，於是便織出了一塊很像樣的
臺布。織好了之後，蜘蛛繞著圓圈慢慢移動，並以同樣的方法
織另一截網。這個幾乎沒有凹陷、像聖盤似的絲墊的中間部分
不需要再噴絲了，只是邊緣要加厚。這塊墊子最後變成了一個
帶平寬邊的半球形盆。

　　該產卵了。黏答答的淡黃色卵一次快速地排出，落在那個
盆子裡，黏在一起的卵像個小球高出盆口。紡絲器又開始工作
了，就像織臺布時一樣，狼蛛將腹部末端微微地上下擺動，噴

出的絲把半球體罩了起來，結果這個小丸子就被鑲嵌在圓形毯
中間了。

　　一直閒著的腳現在開始工作了。它們勾住那些將圓墊平展
固定在粗糙的支撐網上的絲線，並一根一根扯斷，同時用鉗子
夾住圓墊，慢慢將它托起，使它與地基分離，再將它壓在裝著
卵的球體上。

　　這項工作很辛苦。整個建築都在震動，沾上沙土的地板給
拆除了。狼蛛用腳迅速地將這些不乾淨的碎片踢開。總之，狼
蛛靠爪鉤的強力震撼來拉動，靠腳一下一下用力地扯，把那個
卵囊拔了起來，最後得到了一個乾乾淨淨的、擺脫任何束縛的
卵囊。

　　這是一個白色的小絲球，摸上去柔軟而有韌性，有普通櫻
桃那麼大。沿著小球的赤道線仔細察看，就能發現一條皺褶，
用針尖將它挑開卻不見斷痕，這條一般不易和球體表面其他地
方區別的折邊，不過是蓋在下半球上的那塊墊子的邊緣。小狼
蛛將從另一個半球裡出來，那個半球沒怎麼加固，上面只有一
層織物，是卵剛排出來時織的。

　　小球的內部除了卵，什麼也沒有，沒有床墊，也沒有像圓

網蛛巢裡那種輕柔的羽絨被。其實，狼蛛也沒必要為牠產下的
卵採取禦寒措施，因為早在嚴寒來臨之前卵就該孵化了。屬於
早熟家族的蟹蛛也非常注意不讓自己白花功夫，牠給予卵的保
護，只是一個簡單的綢袋。

　　整個早上，從五點到九點，牠一直在進行編織工作，接著
是拔袋工作。疲乏不堪的母狼蛛用腳抱住牠那心愛的小球便待
在那裡不動了。

　　今天，我不會再看到更多的東西了。第二天我又見到了那
隻蜘蛛，牠把那個卵囊繫在了身後。

　　從今以後，直到卵孵化為止，牠都不會離開牠那個寶貝包
袱，那包袱靠著一根短絲韌帶固定在紡絲器上，拖在地上晃來
晃去。牠帶著這個碰著腳後跟的包袱忙自己的事情；牠走路或
者休息；牠尋找獵物，向獵物發動攻擊，並將其吞噬。假如那
個包袱意外脫落，立即就會被復歸原位。紡絲器隨便在袋子的
某個地方塗一下就足夠了，黏接處馬上就被黏牢了。

　　狼蛛不喜歡出門，牠出門只為了到洞穴附近抓那些從牠的
捕獵區內經過的獵物。然而八月底，還是常常能看見牠四處流
浪，並帶著那個包袱去做冒險旅行。牠遊移不定讓人想到，牠

是在尋找一個暫時廢棄不用的、難以被人發現的住所。

　　為何要遠行？那是為了交尾，其次是建造球形卵囊。在洞穴深處地方狹窄，只能供蜘蛛在那裡長久沈思。然而編織卵囊需要一塊寬闊的場地，在那裡才能編織一個將近一掌寬的支撐網，就像剛才罩子裡那個囚犯讓我們了解到的那樣。狼蛛的井裡沒有這麼大的地方，因此牠必須到外面，在露天下編織牠的袋子，也許是在靜謐的夜晚。

　　與雄狼蛛會面似乎也需要外出。既然有被吃掉的危險，雄狼蛛還敢進入情人那無法逃脫的洞穴底部嗎？這一點值得懷疑。為了謹慎起見，這事應該在住所外面進行，在那裡至少還有快速撤離的一線希望，從而使冒失鬼免遭可怕的狼蛛新娘的毒手。

　　在露天會面減少了被吃掉的危險，但並未完全排除這種危險。一隻正在地面上吞食情人時被我撞上的雌狼蛛為我們提供了證據，那事發生在荒石園裡一個受耕作影響、不利於狼蛛定居的地方。洞穴應該離此有一定的距離，然而情人相約的地方正是悲劇結束的地方，儘管空間很大，雄狼蛛卻沒能迅速逃走，而是被吃掉。

在同類相殘的盛宴後，雌狼蛛是否還會返回自己的家呢？也許一段時間內不會，再說牠還得再出去一次，在一個足夠寬敞的場地上為牠的小蛛織袋子。

工作完成後，有些雌狼蛛獲得了自由，牠們想在最後隱居前再看一看這塊地方。牠們就是人們經常遇到的那些拖著包袱、毫無目的地遊蕩的雌狼蛛，但是遲早牠們會回到住所。八月還沒結束時，用麥稈輕輕地在每個洞穴裡晃動，就可以從每個洞穴裡引出一位拖著包袱的雌狼蛛，我想要多少就能輕而易舉地得到多少。用這些雌狼蛛我可以做些非常有趣的實驗。

這是一個值得一看的場面，雌狼蛛身後拖著那個寶貝，形影相隨，從早到晚，不論是睡覺還是醒著，牠總是以使人敬畏的英勇氣概保護著那個寶貝。如果我試圖從牠身上拿走那個袋子，牠就會絕望地把袋子貼在胸前，抓住我的鑷子不放，用毒牙去咬。我聽到尖牙在鐵器上的磨擦聲。不，要不是我手上拿著工具，牠是決不會讓我不付出任何代價將包袱搶走的。

我用鑷子夾拉住包袱並晃動，從憤怒的狼蛛保護者手上搶走了那個袋子，換了另一隻狼蛛的卵囊給牠，牠趕緊用爪鉤抓住那個小球並用腳抱住，然後把它懸掛在紡絲器上。對狼蛛來說，不管是別人的還是自己的，反正有這麼一個袋子就行了，

牠得意地帶著那陌生的包袱走了。這個袋子是按照被調換的袋子的樣子事先準備好的。

　　我用另一隻狼蛛做的另一種實驗，引出的誤會更令人吃驚。我用圓網絲蛛的卵囊取代了我剛剛奪來的那個正宗的狼蛛卵囊，如果說兩種卵囊的布料、顏色和柔軟程度相同，那形狀可大不相同了。被奪走的那個袋子是球體；而給牠的那個卻是圓錐體的，底邊還有呈放射狀突出的稜角。狼蛛沒有注意到這種差異，牠突然把那個奇怪的袋子黏在了紡絲器上。現在牠可滿意了，就像是擁有了自己的小球似的。我的這些卑劣的實驗手段對狼蛛產生的影響是暫時的，很快就會過去的。當孵化期來到時，狼蛛的卵成熟得早，而圓網蛛的卵卻成熟得晚。上當的狼蛛拋棄了那個奇怪陌生的卵囊，不再去注意它。

　　我們再來進一步測試這個背布袋的傢伙的愚蠢程度。我扔給剛被我奪走卵囊的那些狼蛛一塊用銼刀粗粗地銼過、體積與被奪走的小球一樣大的軟木，這個與絲袋如此不同的木塊被不假思索地接受了。憑著牠那寶石般閃亮的八隻眼，這畜生總該發現自己搞錯了吧！這個蠢貨根本沒注意到，牠愛憐地將那截軟木抱住，用觸鬚撫弄它，將它固定在紡絲器上，從此便拖著它，就像從前拖著真正屬於自己的那個袋子一樣。

我們讓另一隻狼蛛在眞假之間進行選擇。正宗的狼蛛小球和那截軟木同時被放在廣口瓶裡的沙土上。蜘蛛能認出屬於牠的那個小球嗎？這個蠢貨辦不到，牠猛地衝過去，隨便亂抓，一會兒抓起自己的小球，一會兒又抓起我給的那個贗品，第一個被摸到的被選中了，立刻被掛到了身後。

如果我再增加幾塊軟木，或者在四、五塊軟木中間放上那個眞的小球，狼蛛很少會找回自己的那個小球。牠根本不作什麼調查，也不作什麼選擇，隨便抓住一個，就把它留下，管它是好還是壞，人造軟木小球的數量越多，蜘蛛奪到它的機會也越多。

狼蛛的愚蠢行爲讓我感到困惑，這個畜牲是否因爲軟木摸起來是軟的才上當呢？我又用線繩纏繞的棉球和紙團取代了軟木球，兩者也都很輕易地被接受了，替代了那個被奪走的眞正小球。

是不是顏色具有欺騙性，因爲金黃色的軟木像被泥土弄髒了的絲球，而紙和棉花的白色又和純潔的小卵球顏色相同呢？

我選用了一種最醒目的顏色，一個紅色的線團替代了狼蛛的那個小卵球，這個與眾不同的小球被接受了，而且被小心翼

翼地保護起來，它所得到的愛護不亞於其他小球。

讓這個背著包袱的雌狼蛛得到安寧吧，對於這個弱智者我們已經了解得夠多了。我們還是等著看九月上半旬的孵化情況吧！大約二百隻小狼蛛從小球裡一出來，就爬到了雌狼蛛的背上，在上面待著一動不動，緊緊地挨在一起，像一層鼓鼓的肚皮和亂七八糟的腳。在這個小生命組成的斗篷下，母親已面目全非了。孵化完成後，那個已經不再有什麼價值的空包袱被從紡絲器上解下扔掉了。

小狼蛛們很乖，誰也不亂動，也不想為了多占點地方而損害鄰居的利益。牠們靜靜地待在那裡做什麼呢？牠們讓自己穩穩地被馱著走，就像負子鼠的孩子一樣。牠們在洞穴裡長久地靜思，或是當天氣暖和時到門口曬太陽。開春以前，狼蛛是不會脫掉這件「斗篷」的。

我有時在冬季最冷的一、二月份，到田間去挖狼蛛的洞穴。雨、雪和冰凍過後，洞穴的門柱常被毀壞，我在狼蛛的家裡找到了牠，牠還是那樣充滿活力，一直背著牠的孩子們。這種駝式育兒方法至少要持續六至七個月不間斷。著名的美洲搬運工負子鼠承載牠的孩子才幾星期就結束了對牠們的監護，與狼蛛相比，牠可遜色多了。

　　這些小狼蛛在母親背上時吃什麼呢？據我所知什麼也沒吃，因爲我沒見牠們長大。牠們從袋子裡出來的時候是多大，當牠們步入遲來的自由期時，我再次見到牠們時，還是和以前一樣大。

　　冬季，母親自己也極度節儉。被裝在廣口瓶裡的狼蛛隔了很久，才接受一隻遲到的蝗蟲，這隻蝗蟲是我在陽光最充足的庇護所裡爲牠抓來的。爲了保持活力就像牠冬天被我挖出來時那樣，狼蛛必須時常停止節食，到外面尋找獵物，當然牠還是沒有脫掉那件「斗篷」。

　　遠征自有危險。被一束草輕拂一下，小狼蛛就會掉到地上。跌下來的小狼蛛會怎樣呢？母親會不會爲牠們擔心，是否會幫助牠們重新爬回自己的背上？絕對不會，雌狼蛛的愛心分攤到幾百隻小蛛身上只能有一小部分。

　　背上的孩子摔下去一個也好，六個也好，乃至全部，狼蛛母親幾乎都不會去管牠們。牠無動於衷地等著孩子們自己擺脫困境，再說孩子們會自己做到，而且極其迅速。

　　我用一把刷子把我的一位寄宿者的全家掃下來，雌狼蛛沒有表現出驚慌，也沒有去尋找。跌落的小狼蛛在沙地上小跑幾

步，從這邊或那邊找到母親，向周圍張開的任意一隻腳，牠們順著攀登杆又爬回了母親的背上，很快背上的群體又形成了。全都到齊了一個也不少。狼蛛的孩子們精通雜技，母親不必為牠們的跌落而驚慌。我用刷子把一隻狼蛛的孩子們掃落在另一隻背著孩子的狼蛛周圍，那群落下的孩子迅速地攀著另一位母親的腳，爬到牠的背上，那位母親也樂意讓牠們這樣做，就好像牠們是自己的孩子。

一般的盤踞地──腹部已被自己的孩子占據了，那些入侵者爬上牠的前胸，包圍了牠的胸廓，把這個負重者變成了一個可怕的球狀物，連蜘蛛的外觀都看不出來了。而這隻不堪重負的狼蛛並未對多出來的孩子有任何怨言，而是接受了牠們，帶著牠們一起走。

對那些小蛛來說，牠們並不懂得區分允許和禁止。牠們就像優秀的雜技演員那樣，爬到第一個遇到的不同類的蜘蛛身上，只要那隻蜘蛛身材合適就行了。我把這些小狼蛛放在一隻淡橘黃色、帶白十字花紋的圓網蛛（蒼白圓網蛛）面前時，從牠們的母親狼蛛身上跌落下來的孩子，馬上毫不猶豫地爬到了陌生的圓網蛛身上。圓網蛛不能容忍這種放肆的行為，牠

蒼白圓網蛛

抖動那隻被侵犯的腳，將這些討厭的小傢伙甩得老遠，但小狼蛛仍頑強地進攻，以至於有十來隻爬到了圓網蛛的身上。由於奇癢難忍，圓網蛛翻身躺在地上打起滾來，就像驢打滾搔癢。小狼蛛有的被壓瘸了腳，有的甚至被壓死，但這並未使其餘的小狼蛛氣餒。圓網蛛剛站起身，牠們又開始往牠身上爬，接著又有小狼蛛栽下來。圓網蛛不停地擦磨脊背，直至那些冒失的孩子受到了傷害，圓網蛛才得到了安寧。

【譯名對照表】

中譯	原文
【昆蟲名】	
七星瓢蟲	Coccinelle à sept points
二星毛皮蠹	Attagenus pellio
三室短柄泥蜂	Psen atratus Panz.
三節葉蜂	Hylotome
三齒壁蜂	Osmie tridentée
叉葉麗蠅	Lucilie César
	Lucilia Cœsar Linn.
小飛蟲	moucheron
小寄生蟲	parasite
小蜂科	Chalcidien
中胡蜂	Guêpe moyenne
	Vespa media De Géer
中間螽斯	Platycléis
切葉蜂	Mégachile
天牛	Capricorne
天使魚楔天牛	Saperde scalaire
尺椿象	Hydromètre
半月瘤綿蚜	Pemphigus semi-lunaris Pass
半翅目	hémiptère
白腰帶切葉蜂	Megachile albo-cincta Pérez
白瘤綿蚜	Pemphigus pallidus Derb
皮蠹	Dermeste
石蜂	Chalicodome
仰泳蟲	Notonecte
吉丁蟲	Bupreste
多皺扁屍蜱	Silpha rugosa Linn.
收殘埋葬蟲	Necrophorus vestigator Hersch.
早熟隧蜂	Halicte précoce
有爪黑胡蜂	Eumène onguiculé
灰肉蠅	Mouche grise
灰色椿象	Punaise grise
灰黑色花金龜	Cétoine d'un noir mat

中譯	原文
	Cetonia morio Fab.
灰蝗蟲	Criquet cendré
肉蠅	Sarcophage
色斑閻魔蟲	Saprin maculé
衣蛾	Teigne
西紐阿塔扁屍蜱	Silpha sinuata Fab.
步行蟲	Nebrie
角狀瘤綿蚜	Pemphigus cornicularius Pass
豆象	Bruche
居佩麗蠅	Lucilia cuprea Rob
果仁形黑胡蜂	Eumène pomiforme
泥蜂	Bembex
芳香隱翅蟲	Staphylin odorant
	Staphylinus olens Müll.
花金龜	Cétoine
金匠花金龜	Cétoine métallique
	Cetonia metallica Fab.
金色花金龜	Cétoine dorée
	Cetonia aurata Linn.
金步行蟲	Carabe doré
金花蟲	Chrysomèle
金龜子	Scarabée
長腳蜂	Poliste
	Polistes gallicus
長鼻蝗蟲	Truxale
阿美德黑胡蜂	Eumène d'Amédée
芫菁科	Méloïde
前角隱翅蟲	Aleochara fuscipes Fab.
扁屍蜱	Silphe
科第幽思拂吉度司隱翅蟲	
	Quedius fulgidus Fab.
紅尾糞肉蠅	Sarcophaga h?morrhoidalis
紅尾蟲	Queue-Rousse

中譯	原文
胡蜂	Guêpe
胞果慶綿蚜	Pemphigus utricularius Pass
面具獵椿象	Réduve à masque
	Reduvius personatus Linn.
飛蝗泥蜂	Sphex
食屍肉蠅	Sarcophaga carnaria
食屍麗蠅	Lucilie des cadavres
	Lucilia cadaverina Linn.
食蚜蠅	Syrphe
食蚜蠅類	Syrphide
食蜜蜂大頭泥蜂	Philanthe apivore
食糞性甲蟲	Bousier
修女螳螂	Mante religieuse
埋葬蟲	Nécrophore
家蚊	Cousin
家蠅	Mouche domestique
拿魯波狼蛛	Lycosa narbonensis Walck.
根瘤蚜蟲	Phylloxera
狼蛛	Lycose
珠皮金龜	Trox perlé
	Trox perlatus Scriba
紋白蝶	Piéride du chou
臭蟲	Punaise
蚜蟲	Puceron
馬克西勒修斯隱翅蟲	
	Staphylinus maxillosus Linn.
馬陸類	Polydesme
高勒瓦食屍蟲	Choleva tristis Panz.
高牆石蜂	Chalicodome des murailles
帶波紋皮蠹	Dermeste ondulé
	Dermestes undulatus Brahm
帶馬刺蛛緣椿象	Alyde éperonné
	Alydus calcaratus Linn.

中譯	原文
彩帶圓網蛛	Épeire fasciée
	Epeira fasciata Latr.
條蜂	Anthophore
淡綠椿象	Pentatoma prasinum
細毛鰓金龜	Anoxie
細腰蜂	Pélopée
脫污閻魔蟲	Saprinus detersus
蚯蚓	lombric
豉蚋	Gyrin
軟體隧蜂	Halictus malachurus K.
透翅蛾	Sésie
媚態尖腹蜂	Cœlioxy caudata Spinola
斑紋隧蜂	Halicte zèbre
	Halictus zebrus Walck.
斑點黑蛛蜂	Agenia punctum
普通胡蜂	Guêpe commune
	Vespa vulgaris Linn.
普通褐草蛉	Chrysopa vulgaris
犀角金龜	Orycte
華麗椿象	Pentatome orné
	Pentatoma ornatum
菊花象鼻蟲	Larin
菜豆象	Bruche des haricots
蛞蝓	Limace
象鼻蟲	Charançon
象鼻蟲科	Curculionide
黃翅飛蝗泥蜂	Sphex à ailes jaunes
黃斑蜂	Anthidie
黃鳳蝶	Machaon
黃邊胡蜂	Frelon
	Vespa crabro Linn.
黑胡蜂	Eumène
黑蛛蜂	Agénie

中譯	原文
黑腹舞蛛	Tarentule à ventre noir
黑觸角椿象	Pentatome à noires antennes
	Pentatoma nigricorne
圓形麗蠅	Calliphore
	Calliphora vomitoria
圓柱隧蜂	Halictus cylindricus Fab.
圓網絲蛛	Épeire soyeuse
	Epeira sericea Oliv.
義大利蟋蟀	Grillon d'Italie
聖甲蟲	Scarabée sacré
葉蟬	Cicadelle
葡萄樹象鼻蟲	Rhynchite
蜂蚜蠅	Volucelle
	Volucella zonaria Linn.
鼠尾蛆	Éristale
鼠婦	Cloporte
椿象	Pentatome
榛果象鼻蟲	Balanin des noisette
熊蜂	Bourdon
蒼白圓網蛛	Epeira pallida Oliv.
蒼蠅	mouche
蜜蜂	Abeille
蜻蜓	Libellule
蜘蛛	araignée
裹屍布花金龜	Cétoine drap-mortuaire
	Cetonia stictica Linn.
蜾蠃	Odynère
菁葖塵綿蚜	Pemphigus follicularius Pass
撒波尼迪丟斯閻魔蟲	
	Saprinus sub-nitidus
漿果椿象	Pentatome des baies
	Pentatoma baccarum
膜翅目	Hyménoptère

中譯	原文
蝶蛾	papillon
蝨子	pou
蝗蟲	Criquet
蝗蟲類	Acridien
褐草蛉	Hémerobe
豌豆象	Bruche du pois
壁蜂	Osmie
橄欖樹瓢蟲	Coccinella interrupta d'Olivier
橡實象鼻蟲	Balanin
瓢蟲	Coccinelle
築巢蜂	Abeille maçonne
篤蓐香樹蚜蟲	Puceron du térébinthe
螞蟻	Fourmi
鋸角金花蟲	Clythre
閻魔蟲	Saprin
隧蜂	Halicte
龍蝨	Dytique
彌寄生蠅	Tachinaire
擬白腹皮蠹	Dermeste de Frisch
	Dermestes Frischi Kugel.
螳螂	Mante
蟋蟀	Grillon
隱翅蟲	Staphylin
螽斯	Locuste
螽斯類	Locustien
獵椿象	Réduve
藍蒼蠅	Mouche bleue de la viande
蟬	Cigale
雙翅目	diptère
蟻獅	Fourmi-Lion
蠅蛆	asticot
蟹蛛	Thomisus onustus Walck.
類千足蟲	Mille-Pieds

中譯	原文
麗蠅	Lucilie
蘋蚜蠅	Milesia fulminans
鰓金龜	Hanneton
麼綿蚜	Pemphigus
鱗翅目	lépidoptère

【人名】

中譯	原文
布瓦塔爾	Boitard
布希翁-薩哈罕	Brillat-Savarin
瓦羅	Varron
多雷	Doré
安娜	Anna
帕里斯	Gaston Paris
林奈	Linné
阿理斯托芬	Aristophane
洛蒙德	Lhomond
科羅麥拉	Columelle
埃米爾	Émile
埃雷迪亞	Heredia
斯帕朗紮尼	Spallanzani
普勞圖斯	Plaute
奧迪蓬	Audubon
奧維德	Ovide
雷沃米爾	Réaumur
維吉爾	Virgile
蒙特儒馬	Montezuma
赫爾歇爾	Herschell
德·格埃爾	De Géer
摩德埃爾	Modéer

【地名】

中譯	原文
巴比倫	Babylone
巴黎	Paris
比利時	Belgique
加勒比	Caraïbes
圭亞那	Guyane
孟斐斯	Memphis
迦太基	Carthage
倫敦	Londres
埃爾南德斯	Hernandez
索多姆	Sodome
馬雅內	Maillanne
普羅旺斯	Provence
隆河	Rhône
歐宏桔	Orange
羅馬	Rome

法布爾昆蟲記全集 8

昆蟲的幾何學

SOUVENIRS ENTOMOLOGIQUES
ÉTUDES SUR L'INSTINCT ET LES MŒURS DES INSECTES

作者──JEAN-HENRI FABRE 法布爾

譯者──吳模信 等

審訂──楊平世

主編──王明雪　　副主編──鄧子菁

專案編輯──吳梅瑛　　編輯協力──洪閔慧

發行人──王榮文

出版發行──遠流出版事業股份有限公司

台北市南昌路2段81號6樓

郵撥：0189456-1　　電話：(02)2392-6899　　傳真：(02)2392-6658

著作權顧問──蕭雄淋律師

輸出印刷──中原造像股份有限公司

□ 2002 年 10 月 20 日 初版一刷　□ 2020 年 11 月 15 日 初版十二刷

定價 360 元　　（缺頁或破損的書，請寄回更換）

遠流博識網 http://www.ylib.com　E-mail:ylib@ylib.com

昆蟲線圖修繪：黃崑謀　　內頁版型設計：唐壽南、賴君勝　　章名頁刊頭製作：陳春惠

特別感謝：王心瑩、林皎宏、呂淑容、黃文伯、黃智偉、葉懿慧在本書編輯期間熱心的協助。

國家圖書館出版品預行編目資料

法布爾昆蟲記全集. 8, 昆蟲的幾何學 ／ 法布爾
（Jean-Henri Fabre）著；吳模信, 魯京明譯
-- 初版. -- 臺北市 ： 遠流， 2002〔民91〕
面 ： 公分
譯自：Souvenirs Entomologiques
ISBN 957-32-4695-3（平裝）

1. 昆蟲 － 通俗作品

387.719   91012414

SOUVENIRS ENTOMOLOGIQUES

SOUVENIRS ENTOMOLOGIQUES